石砌

中国传统民居建筑
建造技术

范霄鹏

董硕

薛碧怡

编著

U0196281

中国建筑工业出版社

《中国传统民居建筑建造技术 石砌》

范霄鹏 董 硕 薛碧怡 **编著**

参编人员：

石 琳 孙 瑞 刘 阳 邓啸骢 李 尚

祝晨琪 郭亚男 仲金玲 侯凌超 杨泽群

王天时 李鑫玉 邓 晗 张 晨 刘晓卫

刘歆一 兰传耀 孙浩杰 杨秋惠 张 迪

前 言
PREFACE

在中国疆域上广泛分布的民居建筑，因其出现最早、历史悠久且类型数量众多，而成为中国传统文化以及建筑文化的重要组成部分。民居作为人们从自然环境中建立起来的庇护空间，直接承载着家庭的生产生活功能需求，不仅反映出家庭组织结构和规模的状况，也反映出社会观念、经济条件、习俗、信仰观念等众多文化要素的影响，而民居建筑最为直接地体现出其针对所在地区的自然环境条件所采取的建造逻辑、建造规则和建造措施。就地取材是传统民居的建造逻辑，以材定用是传统民居的建造规则，因材施技是传统民居的建造措施。

各地区地貌类型的多样、环境资源禀赋的差别，使得各地的传统民居具有多姿多彩的形态和特征，这不仅体现出所在地区的自然地理环境和人文社会环境，也成就于建造材料以及相对应的技术工艺。正是由于传统民居的建造以当地可大量获取的天然资源作为建造材料，依据材料的特性发展出相应的加工建造技术，借由民居建造的持续而推动加工建造技术的发展和传承。由于各地民居营造可获取的建造材料各异，从而使得传统民居的建造拥有了浓厚其地域化的材料特征，也有着独特的加工建造技术特征，并由此在技艺的传承发展中形成了传统民居建筑的营造技艺文化。

在中国的自然地貌环境中，山地丘陵所占的部分达到三分之二以上，其中石质山体有着广泛的分布，很多地区拥有较为充沛的石质材料资源。由于石质材料的分布面广且量大，便于就近获取、便于加工成形而成为各地传统民居建造所选用的材料。由于传统民居的石砌技术与地方材料紧密相关、与石材种类的分布紧密相关，加之石质材料重量大不便长距离运输的特点，石砌建造材料及其相应的加工建造技术具有很强的地区特征，但同时跨地区之间也在石砌建造技术和民居样貌上有着多样性的差异。既有太行山中大块粗犷石料砌筑的民居建筑，也有云南经过细致打磨火山石块砌筑的民居建筑；既有高原藏区的大块石料与页岩填缝的砌筑，也有沿海地区的出砖入石砌筑；既有嶂石岩地区的厚板屋面建造，也有页岩地区的薄石板屋面建造；既有花岗岩地区的石梁柱支撑结构建造，也有石碉窑或砂岩地区的石窑洞建造；既有石质材料作为木梁柱结构的围护墙体建造，也有在墙体木框架中填充石材的建造等。

正是由于传统民居建造以适宜为目标而无固定之规，加之各地区之间在民居建筑的石砌建造上既有差异也有跨地区之间的相类，从而使得传统民居建筑在石砌建造方式上既丰富又复杂。针对这样的状况和顺应传统民居建造的目标，将传统民居中石砌建造技术的梳理与所处地区的石质资源之间进行对应，即以石砌民居建构类型的地域分布状况及与自然环境条件之间的对应关联调查为基础，梳理传统石砌民居的地区营造逻辑及技术手段，梳理不同石质的建造材料在传统民居营造上样式特征。鉴于传统民居建筑空间的建构既有支撑结构又有围护结构，石质材料使用作用和部位的不同，所采用的加工建造技术也随之不同，故以民居空间的石砌部位和空间获取的建构方式为分类依据，通过归类将传统石砌民居建筑分为整体建构、部分建构、负形建构和组合建构四大类，并以这四类民居建构样式为基础再进行细分梳理。

以建造的目标和建造技术的精细程度为依据，将传统石砌民居的建造分为石料砌筑和装饰雕刻两方面的加工技术，并对两方面的建造技术体系进行梳理。从石料的种类、民居各部位的石料砌筑技术、石料的打制加工技术、搬运和安装技术等方面进行分类研究，以期形成细分的中国传统石砌民居的建造技术类型。鉴于各地的民居建筑在装饰雕刻上有着极为丰富的形态样式积淀和建造技术积淀，以独立章节对石质材料的装饰雕刻技术和石雕工具等进行的梳理，以突出石雕这一传统民居建造中的独特且璀璨的工艺技术。

随着当代中国社会经济的发展，空间的建造技术和材料的加工技术发展进步以及更新换代，传统民居建造中的石质材料和相应建造技术已经发生了很大的改变。石质材料因为其重量大且不适宜长途运输，在各地已经普遍不再作为建筑空间营造的主体结构材料和围护墙体材料，更不作为建筑屋顶部分的覆盖材料，但作为建筑的室内外装饰材料、景观造景材料和雕刻材料仍然有着较为广泛的应用，故将其作为独立章节予以简要梳理。但应该看到的是石质材料在当代的应用和发展变化得很快，某种程度上说其在材料的更新与接替方面可以说是日新月异，因此该部分的梳理内容更有着很大的充实空间。

目 录
CONTENTS

前　言

第一章

传统石砌民居的建构
类型与地区分布

⊙　石质材料在全国的各个地区均有着广泛的分布，尤其是在占陆地面积70%左右的丘陵山地地区，存在着大量的岩石露出地表，这更使得所在地区拥有极其丰富的石材资源。由于"就地取材""适地适用"是我国量大面广的传统民居建造的基本原则和途径，因此长期以来，各地普遍将坚固且耐久的岩石作为传统民居建筑的建造材料，从而使得石材作为民居建筑的建造材料有着悠久的历史和较为广泛的应用。

岩石作为矿物的集合体是地壳的主要组成部分，从岩石的地质形成过程上分为沉积岩（水成岩）、岩浆岩（火成岩）和变质岩三大类。其中，沉积岩包括石英砂岩、石灰砾岩、白云岩和泥裂岩等，火成岩包括花岗岩、流纹岩、玄武岩和闪长岩等，变质岩包括片麻岩、云母片岩和大理石等。因各种类的岩石在地理区域间分布的不同，利用各种岩石的特性而将其运用于民居建造中的部位亦不同，并由此形成与岩石特性相适宜的建造技术和产生与建造技术相对应的传统民居建筑形态。

第一节　石砌民居的建构类型样式

对于传统民居的分类有多种方式，以石质材料建构的传统民居涉及建造技术方式，也涉及建成后所呈现出的物质空间类型样式，且建造技术与建成物质空间样式之间有着对应关联。据此，将石质材料运用于民居建筑空间的部位和建构方式进行组合，形成分类依据并产生相应的类型，即将石质材料建构的民居建筑分为整体建构、部分建构、负形建构和组合建构四大类型。

一、整体建构类型

传统民居建筑就空间建构而言，可以分为主体支撑结构和墙体围护结构两部分。整体建构类型就是指民居建筑空间主体支撑结构与墙体围护结构均为石质材料建构而成的建筑，或者民居建筑空间的六个基本围护面（前、后、左、右、地面与屋面）均由石质材料建构而成。根据建造情况，整体建构类型细分为石梁柱建构、石窑洞建构、石板屋建构三种类型。

（一）石梁柱建构

石梁柱建构的传统民居在形态上表现为以石质杆状构件组成民居建筑的主体支撑结构，以架立起民居空间的开间与进深跨度，并承受民居建筑屋盖或楼层的荷载（图1-1-1）。由于中国各地的传统民居普遍以木梁柱为主体支撑结构，且建造体系较为完备、榫卯技术也相对成熟，因而对其他种类建筑材料在建构上有着重要的影响。如石梁柱作为整个主体支撑结构的建构方法，只是多见于木材资源匮乏的地区；主体支撑结构部分采用石梁柱的建构方式，即在支撑结构中以石质材料部分替代木质材料，有石梁柱或石柱等多种不同的做法。这种置换部分木质材料的建造方法，往往因所在地区的气候原因，为防止木质材料腐烂糟朽，而在建筑的外露部分采用石梁柱进行建造。

图1-1-1　大梁江村石梁柱民居建筑

具体来说，石梁柱建构类型包括以下几种子类：

1. 黔中地区垒砌石构建筑

黔中地区自然环境中有较多的山体岩石，其岩石类型以沉积岩为主，具体可以概括为包括页岩、石灰岩、白云岩和砂岩等。由于当地石料有着"易开采、质量好、类型多"的特点，故而石材成为当地居民建造民居的首选材料。从建筑单体的建造来说，工匠们在选择石料建造房屋时，根据石料的特性分别加以充分利用，利用不同石砌手法进行各部位的建造，形成了独特的建筑风格样式。而从民居建筑的群落布局上来说，黔中地区地形以山地丘陵为主，民居基本都是沿着等高线分布，房屋与房屋之间以石阶联系、层层叠错，形成了垒砌石构民居古朴、自然的建筑肌理。垒砌石构民居主要分布在黔中地区，在自然环境方面，黔中地区峰峦起伏、地形多变，北侧有乌蒙山屏障，南侧有云雾山主峰，另外还有北江、南盘江、打邦河、白水河等水系蜿蜒于群山峡谷之中。垒砌石构民居尤其集中分布在布依族和屯堡人地区，另外在苗族、仡佬族等民族居住地也有少量分布。

黔中垒砌石构民居因其分布广泛，在石板房和屯堡类型中均有按照其建造形制筑成的建筑存在，因此，黔中垒砌石构民居的基本形制大体可分为两大类。以石板房为代表的一类，其基本形制为：主屋平面大多为一正两厢三开间的长方形，正厅作为生活起居空间，正厅前间为堂屋，后间为取暖等杂用。两厢各分前后两间，前作卧室用，后间分别为卧室和厨房；而以屯堡为代表的一类，其形制基本为"一明两暗"三开间，功能上基本与石板房一致，构成上以石构院墙围绕内部木构合院为主。

从建造的支撑体系来看，黔中垒砌石构民居支撑体系大体可分为两种：第一种是除采用木材作为主要支撑结构构件之外，建筑的其余围护结构部分，包括外墙、屋顶等全用石料砌筑形成；第二种是山墙部位采用垒砌石构墙体的建造方式作为房屋支撑结构，而仅仅在屋顶的檩、椽采用木材。

在建筑立面的建造特征方面，黔中垒砌石构民居的特点在于石墙的砌筑，包括采用石块、片石以及乱毛石三种石料类型：采用石块垒砌的，在平面上一般采用三角形错位咬接的构造方式，咬接缝内灌石灰砂浆，使整体性加强；对规格、质量要求较高的建筑采用扁钻铰口法砌筑。采用片石材料砌筑的石墙用料厚薄不等，一般在2~10cm，也有更厚者，当片石的上下面平整时，墙体砌筑的水平缝很细。而不用砂浆直接垒砌的乱石墙表面凹凸不平的缝隙较密，外形朴素轻巧，给人自然、古朴的立面美感。

在装饰方面，黔中垒砌石构民居主要的细部装饰是在山墙挑檐突出部分的上端，用石质材料建造的具有象征吉祥之意的龙口雕凿，雕凿半个圆球嵌合在"空口"之中，反映了这个地区住民爱美和祈求祥瑞的天性。除此之外，其他装饰纹样极少，体现着当地民居建筑朴实敦厚的特色。

该类民居的典型案例如平坝县天龙镇民居，天龙镇屯堡位于贵州省安顺市平坝区天龙镇，元代时最初仅为驿站，明代之后逐渐发展为由内陆西进云南的重要屯堡。由于其所处的喀斯特地貌区盛产石灰岩，故而民居建筑多为单栋石头屋形制；而因其军屯戍堡的特殊职能，建筑多为两层且防卫性能较好（图1-1-2）。在建造材料方面，天龙镇屯堡民居除建筑的木质框架结构外，其余部分均由石灰岩块石、条石以及片石组合砌筑而成，墙基以块石、条石砌筑，而墙身则使用片石，通过干摆砌筑而成，墙体内外均抹草泥灰以达到保温、隔绝潮气的作用；墙体开窗处以60~70cm的条石作为过梁，剩余三边镶以木板框；在建筑屋面部分的建造上，普遍是先以木板、稻草进行简单覆盖，之后再使用便于开采的轻薄石灰片岩石料叠置而成，从而在很大程度上减轻了木质框架所承受的重量。建筑内外均主要为石材建造，使得立面效果完整、和谐、统一。

再如，七眼桥镇云山屯民居，与前面提到的天龙屯堡民居较为相似。云山屯民居位于贵州省安顺市西秀区七眼桥镇云山屯村，兴建于明代洪武十四年（1381年），为军屯、商屯文化的历史遗存。由于此地岩石具有岩石外露、石质硬度适中且节理裂隙分层这三个重要特点，决定了以当地石材作为该处民居建筑材料的合理性；在民居形制方面，屯堡民居通常会包括有供日常居住的石头三合院（图1-1-3）、四合院、石碉楼等不同种类，建筑的屋面以及四周墙体等各个围护面均由当地石材建造而成（图1-1-4、图1-1-5）。其中，墙体砌筑方式多样，有立砖斜砌、水平叠砌等，在墙体转角处也设置了角柱角石等构件以保证墙体稳定性，整体来看，民居建筑因石材的不同运用方式而显得整体而又灵活，显示着当地建造者对于石砌技术的熟练运用。

黔中地区虽然气候温润，但是在没有采暖措施或

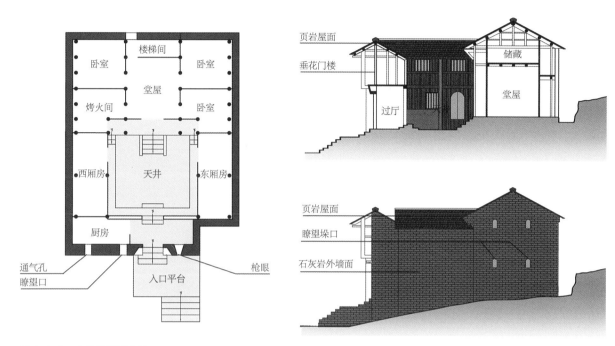

图 1-1-2 屯堡民居四合院

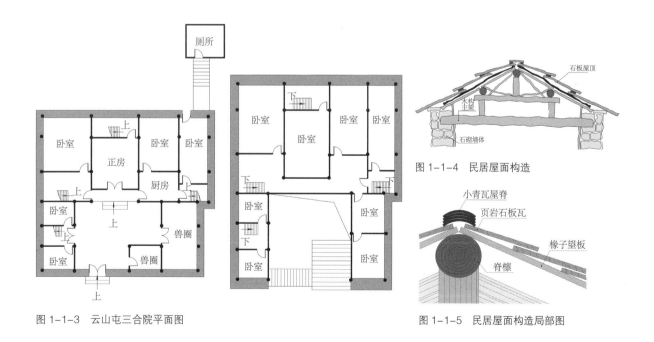

图 1-1-3 云山屯三合院平面图

图 1-1-4 民居屋面构造

图 1-1-5 民居屋面构造局部图

者只有局部采暖措施的室内环境下,居民在建筑室内还是会感到寒冷,民居的居住舒适度不佳,而采用岩石作为外围结构材料则将有效提高民居的保温隔热性能,为居住空间提供较为稳定舒适的室内环境,故而当地居民逐渐采用石材进行民居建造,且贵州岩石资源丰富,比比皆是,为民居的建造提供了丰富的物质基础。因此,在民间普遍建造垒砌石构民居建筑是该地区气候特征以及丰富的石材资源共同作用的结果。

　　垒砌石构民居作为石质民居类型中的一种分支，在黔中地区分布广泛。布依族石板房、屯堡中都有运用此方式建造的房屋。随着经济社会的发展，农民生产生活水平的提升，该类型建筑从高度上逐渐由两层发展到三层，布局由单体进行组合发展出三合院、四合院等形式，使得该类石构民居体量更大，形制更为完整。

　　2. 冀中山区石梁柱民居建构

　　华北地区的太行山脉，在南北方向上绵延四百多公里，层峦叠嶂、群峰耸立的山脉分隔了华北平原和山西高原，山脉之上的断裂形成连接东西向的交通孔道，构成了"太行八陉"。河北中部的井陉地区自古就为通衢要冲，为"太行八陉第五陉，天下九塞第六塞"，其高山险关所隔绝出的封闭微观地理环境，为士大夫避难和家族繁衍提供了场所。因其较为闭塞的区位条件以及山石丰富的自然资源特征，当地民居逐渐采用石材作为民居建造的主要材料，所形成的石砌民居主要分布在冀中井陉地区，如井陉县于家乡石头村。

　　于家乡石头村坐落在由西向东走向的山间冲沟的南坡，于氏后人筚路蓝缕以启山林，"与木石居与鹿豕游"，利用当地充沛的山石开凿加工而成的建筑材料进行族群民居的建设。整个村落在漫长的年代中，立基发券、垒墙盖屋、砌筑田坎等不同内容的建设均依据地貌展开，造就了形式独特、由山地中生长而出的聚落。

　　于家乡石头村中的清凉阁以及部分石砌民居是井陉地区典型的石梁柱建构案例，该类建筑普遍以整条石材稍加打制直接作为梁、柱等承重构件之用，较少进行组砌处理，因而使得建筑立面较为整齐、统一。以井陉村村口的清凉阁为例，该建筑为明代万历时期建造而成，整体形制为粗犷石材仿木结构的二层楼阁，整个阁楼架设在石砌的券门高台之上，形态古拙但建造精巧。清凉阁内外主体结构中的柱、梁、斗栱、栏板等全部由石材打造，甚至窗洞侧的扇板亦为石材建构，其中梁、柱构件由条石打制加工之后制成，外墙由大块石材水平码砌而成。为保证砌筑便利与墙体稳定，块材之间遵循"下大上小"的原则，望柱、栏板等构件也是由石料或者整块打制石材建造而成。整栋建筑不同构件对于石材运用不同的砌筑技术，体现着当地石砌民居建造者的建造智慧与高超技艺。

（二）石窑洞建构

　　石窑洞即为在地面之上以石质材料为主要材料建造形成的锢窑，又名石碹窑，其建造手法有用天然石块加工垒砌与利用打制规整的石块砌筑等多种方式。石碹窑的建造均就地取材，利用当地自然环境中的天然石料，经过直接使用或初步打制加工的方式来建造（图1-1-6），故处于山间河谷地区的石碹窑洞在材料上多为不规则的小型石块，而在有开采和加工条件地区的石碹窑洞在材料上多为规则石块。石窑洞砌筑方式根据使用材料的不同可分为自由垒砌、层状砌筑、不规则砌筑等几种建造方式，石块之间的连接有通过石灰浆、糯米水和桐油混合物灌缝黏接等不同的地方做法。因石窑洞作为居住空间建造具有较为坚固稳定的特性，因此在商贸古道的重要地点以及社会环境不太安定地区的聚落民居建造。居民为保证自身的防御能力，也采取这样的民居建构类型。

　　石窑洞建构有两种基本类型：一种为在横向窑洞之后连接多个纵向小窑洞，且纵向窑洞之间有门洞相互贯通的形式，又名"枕头式"石窑洞；另一种是形态相对简单的"筒子式"石窑洞，多为纵向的筒状空间，各窑洞之间在靠内的部位开设有相互贯通的门

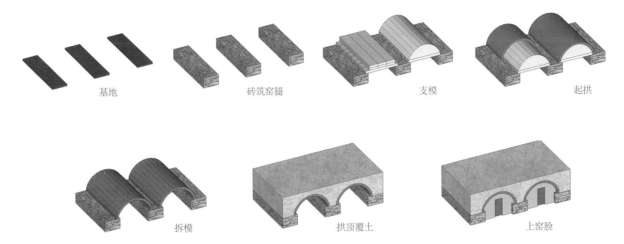

基地　　　　　　砖筑窑腿　　　　　　支模　　　　　　起拱

拆模　　　　　　拱顶覆土　　　　　　上窑脸

图 1-1-6　石碹窑洞施工过程示意图

洞。石窑洞的屋顶形式多为平顶，有建单层或多层的建造样式，底层与上层若为窑洞类型，则民居为窑上窑；底层窑洞上层为砖木建造的民居类型则为窑上房。具体来说，石窑洞建构类型包括以下几种子类：

1. 冀中山区石质民居窑院

冀中山区传统石窑院民居是华北地区特有的一种民居建筑形式。窑院这种居住模式已经有几千年的历史，具有建造方便、节能环保、冬暖夏凉、坚固耐用以及院落宽敞明亮等多种优点，既可以作为充满生活气息的集会空间，还可以用来种植农作物或者堆放生活用品，为当地居民生活带来了极大的便利性。区别于陕北地区和冀北地区，该地区窑洞和院落不用土坯或砖材砌筑，而是用打磨细致的石头或石材砌块通过不同方式的垒砌砌筑而成的。冀中地区石材丰富，取材方便，居民自然而然地结合当地石材，在传统窑洞的基础之上创造出了石头窑洞这种居住形式，并且对窑洞进行不同的组合排列，衍生出不同形制的石结构窑院，形成当今冀中山区石窑院民居类型。

在空间分布方面，冀中山区石质窑院民居主要分布在石家庄市井陉县及周边山地地区。井陉如上文所述，地处石家庄西部，东临平原，自古就是交通要道，窑院是该地区村里最常见、规格也较低的一种建筑形式。石家庄西部山区盛产石材，居民因地制宜、就地取材，用石头建窑，由此产生了区别于冀北地区的土窑、砖窑等类型的石头窑洞民居，其风格、建造手法均别具一格。

石家庄西部山区附近的石碹窑民居多以地上窑院为主，在平面形制方面，山区石窑院有单进院，也有多进院落。窑房内用砖或石块砌成拱顶，内部一般高、宽为 2m，进深 4～5m。由于窑房墙体较厚，一般有 70～80cm 厚，因此窑房有着较为良好的居住舒适度，洞内冬暖夏凉。

在建造材料方面，冀中山区石质民居窑院的外部均由石头砌筑形成，如墙面、屋顶、屋檐、窗洞、门券、屋檐上排水槽等。在建造流程方面，一般是先用石头进行墙体砌筑，直至砌筑到约门扇上檐高度后开始起拱，石头墙壁和拱顶结合，形成的石头拱券成为窑洞的基础部分，拱券砌筑完毕之后继续向上砌墙，用突出窑面的石头作为屋檐，窑洞的屋顶是平的，平时不上人。在外部空间的营造方面，窑院院落普遍用石头铺地，并且石材的形状大小不一，不像砌窑用的石材那样切割规整，从而形成了石碹窑灵活多变的立面形式。

在细部装饰方面，该类石头窑院民居基本上用石头直接砌筑而成，外形古朴、厚重，故而外部的装饰构件较少。窗户的形状一般是"上圆下方"的，其中，上面的半圆部分用木条做成各种各样的几何纹样，糊上白麻纸，上面粘些裁剪的红纸花，成为窑洞的一种装饰。窑洞内部装饰也同样较为朴素，用泥土抹面，很少有特殊的室内装饰。

以井陉县山区石窑院民居为例，其窑院民居普遍建造于明代时期，在平面形制上普遍为单进院落，由四栋建筑围合而成，其中的正房开三孔窑，中间部分是厅堂，两侧部分作为寝室。在建造材料方面，窑洞民居的各个围合面均由石材砌筑建造形成，其中，墙体底部由大块打制过的石材砌筑形成，在缝隙处进行了勾缝处理以保证墙体的稳定性能；屋面为石板拼接而成，并在其上做石材压顶，形成女儿墙；屋面挑檐沟嘴等细部构件也是由石材建造而成。该类型石窑洞民居立面整体、统一，充分体现着当地自然环境特征，具有浓厚的乡土气息（图1-1-7～图1-1-10）。

与其他地区的窑洞相比，冀中山区的石头窑院民居基本上以石头为材料建造，窑房屋顶平整，设有排水口，可以避免雨水对墙体的冲刷，而院落以

图1-1-7 大梁江村石碹窑洞外观

图 1-1-8 大梁江村石碴窑洞 1

图 1-1-9 大梁江村石碴窑洞 2

图 1-1-10 石碴窑内部

石材铺地，干净整洁、坚实耐磨，并且从冀中山区的石头窑院从耐久性和防潮性能上来看，该种石窑院要比其他地区的窑洞院落有所提高，有着更良好的居住舒适度。

2. 晋中石碴窑洞民居

晋中地区以太原盆地为主体，然而该地区大部分均地势开阔，明清以来，砖造民居占有较高比例，而石砌窑洞在该盆地地区存量不多，多集中在太原的西山、太谷南山等山地环境中（图 1-1-11～图 1-1-13）。

晋中地区石碴窑洞的基本形制包括两种，分别为枕头式石碴窑洞和筒子式石碴窑洞。其中，枕头式石碴窑洞普遍高约 5m，在平面形制上，往往在大窑洞的后墙上又串套纵向小窑洞，且各窑洞之间还设置有小门相互连通。在民居高度上，依地形布局，部分院落建有二层或三层，首层均为石碴窑洞，上层若为窑则称为窑上窑，上层若为砖木房屋则称为窑上房。石碴窑洞内部的空间组织形式多样，包括单向连接、双向连接、上下互连、内外套连等形式。

在建造方面，利用石块进行砌筑是石碴窑洞的重要建造工艺，其砌筑方式根据石块拼接的样式可大致分为自由砌筑、层状砌筑、不规则砌筑等，石块之间通过石灰砂浆和糯米水的混合物进行粘接。石砌墙体上若要开设拱券门洞，有时会用圆环状石块进行起券处理，有时则又会用规格不一的长条石

图 1-1-11　大汖村自然环境 1

图 1-1-12　大汖村自然环境 2

图 1-1-13　大汖村自然环境 3

块进行起券。在建造流程上，石碹窑洞普遍通过椽子定型，一般先用模具坨制而成，待椽子晒干后，再通过相互挤压把椽子对接，形成拱形窑顶，各孔窑洞连续而立，每孔窑洞共用墙体，相互抵消拱顶的水平向侧推力，从而完成完整的石碹窑洞民居建造过程。

由于石碹窑洞民居是通过地方石材砌筑而成，装饰较为简单，通过石材本身表面的肌理以及不同砌筑

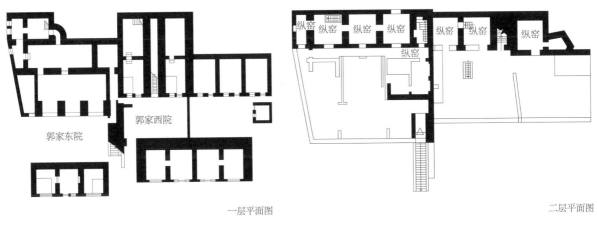

一层平面图　　　　　　　　　　　　　　二层平面图

图 1-1-14　郭家院平面图

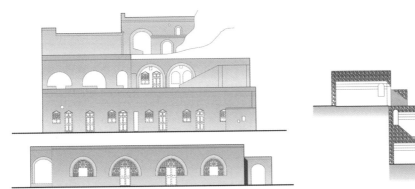

图 1-1-15　郭家院立面图

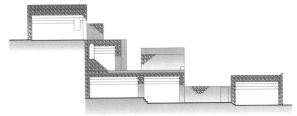

图 1-1-16　郭家院剖面图

手法的组合形成天然的装饰效果。除石材形成的装饰性肌理之外，常见的建筑装饰多集中于仪门和门窗格栅等部位，而鲜有传统院落民居般复杂繁复的木雕、砖雕等装饰构件。

以店头村郭家院石民居为例，郭家院位于山西省太原市晋源区店头村旧村东端，始建于明代，为三层院落式的石碹窑建构民居，在平面尺度上，进深约4m，层高约5m（图 1-1-14～图 1-1-16）。在建造材料上，建筑的围护与结构体系均由石材建造，其中，外部墙面为当地石质原料干摆垒砌筑成，为保证墙体稳定性，石原料的砌筑遵循"下大上小"的原则，在转角处还采用大块石料或打制过的石材进行相互咬接的组合方式以稳定墙体，并在首层石墙外表面进行抹灰处理，民居门窗洞口等拱券位置则为经过打制的小块石材砌筑成的圜顶券，建筑立面由石料垒砌形成的丰富肌理与圜顶券构成，特色鲜明。为保证建筑较理想的保温隔热性能，建筑的石砌墙体普遍较厚，约50～100cm 之间，并在石料之间抹灰填充缝隙。

再如，以山西太谷县侯城乡范家庄村迁善庄石碹窑洞为例，迁善庄石碹窑洞位于海拔 1386m 的山岇之上，始建于清咸丰三年（1853 年），耗时约五年完成。该民居以石碹窑洞为主要建筑形式，平面布局采用堡寨式的形制，建有堡寨和堡门。在建造材料上，建筑的墙体、门窗洞口以及屋面等均由石质材料建造，其中，墙体部分由打制过的石材层叠砌筑而成；门窗洞口等拱券位置则同样由打制石材砌筑形成，并呈圜顶券样式；不同窑洞的屋顶表面还有石板台阶相互连接，并由石材砌筑的垛墙作为屋顶围护构件；此外，建筑的室外台阶、踏跺等构件也多以条形石材或者石板为主进行建造；不同建筑构造部分对石材石料的灵活运用使得民居建筑立面稳定均衡，又富于变化。为保证建筑的保温隔热性能，墙体石料之间普遍抹灰以填充缝隙，防止热量的过快流失。

此外，以山西省大釆村石窑洞民居为例，该村落中的民居建筑大体可归为四类，即单层平房、二或三层楼房、石砌窑洞以及窑房混合建构。石窑洞民居类型便是其中的一种，在建造材料的选择方面，大釆村中的石砌窑洞民居基本是采用未经精细加工的石块，以大小相近的粗制石块进行发券砌筑，在石块之间填充石质薄片或泥土，以调整拱顶形状并增加拱券的稳定性。石砌窑洞既有整体以石块发券而成的，也有开凿石窟和石块发券相组合的建构，以圜顶券为主要形制，其窑洞内部空间有作为储藏的用途，也有作为居室的用途，后者则以草泥抹内壁以保温。基于当地自然环境有丰富的石料的特征，当地的建造者普遍采用河谷或山体的天然石材进行加工砌筑，逐渐产生石碹窑洞这种建构类型（图 1-1-17～图 1-1-19），因此可以说，该类石窑洞民居类型的出现是当地社会环境特点与自然资源禀赋的综合作用效果。

山西地区的石碹窑洞的拱顶几何形态普遍具有较强的地域性特征，例如，晋中地区石碹窑洞的拱顶形式近似于半圆形，而晋西地区石碹窑洞的拱顶则多由两段弧形拼接而成，到了晋南地区，当地的石碹窑洞则又多采用椭圆或混合方式，亦有部分建筑采用尖拱

图 1-1-17　大釆村石碹窑洞 1

图 1-1-18　大釆村石碹窑洞 2

图 1-1-19　大釆村石碹窑洞 3

的建造样式。另外，石碹窑洞受地形环境的影响，往往没有设置倒座房，其院落空间通常呈现出进深短、面宽长的几何形态特征。

3. 内蒙古汉族石窑洞民居

内蒙古汉族石窑洞民居是从靠崖式窑洞发展而来的。目前得知，初迁此地的村民由于自身经济力量和石窑洞建筑周期长等多种因素的考虑，首先选择在黄土崖壁上开凿窑洞暂以栖身，后来由于居住人口的逐渐增多，以及当地黄土覆盖较薄而石材丰富的自然资源特点，民居建构类型逐步向独立式的石砌窑洞发展，于是逐渐形成了当地的汉族石窑洞民居建构样式。

在空间分布状况方面，内蒙古地区的汉族石窑洞民居主要分布在临近山西的内蒙古呼和浩特市清水河县，另外，在乌兰察布市的部分地区也有该种窑洞民居的分布。从地貌类型方面看，汉族窑洞民居大多分布在黄土丘陵沟壑地貌区，沟壑梁峁之间，层层叠叠的窑洞群落，与周边环境完美融合，浑然一体，在花果树木的掩映下分外壮美。

内蒙古汉族窑洞的平面形制主要沿用山西传统的合院式布局，每个院落都依山而建，随着等高线的走向进行院落建筑的布置，往往形成平面形态不规则的四合院、三合院等。在院落构成上，院落民居主要由正房、厢房和倒座房这几栋建筑组成，其中正房一般为5~7孔的窑洞，主要用来居住，也有一孔窑单独居住的形制，并在室内设置火炕、灶台等；有的将两孔窑洞用门洞连通起来，形成两间，一间用来居住，另一间用于会客、吃饭；还有部分窑洞正房采用十字拱形式以将房间扩大，形成一个由主体空间和一排附属空间构成的组合空间。而院落的厢房与倒座一般都是2~3孔的窑洞，功能上以粮食储藏为主，倒座房部分则以其他杂物储藏为主。由于地形限制，该类石

窑洞民居院落通常较小，面积以 40~60m² 居多。其他使用功能如猪圈、鸡窝、厕所等，都在院落外面根据具体地形条件搭建建造。

该类民居在实际建造之前，通常是先选好场地，确定所盖窑洞的间数，然后准备石料。在建造流程方面，首先在选定的土坡上挖槽，槽的多少视盖窑洞的间数而定，之后将准备好的石料填在槽内，石块与石块之间不用泥土粘合，并且也不能有较大缝隙；之后，在垒石料近窑洞高度的一半时，将槽与槽之间的土修成弧形，沿弧形弧线摆石，同时将石窑内的土清空，倒至窑顶；最后，将石窑上的土层加厚至 1m 左右，以稳定屋面，完成民居的建造过程。在建造材料的选择上，石窑的前脸部分多由石头砌成，同时并进行勾缝处理，棱条花窗则多以麻纸糊窗，并粘贴剪纸。

窑洞的窑脸部分为该类民居的主要装饰部位，常常采用"剁斧石"的形式进行装饰，即以斧凿在石面上，形成精心錾满的直线，然后有规律地摆砌，以形成浓重的装饰效果。对于门窗等外檐装饰部分，多数窑洞，尤其是老宅的窗心部分都由棱条花格组成，其丰富的形态造型也传递着吉祥喜庆的意蕴，成为主要外部主要的装饰构件。

以呼和浩特清水河县老牛湾李焕连家大院为例，老牛湾李焕连家大院位于呼和浩特市的清水河县，最初是由清代移民而来的山西、陕北汉族居民建造而成。其建筑形制为正房、厢房两面围合，与围墙共同组成院落式的窑洞民居。该建筑以当地的白云岩石材为主要建筑材料，在窑脸矮墙部位以白云岩干摆为砌筑方式，并以"下大上小"为砌筑原则选择砌筑石料，以保证矮墙的稳定性；窑脸的外墙部分以打制过的白云岩石材进行"两顺一丁"形式的砌筑；在门窗洞口处发尖顶券，此外还沿拱券弧形

砌筑一层石材；石材之间较少运用黏土粘结，而是在保持缝隙均衡的同时用水泥勾缝以保证墙体的稳定性；民居的屋顶部分则由石板组合拼接组合形成；建筑立面整齐的石墙排列、勾缝，独特的花格窗是该窑洞建筑的主要装饰与特色，立面效果稳定、均衡又富于变化。

再如，呼和浩特的清水河窑沟乡馒头窑聚落建筑，馒头窑聚落建筑位于呼和浩特清水河县窑沟乡，最初兴建于明清时期，建筑的大部分至今仍然保存完整。该类建筑通常依坡而筑，朝向方面多坐北朝南，分单座、双座或多座等形式，建造为圆形圆顶状，故称馒头窑。在石砌技术的建造运用方面，该类建筑的基础与墙体均由当地石材通过干摆垒砌的方式形成，并在石材缝隙处进行水泥勾缝处理以提高墙体的稳定性，在外墙洞口则用较小块的石材发圜顶券；建筑屋顶由小块石板材料拼接形成。由于该类建筑集烧窑作坊与生活居住于一体的特殊使用功能，其石砌墙面也呈现出由下至上逐渐收分、退台的特殊形态，并成为该类建筑的造型特征，在整个内蒙古地区内都属于少见。

由于内蒙古汉族窑洞民居最初主要是由清代移民而来的山西、陕北汉族居民建造形成的。因此，该类民居的建筑形式也主要模仿山西、陕北地区的窑洞建筑而形成。但是由于不同的地理地质条件以及气候因素的影响，在具体建造时又缺乏山西、陕西的台地土质条件，于是当地居民因地制宜，将原来传统的靠崖式窑洞逐渐演变形成了如今的独立式石砌窑洞，形成了该类民居样式。

该类石窑洞民居与山西窑洞相比，有诸多不同之处：山西窑洞是以下沉式窑洞和靠崖式窑洞为主，而独立窑洞类型相对较少。内蒙古汉族窑洞则是在山西窑洞的基础上，根据当地的地质、气候特点，就地取材，利用当地生产的白云岩建造以独立式窑洞为主的民居式样，同时根据生产和生活的需要，进行适当创造性的演变。例如清水河县窑沟乡黑矾沟村的馒头窑，就是根据烧制陶瓷产品的需求，创造性地建造了既适合居住，又适合陶瓷用品生产的窑洞聚落。黑矾沟内现遗存明清古窑址25座，大部分保存完整，2009年还被国务院"三普"办公室列为2008年度全国"三普"重大新发现之一。由于上述特殊的功能要求，其建筑也呈现出极其特殊的形态特征，在整个内蒙古地区也实属少见。

（三）石板屋建构

石板屋建构类型是指在传统民居形态上表现为以石质材料为主、其他材料为辅的建造，即建筑的主体支撑结构为木质梁柱，而墙体和屋面等围护结构则以石材加以建造，形成民居建筑均为石质材料的外观形态，尤其是屋顶上铺设有石质薄板作为建筑空间的覆盖材料。各地在石板屋建构上有各自不同的方式，如有以石砌墙体支撑木梁形成屋架，其上覆盖石板的建造方法；也有以木构穿斗架形成屋架，其上覆盖石板的建构方式；也有大片石板作为屋顶材料，形成平顶建筑的建构方式。根据各地石质材料的物理特性，石板屋建构所采用的石板有大小、厚薄、色彩、石质和叠压方式等的地区差别。具体来说，石板屋建构可以分为以下几种类型。

1. 西南黔中石板房民居

贵州的安顺、镇宁等地区盛产优质石材，因此，当地布依族居民因地制宜，就地取材，居民用纯天然石材建造石板房，并把山和石化为一种生活、一种文化、一种艺术，逐渐形成了富有当地特色的布依族民居类型。布依族民居的基本形制可以分为干阑式楼房和半边楼式的石板房两种。其中，石板房民居类型主要分布在布依族聚居地区域，即贵州省内黔南和黔西南两个布依族苗族自治州、安顺地区的镇宁布依族苗族自治县、关岭布依族苗族自治县以及紫云苗族布依族自治县。此外，该类石板房民居在云南、四川省内也有少量分布。

布依族石板房的造型最先受地理环境的影响，依山就势，与自然紧密结合，其主要表现在地形条件与气候条件等两方面。布依族居民在营造房屋时，首先考虑其地形的影响。由于布依族村寨所处地形地势崎岖，当地还存在有"地无三尺平"的说法，所以，布依族人在布置房屋时，首先会结合地形，借助地形的不同对建筑空间进行组合。

该类石板房民居多为全石垒砌结构承重，即全用石料垒砌形成墙体，在墙顶架木梁以支撑屋盖，少部分石板房为木构穿斗结构的屋架。由于黔中地区木材较少，当地居民们有意节省材料，所以石板房民居相对较矮，一般为两层。在平面形制方面，布依族石板房建筑平面大多数为"一明两次三开间"的矩形平面，其中，明间作为生活起居空间，分为前后两部分，正厅前间为堂屋，后间为烤火等杂用，两次间也各分前后间，前间下部多利用山坡地形的高差作为牲畜圈，前间上部略抬高数十厘米，作为卧室使用，两后间分为卧室和厨房。次间设置阁楼作为贮藏空间。这种利用地形高差，根据不同使用要求，分别按台阶式竖向布置牲畜饲料空间、人的生活、谷物的贮藏空间的布局是布依族石板房最基本、最普遍的单体形制。之后，在此类单体建筑的基础之上，通过单体布局的组合、变化，又逐渐衍生出了三合院、四合院的院落形制。

在建造方面，当地居民主要采用的建造方法是"采筑同步"，"挖""取""填"三位一体的建造体系，即挖山开石、就地取材、填坡留空，形成较为省工省时的建造方法。石块在平面上一般采取楔形错位交接

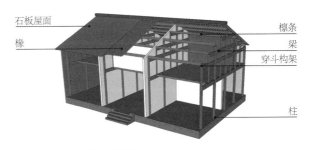

图 1-1-20　石板房建造分析

砌筑，缝内填上石灰砂浆粘结好。从建造工艺上来看，既有用规格大小一致的块石安砌，又有用薄厚匀称的石片、石块垒砌，还有用圆形或椭圆形石料堆砌的"虎皮墙"，墙面石料的砌法工艺要求较高；在民居的屋面建造方面，该类石头房的屋面通常是以石板铺设，其中，有用加工过的石块作呈菱形排布的，也有采用未加工的自然石片进行铺设建造的，因陋就简，简单易行（图1-1-20）。

石板房民居建筑的装饰体系主要分为两种，即木作与石作。其中，木作主要是指木窗花和木雕，包括门、窗等木质构件以及家具构件，而石作则包括铺地、柱础等，作为建筑主体支撑结构的柱，多置于有精美雕刻花纹的石柱础上。布依族石板屋民居建筑装饰普遍从自然界获得灵感，反映了布依族人对自然界的原始崇拜。而不同材质形成的装饰构件，也较明显地丰富了建筑的立面与室内效果，反映着传统民居建造者的建造智慧。

以花溪镇石板房民居为例，花溪镇石板房民居位于黔中腹地贵阳市南部，地处花溪水库中段的半岛之上，兴建于明代的万历年间。该类民居建筑的形制多为三合院、四合院民居，结合当地的特殊环境加以改进，形成全封闭式格局。在建筑的材料选择方面，以石、木为主，其中，民居建筑的承重结构为以木材建造的穿斗式构架，而围护屋面、外墙面等围护结构则

由石板等石材制成，包括以石板装壁、石板盖屋面、石板铺天井等不同形式，石板层层叠叠、形状不一、相依成型，石板与石板之间相互支撑、交叉，以小石板填补缝隙，此外，民居墙基为石料或者打制石材水平码砌而成，表面凹凸不一，并进行了勾缝处理，颇具当地特色。

再如，以高荡村杨家大院为例，高荡村位于贵州安顺市镇宁布依苗族自治县县城西南部，居民全是布依族居民，杨家大院兴建于明代，至清代渐成规模。与花溪镇石板房民居类似，杨家大院的承重体系为石木混合结构，以木结构为主，采用立贴式步架体系，而墙面、屋面等围护结构则由石材石料建造而成，石头山墙可做围护结构及承重结构，在墙体转角处，石块在平面上采取楔形错位交接砌筑，以石灰砂浆进行灌缝，从而增加墙体粘结度，提高墙体的稳定性。

整体而言，布依族石板房民居与屯堡民居有一定的渊源，两者在功能布局上基本相同，上层用于居住，中间正房为堂屋空间，两侧则布置卧室，上层通过和下层的院落或台地的组合形成独立的空间。从立面形态上看，立面由穿斗式结构构成，只不过因为民族、地域等的差异，屯堡民居显得更加丰富，布依族石板房相对较简单。从承重体系上看，布依族的石板屋民居是石木混合结构，木结构作为主要承重体系，石头山墙也可以作为承重结构，而屯堡民居虽然也是木结构体系承重，但石墙只是作为围护结构，基本不作为承重结构功能而出现（表1-1-1）。

布依族石头民居与屯堡民居的比较   表1-1-1

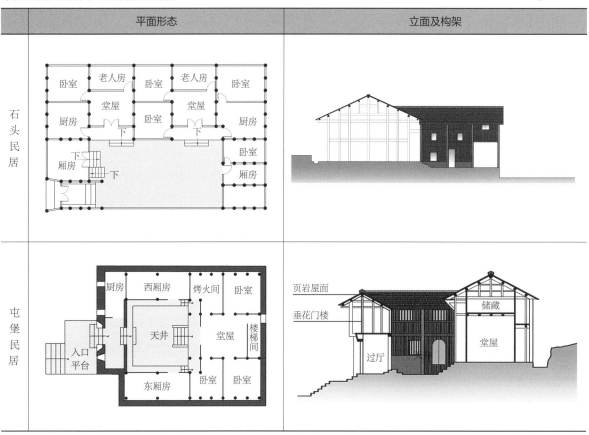

图 1-1-21 英谈村石板屋 1

图 1-1-22 英谈村石板屋 2

图 1-1-23 冀南渐凹村自然环境 1

图 1-1-24 冀南渐凹村自然环境 2

2. 冀南石板房民居

冀南地区传统石板房民居建筑是用石板充当瓦盖顶，采用石条或石块砌墙的民居建筑类型。石板石头房的石墙可垒到 5～6m 高，上部以石板盖顶，风雨不透。整个建筑除梁、檩条、椽子等是木料外，其余全是通过石料建造形成，甚至建筑内部，家用的桌、凳、灶、钵都是用石头凿刻形成的。该类石板房民居整体风格朴实无华，固若金汤，并且有着较好的居住舒适度，冬暖夏凉、防潮防火，只是采光效果较差（图 1-1-21、图 1-1-22）。

该类石板房民居主要分布在冀南太行山山脉地区，即山西、河北两省的交汇处（图 1-1-23、

图 1-1-24），其中以河北的英谈村最为典型与集中（图 1-1-25～图 1-1-27）。该类传统石板房民居的平面形制以合院布局为主，院落普遍方整紧凑，而不呆板局促，变化多样，主要有"一"字形房，"U"字形三合院和"口"字形四合院三种类型。建筑单体的平面形制也比较简单，房屋面宽进深较小，门窗洞口也较小。

在建造流程方面，基本可以分为打地基、砌石墙（石墙内为土坯）、上梁上椽、铺设苇席或木板、上黄泥、铺设石板、安置门窗等几个主要步骤。该类石板石头房民居普遍以石块做墙，石板当瓦，木梁作为承重构件，石墙的砌筑厚度会根据层数的不同而有所

图 1-1-25　英谈村自然环境 1

图 1-1-26　英谈村自然环境 2

图 1-1-27　英谈村自然环境 3

图 1-1-28　渐凹村石板房民居 1

图 1-1-29　渐凹村石板房民居 2

图 1-1-30　渐凹村石板房民居 3

不同，一般单层石头房石墙厚度约为 50～60cm，两层石头房石墙厚度约为 80cm 左右（图 1-1-28～图 1-1-30）。

该类石板屋民居整体风格朴实、自然，没有矫揉造作的效果。室内装饰简单，主要在建筑外部进行适当装饰，其中在门口多有雕花门楣，木制窗格也是该

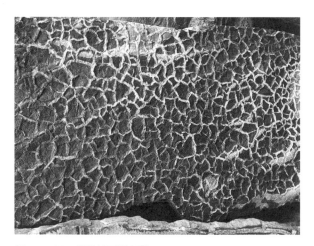

图 1-1-31　英谈村石板表面 1

图 1-1-32　英谈村石板表面 2

类民居的一大特色，窗格上通常也会刻有精美的木雕。采用当地石材的英谈村石板屋民居映衬在绿山之中，自身就是一种天然的装饰，虽然建筑没有太多的装饰处理，但是仍取得了丰富、美观的立面效果。

以英谈村内的石板房民居为例，英谈村石板房位于太行山东麓深山腹地的英谈村，普遍兴建于明永乐年间。历史上的英谈村，曾有"三支四堂"形制之说，即每一堂都是一组院落群，院院相通，现在基本上已经被居民封堵起来，成为单独院落。由于其所在区域拥有丰富的石料资源，以红色嶂石岩为主，故而该类石板房建构的围护与结构体系均由嶂石岩材料制成（图 1-1-31、图 1-1-32）。石板房不同部位有不同的砌筑方式，如墙体部分有粗糙石材的垒砌和精致石材的叠砌之分，有整块条石的砌筑与山体石料干摆砌筑之分等不同砌筑方式；门窗洞口发券亦是手法灵活多样，有嶂石岩材料发的圆顶券与尖顶券等不同拱券样式，并沿着拱券曲线有单层石块砌筑或双层石块砌筑；屋顶则是红色嶂石岩石板铺砌形成。整体而言，英谈村因嶂石岩建构材料的灵活运用而整体统一，又因不同大小、形态的石料石材以及不同砌筑方式，以及不同的拱券类型而丰富多样

（图 1-1-33～图 1-1-35）。

由于英谈村处在太行山南部被自然封闭的环境之中，几百年前，山中交通不便，山村里土地的贫瘠与平原地区不同，建筑材料运进山村的难度较大，而山中有着富足的石料资源，取之不尽，用之不竭，因而普遍地被当地居民拿来盖房修屋。故而，该类石板屋民居的形成是当地自然环境特征与经济技术水平的综合作用结果。

再如，位于太行山脉的地脑石村石板房民居，以木材为支撑结构，围护结构为石材，木质梁檩多搁置在石砌墙体之上，其上覆盖石板形成屋面，由于石板重量的原因，普遍为一面坡三块板的铺设方式。由于石质材料的重量较大，除去发券的门窗洞口，村落东南角庙宇不宽的矩形门窗洞口之上架设厚 200mm 的木质过梁，以承受其上的石墙荷载（图 1-1-36、图 1-1-37）。

地脑石村中的石砌民居有独立建筑、有院落建筑，在形态规模的建设上随形就势，在石砌建构上方法一致但形态则各异，如门窗洞口同为双层石块缝填片石的建造方式（图 1-1-38、图 1-1-39），但有弧形发券和半圆发券的差别。块石砌筑的墙体出于稳定

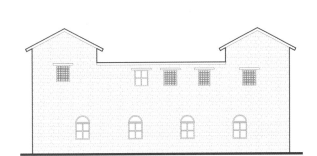

图 1-1-33　英谈村石板屋 1

图 1-1-34　英谈村石板屋 2

图 1-1-35　英谈村石板屋 3

图 1-1-36 地脑石村石板房民居 1

图 1-1-37 地脑石村石板房民居 2

图 1-1-38 地脑石村石板房民居 3

图 1-1-39 地脑石村石板房民居 4

性的考虑，有两层石块之间的纵向拉接石条，但在券脚处也有细微的搭接差别。

　　该地区的太行山体层峦起伏、峰林高耸、仞脊窄峭、破风而立，民居建筑、院墙、照壁和挡墙等等的建造均就地取材，以嶂石岩石材进行建构，加之街巷的底界面、建筑的屋顶面亦为石材铺砌，而使得整个村落与山地环境融为一体。村落因石质建构而通体红色、并因嶂石岩的石材纹理而呈现出独特的样貌，与其上部高耸的峰林景观相映相辉。

　　通常情况下，太行山一带的民居建筑多以木材、石头、黄土为主，充满豪放之气。相比之下，英谈村石板房却多出几分秀气：红色民居建筑若隐若现于郁郁葱葱的山林之中，灵动飘逸，树木植于院落，院落长于自然。其次，房前、宅后和半隐蔽的花园都是其独特的室外特征，使村落更好地融于自然。因此，与南方山寨相比，英谈村的石构民居多出几分硬朗，而与北方山寨相比，英谈村石构民居则又多出些许灵动。

3. 晋东南石板房民居

石板房是晋东南山区常见的民居类型之一，其建筑材料以太行山所产石材为主，不但墙体采用石材砌筑，有的民居建筑连屋面也采用石板瓦敷设，外观粗犷、气势雄浑，与所在环境浑然一体，充分体现了晋东南山区的山地建筑特色。

该类石板房民居主要分布在晋东南山区，尤其以泽州、高平、平顺等地，距离城区较远、交通不便的山区最为普遍，并且往往形成分布集中的村落。

在平面形制方面，该类石板房多采用合院布局方式，由于地处山区，建筑布局多随山就势，较为灵活。正房、厢房等主要单体建筑的平面一般面阔三间，且开间尺寸较小，有的虽为二层建筑，但整体规模仍较小。

在民居的建造材料方面，此类石板房民居普遍采用传统木构架作为主体结构，围护结构则以石砌墙体为主，也有的在山墙上部、檐墙窗台以上等局部采用土坯墙，屋面则较多采用石板瓦，呈鱼鳞状敷设，也有采用仰瓦屋面的做法。墙体多采用不规则块石砌筑，较少或不使用粘接砂浆，而是通过大块石材之间的搭接组合和小块石材的垫补填塞，形成层次分明、肌理丰富、结实厚重的墙体；部分石板屋建筑在石墙外表面刮饰泥抹面，以改善因材料和砌筑工艺导致的立面效果，对于采用经过打磨、较整齐的大块石材砌筑的墙体则进行勾灰缝处理。墙体的室内一侧抹面，形成整洁的室内效果，并起到部分的保温隔热作用。

此外，晋东南石板房民居整体装饰较少，以石墙或石板屋面本身所具有的丰富肌理以及质感为主要表现方式，装饰效果生动、粗犷，与环境浑然一体，充满生命力。同时，石板房民居也注重在门、窗的券面、窗台石、木构件以及墙脸石等处施以少量点缀性的雕刻装饰，装饰题材则以花草、仙禽瑞兽和吉祥图案为主。

例如，长治市平顺县石城镇岳家寨民居，这类民居建筑建于深山中的缓坡之上，形制普遍为石头合院民居与独栋石头屋，由于深山中的石料资源十分丰富、便于取材，建筑的承重框架与围护结构均以石质材料建造。其中，建筑的基础与外墙为本地石料——花岗岩块石通过干摆或打制砌筑而成，而建造工艺与各户经济能力有关。例如，较为贫寒家庭的石屋用未经加工的花岗岩块石以干摆的形式叠砌而成，其内墙简单地抹草泥灰；而富庶家庭所用的石材以斜划纹打道，且砌筑时工艺更为精细，以区别于简单石屋民居。建筑屋面使用大块片岩堆叠而成，屋檐处石板呈水平放置，使滴落的雨水远离建筑基础，使用的片岩普遍约为60cm见方，民居建筑立面看似粗犷，实则细腻。

再如平顺县石城镇上马村民居，其同样位于长治市平顺县石城镇，村落选址在悬崖峭壁之上，民居院落沿等高线次第展开，错落有致、布局合理。建筑的支撑体系为木结构构架体系，屋顶为当地石板材料，建筑墙体等其余围护构件多采用当地石材砌筑，或用块材或用板材进行干摆砌筑，中间的缝隙进行勾缝处理，形成层次分明的墙面肌理，再加之当地石材本身具有深沉的红色，建筑整体被衬托得更为朴实，具有强烈的乡土气息。

由于该类石板房多处在位置偏远、交通不便且经济条件较为落后的地区，且居民善于就地取材，采用当地石材砌筑房屋，并充分发挥块材、板材等不同形态石材的性能，形成了以石墙、石板屋面等为主要特

点的具有鲜明地域特色的民居建筑类型，因此，该类
石板房民居类型的出现是当地自然资源与居民建造技
术水平的综合作用结果。

晋东南石板房所在山区的社会、经济、文化发展
水平普遍相对较低，因此与"四大八小"、"簸箕院"
等深受耕读文化和科举文化影响而形成的类型相比，
更多地体现农耕文明的生活方式，组群和单体建筑规
模一般较小，更适应山地地形的要求。同时，其组群
布局方式也不可避免地受到晋东南地区严谨、规整的
合院民居的影响，多表现为较完整的四合院。新中国
成立以来，石板房墙体较多采用经修整打磨过的较大
块材建造，并以水泥勾缝，具有一定的时代特征。

4. 藏族邛笼式石碉房民居

四川嘉绒藏区是藏羌石砌建筑的发源地之一，现
存的上百座碉楼更是中国两千多年以来至今尚存的
"邛笼"石碉房的直接实物见证。该地区的民居也是
由古代先民"垒石为室而居"演变而来的墙承重式石
砌碉房的产物（图1-1-40～图1-1-42）。

藏族邛笼式碉房主要分布于岷江上游河谷以西，
到大渡河上游一带的嘉绒藏族地区，包括甘孜州丹
巴县、康定鱼通地区，阿坝州金川县、小金县、马
尔康县、理县、黑水县的部分藏区（图1-1-43、
图1-1-44），其中，最典型的是丹巴地区分布着的
藏族石碉房（图1-1-45～图1-1-47）。

图1-1-41　丹巴县石碉房2

图1-1-40　丹巴县石碉房1

图1-1-42　丹巴县石碉房3

图 1-1-43　丹巴县石碉房 4

图 1-1-44　丹巴县石碉房 5

图 1-1-45　丹巴县民居及自然环境

图 1-1-46　丹巴县自然环境 1

图 1-1-47　丹巴县自然环境 2

　　在形制方面，该类石碉房主要有两种类型：一类是纯居住功能的碉房，另一类是居住建筑与高碉楼结合的碉房，也称之为"宅碉"。建筑以 3~5 层的石砌平顶民居建筑居多，高者有达 7~9 层的（图 1-1-48、图 1-1-49）。碉房整体封闭坚实，厚厚的石墙之上只有少量小窗洞，三层以上面向屋顶晒坝的房间和出挑的木墙上才开设稍宽大的木窗，层层退台和木墙、廊架的交错出挑，形成虚实、轻重的对比，建筑形体丰富。石碉房平面形制为方整的矩形平面，占地百余平方米。通过石墙划分空间，上、下层分间尺寸基本一致，竖向重叠平面逐层减少，形成退台式剖面形制。功能布局大致为底层牲畜圈；中间层

有主室锅庄，作为客厅、厨房、卧室、各类储藏室；上层为经堂、客房，有些还有喇嘛念经的住房；最顶层为宽大的屋顶晒坝，沿墙边建有"一"字或"L"、"凹"形平面的半开敞房间，敞间为临时储存、放农具之用。敞间大多为木架平顶，在马尔康草坡一带的石碉民居则多为木构架坡顶。

　　在建造方面，邛笼式碉房的墙承重体系为密梁平顶式，以房间为单位，通过内外墙承重。平顶敞间为墙柱混合承重结构，坡顶敞间则是支梯形木架支撑梁、檩，并铺石板瓦。在具体建造手法上，墙体部分以不规则石块加黏土进行砌筑，从下至上逐渐收分。梁构件水平搁置在墙上，梁上密铺一层檩木，之上放置劈

图 1-1-48　丹巴县石碉房 6

图 1-1-49　丹巴县石碉房 7

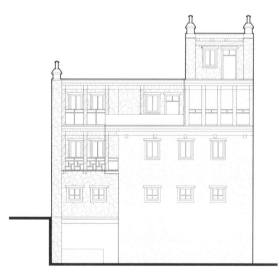

图 1-1-50　丹巴县石碉房 8

图 1-1-51　丹巴县石碉房 9

柴、细枝条，倒入混有碎石的黄泥铺平拍实。楼面是在此之上铺置的木板，屋顶则在基层上分层铺筑略干的黄泥，用木棒夯打密实。外墙檐部一般平铺一层薄石板，伸出墙外形成挑檐（图 1-1-50、图 1-1-51）。

装饰方面，其主要是通过门楣、窗格的木雕图案以及极富感染力的墙面色彩而得以实现，石碉民居普遍在墙面、窗套刷饰白色、黑色图案，在檐口部位涂刷红、白、黑色带，屋顶插五彩经幡，经堂室内则有壁画、设佛龛，摆放"敬水碗"和酥油灯、经书、法器，构成丰富的民居室内室外装饰。

以丹巴县格鲁甲戈宅为例，格鲁甲戈宅位于四川甘孜丹巴县梭坡乡莫洛村，是丹巴地区保存最完整的古民居之一。建筑由石碉楼和民居部分组成，为石材石料混合建构类型。其中，石碉楼地基主要采用巨石填砌以保证其稳定性，民居建筑则主要采用石墙承重，内部划分空间的墙体也主要用石墙，很少用到石柱，墙面等围护结构主要采用泥浆砌石法，在砌筑条石的接缝表面涂抹黄泥作为粘合剂，并采用错缝搭接的原则使石与石之间呈"品"字形排布，大石之间都镶有一圈小石，使得大石和小石都形成流畅的线条；民居建筑主要采用石墙承重，内部划分空间的墙体也主要用石墙，很少用到石柱，石墙的砌筑方式同碉楼类似，将大块条石至于基底，填砌石块交错搭接密实，空隙用碎石填充。该民居体型厚重雄浑，外墙收分，平屋面可上人，个性鲜明。

该类石碉房所在地区是中国历史上的"藏彝走廊"地带，自古就是西北古氏、羌人南下的主要通道，由于人群来往频繁，该地区逐渐形成"六夷、七羌、九氏"的杂居局面。由于地理环境、气候条件及历史上不断的民族纷争，促进了具有厚墙、封闭、下圈上居等带有明显防御特色的碉房民居逐渐形成，因而，该类石板屋民居的出现是当地自然资源环境与社会混乱局面的共同作用结果。

此外，在临近嘉绒藏区的阿坝州理县、茂县、汶川的羌族地区民居也有邛笼式石碉房形式。但是相比之下，藏族碉房建筑形体变化丰富，外墙、檐口、门窗的色彩、木雕装饰多样，而羌族碉房规模则相对较小，形体简洁、朴素、少装饰，室内也没有设置经堂。

二、部分建构类型

传统石砌民居的部分建构类型主要表现为：民居空间的六个基本围护面中，围护面部分是由石质材料砌筑而成的，通常是墙体和地面的通体为石质材料建造，而屋面由瓦、草等其他材料建造而成。各地因石质材料、经济条件、加工方式等等的不同，而发展出相应的建构样式与建造技术，部分建构类型可以细分为打制石材建构、石质原料建构、石材石料混合建构三种子类。

（一）打制石材建构

打制石材建构是指将大块的开采石材粗加工为荒料，再将荒料运至建造现场进一步打制加工，依据民居建筑的建造要求、建造者的经济状况和工匠的建造技术，而选择对石材荒料的加工精细度，因此各地在传统民居打制石材建构类型上有较大的形态差异。经济条件较好的地区以及重要的建筑，如血缘型传统村落中的祠堂建筑和富户的建筑等，普遍以打制较为精细的石材进行建造，尤其是在民居建筑入口大门等重要部位，基本为精细加工的石材进行砌筑建造。打制石材建构在各地民居建筑的运用多种多样，包括有整面墙体和部分墙体使用打制石材进行砌筑的不同建造方式，而大块石材之间通常是以企口或类似榫卯的方式加以稳固连接。具体来说，打制石材建构可以细分为以下几种子类型。

1. 藏东南鲁朗石墙木屋顶民居

西藏鲁朗镇位于色季拉山山脚下的鲁朗河谷地带，这里自然资源丰富，森林茂密，气候湿润，雨量充沛，有充足的木材和石材作为建筑材料，从而为当地的石木民居建构提供了坚实的材料基础（图1-1-52~图1-1-55）。因而，藏东南鲁朗地区的传统藏式民居均为石墙木屋顶的建筑形式，且收分明显的厚重石质

图 1-1-52　鲁朗地区自然环境 1

图 1-1-53　鲁朗地区自然环境 2

图 1-1-54　鲁朗地区自然环境 3

图 1-1-55　鲁朗地区自然环境 4

墙体与出檐深远的阔大屋顶形成鲜明的对比,建筑内部为木构架承重,每层木构架垂直对应(图 1-1-56~图 1-1-58)。

　　具体来说,鲁朗石墙木屋顶民居主要分布于西藏林芝县鲁朗镇的扎西岗村、纳麦村、仲麦村等地。该类民居的主体建筑通常建在较高的台基之上,门外设有专门的平台和多级台阶。相较其他地区的藏式民居,鲁朗地区的民居建筑体量普遍较大,普通民居的主体建筑占地在 200m² 左右。民居平面形制呈长方形,面阔五间、六柱,进深三间、四柱,庄园的单体建筑规模更大。主体建筑的实际使用空间通常设置为两层:一层进门后设有通往二层的楼梯,地面用木板

或石块铺砌,其他空间用作仓储,为泥土地面,不做处理。人数较多的家庭也会在一层布置起居室;二层为主人生活起居的空间,包括带有藏式传统厨灶的起居室、经堂、卧室和仓储空间,围绕中部的交通进行组织。起居室是带有一根中柱的大房间,是一家人吃饭、会客的空间,除炉灶外,还设置藏柜、藏床等家具,老人和小孩晚间在此居住。二层的平顶之上还有空间十分开敞的屋顶阁层。

　　在建造材料方面,该类民居建筑是由外部的石墙围护构件以及内部的木质承重构件两部分组成。在建造工艺方面,外墙部分是由大小不同、形态也不规则的石块砌筑而成,自下而上有较明显的收分,表面涂

图 1-1-56　鲁朗石墙木屋顶民居 1

图 1-1-57　鲁朗石墙木屋顶民居 2

图 1-1-58　鲁朗石墙木屋顶民居 3

抹白色泥浆，并根据石块的形状抹出不规则的肌理。内部木质承重构件则是房屋主要的承重体系。自下而上可分为三层，各层之间相互独立，通常一、二两层的柱子数量相同，垂直位置基本对应，顶层需设脊柱，而

与下面两层柱位不完全对应（图 1-1-59、图 1-1-60）。

鲁朗石墙坡屋顶民居外观装饰简洁、朴素，石砌外墙涂刷白色，采用木格窗窗扇，窗格保留原木色，未施彩绘，窗套涂黑色，呈梯形状，窗楣涂藏红色。

图 1-1-59　鲁朗石墙木屋顶民居 4

图 1-1-60　鲁朗石墙木屋顶民居 5

在二层窗楣上绕建筑一圈做一层木质挑檐，涂藏红色。在以白色为基调的外墙上用黑色、藏红色进行点缀，同时，平缓飘逸的木屋顶也形成了简洁大方的建筑外部装饰，完全融于周围优美的田园景致，内部装饰主要集中于柱、梁和木板墙上，屋内所有木质构件保留原木色，柱头雕刻成栌斗造型，托木（雀替）造型优美，屋内装饰古香古色。

此外，鲁朗石墙坡屋顶民居在二层采光条件好的位置还专门设置有佛堂，通常在佛堂中设置有雕刻、彩绘精美的佛龛，佛龛里供奉着藏传佛教中的各式佛、菩萨，佛堂是藏族家庭日常礼佛的重要场所，体现着当地居民坚定的精神信仰与追求。

例如，在鲁朗镇扎西岗村有一座桑杰庄园，始建于 19 世纪初期，至今已经约有 200 年左右的历史，成为了当地打制石材民居建构的典型代表之一。庭院内部有两座石墙木屋顶形式的建筑。除了屋面为木质斜坡顶外，建筑的墙面、地面等围护面均为打制石材建造而成，其中，墙面由大小不一、经过打制的石材水平叠砌砌筑形成，缝隙进行勾缝处理，并刷白色泥浆，在窗框部位刷黑色泥浆，墙体由下至上进行了向内的收分处理。此外，建筑的外部台阶如地面也同样是由石料石板等干摆砌筑而成。整栋民居建筑就地取材，在颜色方面也遵循了当地的宗教信仰追求，充分体现着当地的建造特色。

再如，林芝县鲁朗镇罗布村次娃顿珠宅位于西藏自治区林芝市林芝县鲁朗镇罗布村，主体建筑重修于新中国成立之后，为单栋建筑，共设置有两层，其中一、二层中部为公共的通行空间。建筑主体围护结构为石材砌筑形成，梁柱等承重结构以及屋顶为木质材料建造形成，其中，建筑的基础较高，是用大块的毛石垒砌而成的，建筑主入口门前有毛石砌筑的垂带踏跺和石墩装饰。建筑的墙体采用经打制过的石材砌筑而成，表面涂以白色泥浆，由下至上进行向内的收分处理。门窗为原木质地，窗套涂黑色、呈梯形形状，窗楣涂藏红色。在二层窗楣上绕建筑一圈做一层木质挑檐，涂藏红色。在以白色为基调的外墙上用黑色、藏红色进行点缀，形成了美观、和谐又富于特色的建筑立面效果。

由于鲁朗镇位于林芝东部的高山峡谷区，林木资源丰富，同时雨量充沛，导致防潮和防雨成为民居建筑要解决的主要问题。因此，民居建筑的外墙以石材为主，并且将建筑的基础建造得较高，如此对石材料的运用旨在提高建筑的防潮能力，在平屋顶的基础上，设有宽大的双坡斜屋顶以利屋面排水。故而，该

类民居的产生主要是当地自然环境特征与当地居民
建造水平的综合作用结果。此外，鲁朗镇石墙木顶
民居与工布江达县错高乡的石墙木顶民居相比，木
质承重构件体系更为严整、明晰；并且房屋基础相
对也较高，一层空间舒适，设有生活和仓储的功能；
隔层空间通常也较为开敞，脊柱的高度甚至大于下
面两层的柱高。

2. 冀南瓦顶石头房民居

冀南山区存在不少石头房，其中包括着部分瓦顶
石头房。

在空间分布方面，此类瓦顶石头房民居主要分布
于河北省南部太行山脉地区，如河北省邢台市邢台县
以及邯郸市涉县、武安等地，其中，最具代表的是被
誉为"太行川寨"的沙河市王硇村内部的瓦顶石头房
民居（图1-1-61、图1-1-62）。该类瓦顶石头房民
居通常以红石条砌墙，屋面顶部起脊扣瓦，不但具有
四川成都一带的川寨风格，而且具有古代战争自卫防
御与袭击敌人的防御性功能。这种居住兼军事防御功
能为一体的古堡式建筑格局，在太行山周边地带极为
罕见。王硇村聚落整体平面形态呈雄鸡形，民居平面
形制如今多为四合院，而以前时期主要为套院式结构，
甚至有一进七套院，建筑高度多为二层或三层，院落
外的东南方位多留有缺角（当地称东南缺），临街房屋
或临路口靠外墙的顶端多建有碉楼（当地称耳房），屋
顶为"三瓦一平"，正房均为瓦顶屋面，其余三面房间
会有挨着碉楼的一处为平顶屋面。以前，院落与院落
之间多有暗道相通，而现在通道基本被居民封堵。在
建造材料上，除了瓦质屋顶之外，建筑其余围护面均
为石材建造形成，所用石块全部经过石匠打磨，石块
形状规则、规格较为统一，所砌墙体互相交叉、粘连，
形似木工中常见的"榫卯结构"，墙体厚80～120cm，
房屋为石木承重体系，屋面承重方式为抬梁式。其建

图1-1-61　冀南瓦顶石头房民居1

图1-1-62　冀南瓦顶石头房民居2

造流程基本可以分为下地基、砌石墙、上梁上椽、铺设草席、黄泥铺瓦、安置门窗等几个建造步骤。

在建筑装饰方面，该类石砌民居的装饰主要是由石、木建构组成，其内部碉楼式耳房的隔扇（即前墙）多为木质雕花墙壁，楼脊两端有龙首鸱吻或瓦兽，当地有"五脊六兽"之说，但大多在"文革"时期被破坏。石楼的门窗造型别致，构图奇巧，雕刻技艺精湛，最为突出的是"雕花门楣"，宅院门前都摆有"门宕"，门楣上安有"户对"。

以位于河北省沙河市王硇村周苏英老宅为例，其建筑平面为四合院形制，临街门楼上也建有碉楼形制的耳房，内部正房为二层小楼。该民居的屋顶为瓦质材料，四周的墙面均由打制过的石材砌筑形成，为保证砌筑简便以及墙体的稳定性，石材的运用符合"下大上小"的原则，石材之间以干摆为主要砌筑形式，内部缝隙进行勾缝处理，建筑立面也因石材的统一运用而显得整体、大方。在门窗洞口处，有少量的砖、木材料运用，作为建筑装饰，使得建筑立面整体统一，又富有变化。

该类民居的形成是当地自然资源与历史文化条件综合作用的结果。王硇村历史上是由落荒避难的居民聚居形成的，居民们为了确保自身的安全，在建造时较为注重民居防御性的体现，如在临街临路口处必设碉楼，且院院相通，以便逃跑。同时，由于当地交通条件不佳，建筑材料较为匮乏，于是石、土材料便是其主要的建筑材料，居民们基于自身防御性要求以及当地匮乏的建造材料，以石料为主要材料进行建造，最终形成该类民居，河北的大梁江村也有同类的民居（图1-1-63、图1-1-64）。

王硇村的石头民居既是文化与历史融合的典范，更是当地居民们聪明与智慧结合的成果。其石构民居与其他地方的石构民居的不同之处主要是到处可见的

图1-1-63 大梁江村瓦顶石头房民居3

图1-1-64 大梁江村瓦顶石头房民居4

东南缺建筑，即每一排石楼，不是左右对齐成一排，而是自前向后均闪去东南角一块，错落而建，这是为了遵循"有钱难买东南缺"的习俗。

此外，位于邯郸涉县西南清漳河谷的固新村的瓦顶石头房也别具特色，村落形成南北向的主要街道骨

图1-1-65　固新瓦顶石头房1

图1-1-66　固新瓦顶石头房2

架上生长出东西向巷弄的鱼骨状结构村内民居建筑普遍为院落式，居住类建筑坐北朝南、商业店铺则沿南北向大街而开门朝向东西。民居建造普遍以木质梁柱为承重结构，在墙体和屋顶的围护结构建造上则因经济状况和材料而多样，屋顶形式有扁平拱和坡屋面，其上覆盖材料有青瓦和筒瓦等，屋面的覆瓦方式也有多种。

民居建筑的墙体普遍以石块码砌墙基，其上墙体以土坯砖或青砖砌筑，土坯砖外以约1cm厚的草泥层抹面，二层部分的墙体多为树枝编芭或草席外抹草泥灰，院门或建筑入口处以青砖砌筑（图1-1-65、图1-1-66）。主街的商业店铺建筑较为高大、用材和装饰较好，随着时代的变迁多用变化，有分隔改造、加层翻建、材料置换等方式。

村中的民居有单层的建筑也有两层的楼居，既有形态规整的居住院落、庙宇和商业店铺，也有随形附建的仓储等设施建筑，村中商业店铺为整开间的木板门相对开放，居住建筑则或砖墙或土墙相对封闭。

3. 冀南平顶石头房民居

河北省冀南地区的太行山区内，存在大量的石头房古村落，平顶石头房是其中比较特殊的一类，它的墙体和地面均选用石材，少部分墙体是灰砖砌筑，屋顶却是与平原地区砖木结构基本一致的平屋顶。由该类民居组成的村落顺山势而建，依山起伏，可以看作是山地建筑与平原建筑的混合体（图1-1-67、图1-1-68）。

冀南地区平顶石头房主要分布于河北省邢台市西部的太行山区，其中分布比较集中的有临城县和内丘县等区域，如内丘县神头村。

平顶石头房民居的平面形制多为四合院，有的为二进院或多进院，房屋依山随形而建，高低错落有致，以青石为主要建筑材料，屋顶为平檐式，大多为单层建筑，有少量的二层建筑，院内以墙进行分隔。正房一般为"一明两暗三开间"或者五开间，在正房两端一般会甩出半间或一间房间作为卧室之用，筑土炕并与炉灶相连以供居住者采暖，中间为厅堂活动空间。院子的平面尺度一般，并且狭长，石墙顶部普遍为青砖砌筑，并与顶部衔接。

在建造材料的选择上，平顶石头房建筑的墙面主体普遍用石块进行砌筑，墙体内部抹黄泥（或土坯）作为保温以及和室内墙面装饰，顶部为梁椽结构，屋面为瓦质平屋顶。在墙面的砌筑工艺上，石块砌筑较

图 1-1-67　冀南平顶石头房 1

图 1-1-68　冀南平顶石头房 2

为讲究，按照经验砌筑大小石块，形成坚固美观的墙体。墙体普遍厚 50～80cm，建筑亦对外开窗，为石木结构的承重体系。对于该类民居的基本建造流程，大体可以分为下地基、砌石墙、上梁上椽、铺设草席、黄泥白灰筑顶、安置门窗等几个主要步骤。

平顶石头房院落大门建有门楼，作为该类民居的主要装饰部分，门楼两侧有精美的砖雕木刻装饰，所刻内容多为吉祥文字与传统纹样，窗户上多有精致的木质窗花棂，门窗过梁都是由经细心打磨的青石条组成，纹理清晰、做工精细。室内装饰较为朴素，在室内门窗过梁处会挑出来一段木梁，在上面搭木板，可以存放物品，装饰较为简单。

例如河北省邢台市内丘县南赛乡的刘建兵老宅，建于清朝时期，其平面形制是一个两进院，外院较窄小，犹如一个过道；内院较为开阔，并且院落狭长，有后门，南向房屋为正房。在建造方面，建筑墙体大部分由石块砌筑形成，顶部为规格较高的打制石材水平砌筑而成，缝隙进行了勾缝处理，下部的墙面则用规格稍低的石材砌筑形成，简洁大方。除墙面之外，门窗过梁构件也为经过打制而成的条石材料建造，部分门洞采用石材发圆顶券，窗口面积较小。建筑内部的坐凳、磨盘等构件也同样是由石材打制而成。整个建筑建造风格粗犷，是冀南平顶石头民居类型的典型代表，而目前建筑损坏较严重，部分屋顶经过修补处理，部分房屋已坍塌。

平顶石头房民居是冀南山区的本土民居类型，并非由外地迁入，不受或较少受外地建筑特征影响，建筑特点与本地气候、地理、文化等因素密切相关，例如，太行山一带普遍是石材遍布，当地居民在建筑材料的选择上就地取材，以石块砌屋，坚固结实。从气候以及村民的生活习惯出发，由于农民需要平整的空间晾晒农作物等，坡屋顶具有不适应性，而平屋顶能很好地满足这一需求，且平屋顶通过组织排水就能满足当地民居排除雨雪的要求，故而该地区民居建筑普遍为平屋面的屋顶形式。平顶石头房民居集合了山地建筑与平原建筑的特点，以石块砌墙，黄土白灰筑平屋顶，具有一定的特殊性与代表性，由此可见，冀南

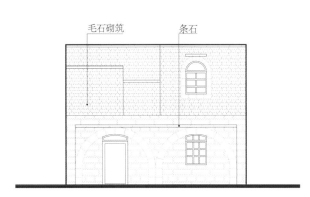

图 1-1-69　冀南平顶石头房立面图

图 1-1-70　冀南平顶石头房 3

山区平顶石头房民居的产生是当地自然资源特征与居民生活方式的综合作用结果（图1-1-69、图1-1-70）。

　　冀南山区的平顶石头房与砖木结构房屋相比，不仅在建造上有着成本优势和稳定性方面的优点，同时还具有优于砖块材料的保温隔热性，即较好的居住舒适度。此外，相比之下，平顶石头房的面宽进深较小，门窗洞口尺寸也较小；另外，该类平顶石头房与坡顶房屋相比，造价上能减轻村民的负担，而且平顶更能满足当地居民的使用需求。为农民的农作物晾晒提供出更多平整空间，相反，坡屋顶就不具有这样的使用功能；因此，这种山地自然环境和特殊的地理地势，从客观上决定了太行山区传统民居的建筑风格和形态特征。

　　4. 苏北草顶民居

　　苏北草顶农舍民居泛指以木材、石材或土坯作为支撑与围护结构，用茅草或小青瓦作为屋顶材料的一类传统民居建造类型。该类建筑主要在部分经济并不发达、区位偏远或者山地地区有少量存在。在平面形制上，该类民居建筑以独栋单体形式存在较多，较少部分以院落围合形式存在。

　　苏北草顶民居曾经在苏北地区广泛存在，随着经济的不断发展，目前留存数量较少，仅在徐州市内的

子房山一带、贾汪区、铜山区、睢宁区以及宿迁市的北部地区有部分实例存在。

　　苏北草顶类型民居规模较小，面积通常在十几或几十平方米左右，小的甚至仅仅几平方米。由于这类农舍民居多位于城乡结合部，依山而建，因此平面形制多以独栋的形式出现，较个别的此类民居采用围墙形成小的院落。

　　在建造材料上，苏北草顶民居根据地形的不同也有不同选择，一般来说以石、土、茅草为主要材料，很少用砖。在建造流程上，往往先备好各类建筑材料，尤其是茅草，需要提前进行晾晒，在备料完成之后，开始对地基进行平整，之后挖基础放置大块条石，完成基础的砌筑之后再进行墙体的砌筑与屋面部分的建造，最终完成民居的建造过程。在墙体的砌筑样式方面，常分为两种方式，在城乡结合部及乡村中居住的堂屋，其石墙砌筑多采用较为整齐的块石进行砌筑，形成相对规整的墙面，而在乡村中作为牲口房或者杂物间的草顶农舍民居则采用大小不一的大块碎石进行垒砌，形成参差不齐的石墙面。由于经济条件所限，该类民居装饰性通常并不是很强。但取自于自然的建筑材料，因其朴素的质地和合适的尺度，形成了其特有的乡土气息和美感，例如草顶农舍采用石头

垒砌而成，墙面缝隙参差不齐，不仅具有曲折动态的美，而且与屋顶的茅草相搭配，体现出刚柔相济的生态美，从而，草顶农舍民居的天然建造材料与灵活的建造方式就是对民居建筑的重要装饰。

例如徐州市火神庙巷 11 号民居建筑，其位于徐州市子房山西侧，始建于清末民初年间。民居背山而建，院门向西，以石质材料为主要建造用料。建筑平面形制方面，自西向东有两进院落，院落布局较为自由。在建造材料方面，除了在屋面部位用瓦质材料或者草料之外，其余建筑构件部分基本均由石质材料建造而成，其中建筑的基础和墙体均由石材砌筑而成，完全裸露，缝隙明显，无材料抹面与勾缝，部分损毁处已用红砖进行修补，而所采用的石材规格较为统一，基本按照"一丁一顺"的方式进行干摆砌筑，形成了民居富有韵律、和谐统一的建筑立面。此外，建筑的地面、台阶等部分也是由条形打制石材铺砌而成，较为平整光滑，建筑风格整体、统一，因为石材的普遍运用有显得稳重、大气。

再如徐州市铜山区徐庄镇圣沃村草顶农舍民居，圣沃村位于徐州市铜山区东部的徐庄镇南部，距离徐州城区 22km。该村地处铜山区东南的吕梁山区，三面环山、一面环水。长期以来当地村民就地取材，将山上的石材作为建造住宅的主要材料。其中，农舍墙面主要由石材砌筑形成，石材普遍经过打制处理，规格较为统一，按照"顺缝叠砌"的形式进行砌筑，缝隙处不做勾缝处理，为保证建筑的居住舒适度，墙体有 50cm 左右的厚度，以保证墙体的保温隔热性能，而农舍内部采用简单的插手梁结构或木桁架结构，梁上架木头为檩条，两端支撑在山墙的石材上，檩条上铺草席，其上再铺设层叠的茅草，屋顶整体显得比较厚重，与下部石材稳重的风格正好相匹配。该村的草顶农舍目前作为杂物间使用，内部仅开一个小门和两

个小窗，门窗的上方采用较大块的条石材料作为门窗过梁，以支撑上方的石块。

该类民居的形成主要是当地经济技术水平的局限，以及当地自然资源分布特征的综合作用结果。由于地处山区且交通不便、经济条件欠佳，这些住户只能因地制宜地利用一些量大且便宜的材料来砌筑房屋，如山上的块石与碎石等，通过对不同石材的灵活运用，逐渐就形成了以石材为主的草顶石构民居样式。

苏北地区茅草顶房屋与北方合院式传统民居相比等级较低，但是由于使用了本地的一些建筑材料，因此体现了当地的原生态建筑风格。苏北地区茅草顶的整体风格与胶东半岛的海草房相近，墙体均以石材为主要建造材料，所不同的是，在屋顶的建造上，胶东半岛采用的是以海藻为主的海草材料，而苏北地区则就地取材使用当地的茅草，从而，由于建筑屋面用料的不同，使得建筑的居住舒适度也互不相同，建筑的建造工艺与所形成的建筑立面风格亦不相同。

5. 鄂东汉族干砌民居

鄂东地区汉族干砌民居的外墙普遍不用砖，而是用当地常见的页岩石材砌筑，并且不加灰浆填充而直接进行垒砌形成的民居。该类民居主要分布在湖北东部的武汉市黄陂区、黄冈市红安县以及孝感市的大悟县等江汉平原地区。

该类民居平面形制普遍为"一"字形，高度大体在 1~2 层，为独栋建筑形式，建筑体量一般较小，进深、开间尺度均较浅，结构体系清晰简约，屋面普遍为瓦质坡屋顶。

该类民居在结构体系上普遍为石木结构，即承重构件为木质材料，围护结构为石材砌筑形成，其中墙体多为不规则的页岩石块干垒砌筑而成，仅在关键部位用糯米灰浆相粘连。墙体普遍采用青石干砌，建造

过程不着泥浆，石材大小相互层叠相对，彼此牵制以结为整体。

该类民居由于经济技术与社会环境的原因，并没有太多装饰，其建筑特色为立面上大小不同的打制石材通过相互组合砌筑形成的石墙肌理，虽没有砖墙般整齐的韵律，但是却体现了人对自然环境的适应性，以及建筑与环境的高度和谐，具有古朴和浑厚的美。

以木兰山的"干砌"民居建筑群为例：木兰山"干砌"民居建筑群位于武汉市黄陂区木兰山，建于明万历三十七年（1609年）。在建造材料方面，建筑屋面部分为瓦质坡屋顶，墙体等其余围护构件则主要由打制石材干摆砌筑形成，石材缝隙处不进行勾缝处理，为保证施工的便利以及墙体稳定性，墙厚普遍在40～50cm之间，并且在石材的选择上遵循"下大上小"的原则，从而形成了富有规律的墙面肌理，在转角处更多采用大块石料增强稳定性；此外，建筑的地面部分以及外部街巷铺地也是由大小规格不一的打制石材或石板铺砌形成。整体来看，建筑灰色的屋面瓦顶与黄褐色的石材墙面构成建筑立面的主要部分，并通过石材的干摆砌筑肌理具有丰富、质朴的立面效果。

再如，泥人王村干砌民居位于武汉市黄陂区李家集街泥人王村，多数房屋是干砌民居，承重体系采用石木结构。在建筑的平面形制上，民居普遍为三开间，一明两暗。在建造工艺方面，屋面为青瓦材料的硬山坡屋顶，墙体部分采用页岩干砌，没有填充材料，不进行勾缝处理，仅用小块石料进行适当填充，石块之间大小错落，为保证墙体稳定性，石材之间普遍遵循"上小下大"的原则，页岩打制石材互相叠压，缝隙之处用小石头垫实，使得建筑立面风格较为统一、整体。

鄂东地区的干砌民居是当地丘陵地区的一种建筑形式，它的产生是当地资源环境特征与居民经济技术水平的综合作用结果。一方面，由于该地域有较多的山地丘陵，石头裸露，取材较为方便；另一方面，因当地缺土缺水，加上经济欠发达，而采用石材的干砌工艺可以省工、省时、耐用，事半功倍。因此，采用这种建筑建造方式，是自然资源禀赋特征与当地经济技术水平的综合作用结果，并充分体现了对我国民居建造对于自然环境以及技术水平的适应性。

6. 湘西苗族石构民居

湘西苗族石构民居是苗族人传统民居的典型样式之一，其建筑形制和风格结合了湖南湘西地区的古朴遗风和湘西山区的文化特色，建筑立面构图完整，规模小巧，适应了苗族独立居住的居住模式，展示了苗族的人文历史，是苗族文化的重要特征。苗族石构民居作为苗族传统民居的典型式样之一，在苗族聚居地均有分布，具体来说包括贵州省、云南省、陕西西乡镇、湖南省西部等，其中以湖南省西部的湘西地区最为集中。

苗族石构民居一般由主屋和厢房两部分组成，厢房多与主屋成直角，呈"L"或是"U"字形平面的数量较少。此外还通常布置有附属屋，即灶屋、牛栏和猪栏、厕所等，附属物与主屋并列，沿等高线独立设置。在平面形制方面，若条件允许，该类石构民居通常会做成场院的形式，从而尽量争取日照，并满足晾晒谷物和室外活动的需要，在院落前通常还会设一座小型门楼，当地称之为"朝门"。由于习俗的关系，朝门经常和院内的主屋呈不同的朝向进行布置。作为附属用房的厢房虽是多层，但是其屋脊一般低于正房。二层部分一般用作未婚家族成员的寝室或者客房。此外，在一层外侧围护有砖石墙，形成封闭的空间，作为储藏室或是饲养家畜用。

在建造材料的选择方面，为适应当地气候条件，该类民居的外墙通常以石板或者石材为主要建造材料；在建筑内部，由于居民主要使用一层部分，而二层部分的空间多用于堆放杂物或者用作年轻人的寝室或客房，于是在结构中要减掉屋架中的一部分横梁和瓜柱形成可以往来通行的屋架内部空间。从而使得石构民居斜梁上面的檩子和斜梁下面的柱子、瓜柱之间不一一对应，便于空间的利用。

该类石构民居的主要装饰多为雕刻的形式，主要可以分为木雕和石雕两种类型。木雕类型的原料是梨木、白杨木和黄杨木等，雕刻多用于石板屋的梁、栏杆、门窗等构件，日常用品（如椅、桌、凳）也饰以精美的雕饰，尤其是苗族的窗龛，有里外三层雕饰，玲珑剔透。石雕类型的原料多为青石，雕刻装饰常用于建筑的岩门、柱础以及墓碑等部位，提升建筑的美观性。

以湘西凤凰县沱江镇苗族石板屋为例，其平面形制上是由主屋和辅屋构成的，以两面围合或者三面围合，筑以院墙形成独立院落，建筑高度一般在1~2层左右，屋面为瓦质坡屋顶，门窗洞口处有木质过梁，其余的围护构件则基本以打制石材砌筑形成为主，石材规格大小不一，通过干摆形式叠合砌筑，在缝隙处进行勾缝处理或者填充小石块，由于石材导热性能快的特征，为保证民居的居住舒适度，墙体建造得普遍较厚，大多是60~80cm之间。除墙体之外，台阶构件等也是由打制石材建造形成，建筑立面由下至上浑然一体、稳重敦厚，同时由于石材之间的肌理而灵活多变。

苗族石构民居的形成与湘西的地理位置是密切相关的，由于当地交通条件不佳，传统的砖材等材料较难运输抵达，而当地富于石材，于是苗族人民就地取材，充分利用当地石材的物理特性，逐渐形成以石材为主的建造技艺以及石构民居类型，演变成上述苗族石板屋类型民居。此外，苗族石构民居与苗族土砖屋相比而言，同是充分利用自然材料进行建造的民居类型，而主要差异在于，由于石材相对于土质材料更加坚固，因此石构民居的耐久性能要高于土砖屋，使用期限更加长久。

7. 渝东北石碉楼民居

石碉楼是渝东北传统民居的主要形式之一，其平面布局和建筑风格结合渝东北本土文化与移民文化形成，防御特点更为突出。

渝东北石碉楼类型民居主要分布在重庆市的万州区、云阳县、开县等地。此外，该类建筑受其使用功能的影响，平面形制以方正矩形形状的居多，且民居的平面大多为一个开间，以有利于民居建筑的结构稳定，并更易于坚守。在建筑的功能布置方面，一层部分一般会用于储存粮食或作为厨房之用，二层至四层大部分为储物、休息、居住的空间。有些石碉楼墙体部分为封火山墙，造型精致，更彰显其防御特色，立面墙体上均有射击孔以利于居民自身防御，顶层多为木构架开敞空间，以供人们瞭望防御之用，部分石碉楼民居会在四个角落挑出挑廊，以防止防御死角，同时还设有排便孔，在后期逐渐演变为休闲的亭台楼阁。

在建造材料方面，该类石碉楼墙体主要使用石头作为主要材料，为了体现碉楼的防御特性，门是较为狭小厚实的石板门，门洞宽度一般在80~110cm之间，高度比较低，一般不超过180cm。在顶层部分的设计中，大多会在四角的地方挑一圈回廊或者一圈阳台或者挑头，防止出现射击死角，必要时也可作为卫生间使用。

渝东北碉楼式民居的主要特色在于碉楼形象和它与住宅的组合关系上。碉楼的功能本来起初是很单一明确的，就是为了防卫，高耸而封闭，但到后来就慢慢演变，弱化了防卫意义，而增强了景观观赏功能。

由于地域文化特征，渝东北地区传统碉楼在建造材料的选择方面，多以本土材料为主，主要使用的砌筑材料为石头。石碉楼的墙身全部由石砌而成，多以独立单碉的形式出现，其防御的特点更为突出。碉楼大部分是与宅院相连，建在宅院围墙的转角处，是宅院的防卫性建筑，楼高三层或五层，楼顶为悬山式或歇山式的坡顶，覆小青瓦，有多重腰檐，悬挑比较夸张的重檐四角高翘，使威严坚实的碉楼增添了几分轻盈活泼。

以谭家楼子为例，谭家楼子位于重庆市万州区分水镇龚家山顶，建筑平面朝向是坐西北朝东南，东面对有山脊小道，西面为绝壁，北面为老井沟，南面为尖山嘴。四周是大片茂林的松林环境背景，仅一条小路可以到达碉楼。谭家楼子是龚姓家族为防白莲教骚扰侵犯而修建的城堡式碉楼。在建筑尺寸方面，碉楼高 12.8m、长 15m、宽 14m，碉楼墙体厚约 0.5m。在建造方面，除屋面为瓦质材料建造之外，其余墙体等围护构件均为当地打制过的石材砌筑而成，这种石材标号极高，非常坚硬，且规格较为统一，此外，踏跺、门窗过梁等构件同样是由该类石材砌筑形成，建筑立面由上至下整齐、统一，并因山墙面顶部类似于"马头墙"的独特造型而别具一格，构成了该民居的主要特色。

再如，以平浪箭楼为例，无论是使用功能，还是建造技艺，该建筑都相当具有特色，是渝东北石碉楼民居建筑的典型代表之一。平浪箭楼位于重庆市的开县渠口镇剑阁楼村（原名平浪村）五社，始建于清朝咸丰四年（1854 年）时期。在尺度方面，平浪箭楼占地面积约 380m²，面阔三间 14m，进深 6.1m，通高 13.3m，4 层楼高，建筑面积 210m²。箭楼内部承重构件为木质结构，硬山顶形式，并用小青瓦材料盖顶。除屋顶之外，民居的围墙等围护构件均由石材建

造而成，与谭家楼子相似，石材规格较为统一，以"顺缝叠砌"样式砌筑得整齐统一，使得建筑外墙面光滑平整，此外，箭楼两壁的封火山墙均为三重檐五滴水形式，墙脊顶两端檐口起翘，正中用石雕装饰有一座宝瓶，两侧用图纹进行装饰，三重飞檐端部也有石雕，内容是头朝下，尾朝天，动态十足的鱼。平浪箭楼将祠堂、碉楼、山寨三种功能聚集为一体，它既是一处宗族祠堂，又是一座坚固的碉楼，同时也是一处易守难攻的山寨。

渝东北石碉楼的形成是当地自然资源分布特征以及当地的社会环境综合作用而成，历史上受明清时期移民影响，当地居民们的生活较不稳定，面临着被外界侵扰的危险，故而当地居民对于民居的防御性有较高需要，因此逐渐孕育出碉楼这一类既可用于居住，也可良好防御的建筑类型。此外，由于该地区地处偏远，交通条件并不便利，因此传统的砖材等材料并不多见，而当地富于石材，稍加打制既可用于建造，因而当地居民便因地制宜地选择打制石材为主要建造材料，最终形成了石碉楼这一当地民居类型。

渝东北石碉楼相较于其他地区的碉楼而言，在整体体量规模方面更加庞大，并将居住与防御功能更加合二为一。在建造材料上区别于土质碉楼，石材也更加坚固，从而在一定程度上提升了石碉楼的防御功能。

（二）石质原料建构

石质原料建构是指将自然环境中直接获取的石料用作民居墙体建造材料的建构类型，通常是在地处偏远并且石质材料相对破碎，或者经济条件相对较差的地区，因各方面条件的限制而采取的建造方式。因各地区在石质材料上的差别而使得这样的建构类型在形态和质感上同样有所差别，河谷地区多以光滑的鹅卵

石为建造材料，通过垒砌的方式加以建造，如浙江楠溪江地区的传统民居建造；岩石破碎的地区多以有棱角的碎石作为建造材料，通过码砌的方式加以建造，如川西和台湾等地区山地民居墙体的片麻岩建造。石质原料建造传统民居建筑墙体，有以大小相当的石块进行砌筑的方式，也有以大小不同的石块进行砌筑的方式，石块之间灌注泥土等作为粘结填充，以加强石块构建墙体的整体性。具体而言，石质原料建构可以细分为以下几种子类型。

1. 江浙海岛石屋民居

石塘位于浙江省温岭市东南濒海处，是一个古老的渔村集镇，旧称石塘山。最初原本是处海岛，后因海港淤泥的不断淤积而逐渐与大陆相连，成为半岛。明清时期，福建惠安县渔民陆续迁徙至此，逐渐形成一个依山傍水的渔村集镇，造就了山上鳞次栉比的石屋。石屋就是石塘当地的传统民居样式，具有海岛民居的典型特征：外形低矮封闭，外墙石材坚固，并且，建筑依山就势，风格质朴、自然。

石屋民居曾经遍布石塘的山㟃地区，现在在石塘的里箬村、东海村、东山村、胜海村、东湖村、桂㟃村、庆丰村、前红村、小沙头村、粗沙头村、长征村等地还比较集中地保留了石屋民居建筑及近百座碉楼。

该类石屋民居的平面形制多为三合院或四合院，规模大的为双天井，院落平面尺度一般较小，并以石板铺地。房屋以二层为多，也有单层的，极少数达到三层。有些除了合院之外，还有防御用的碉楼，民居高度可达四层，在外部设石梁飞桥与主楼相连。石屋的组合比较灵活，以适应起伏不平的山地地形环境。石屋民居外观以花岗石颜色为主色调，屋顶覆小黑瓦，上面压置成行的石块。外立面的门窗外框和窗棂一般采用小料石板仿木构搭建，附有悬挑的遮阳板和窗台。因为建筑低矮，而且外墙采用相对厚重的花岗岩石，因而使得窗高且小，所以在抵抗台风和防御盗贼侵袭等方面非常突出。院落的正屋为三开间，少数为五开间，明、次间多采用抬梁与穿斗相结合的形式，为五架梁带前廊用四柱或七架梁带前廊用五柱，明间是供奉和祭祀祖先的场所。左右厢房有一间或二间，进门多为三间。

在建造选址方面，该类石屋民居一般选址在山腰地势高又靠近水源的地方。在建造流程方面，通常是先开出一块小平台，用花岗岩毛石搭建建筑的基础部分。两侧山墙也用花岗石堆砌，当墙砌至一定高度时，要等墙体自然风干，压缩粘结稳定后再继续修上面一层。在山墙砌好之后，于中间立木柱，中间木柱上再搭建横向梁架，横梁一端与立柱之间通过榫卯进行连接，另一端嵌入山墙内侧预留孔中，整个结构由石墙和立柱共同承重。讲究的墙体由厚度约为60cm左右的条石错缝砌就形成，条石之间用石灰浆粘结，并勾出很细的缝。石墙内侧用小块石和黄泥砌成，外抹白灰，有条件的外饰木裙板。门框和窗棂也都习惯用石料制作。屋内木质的柱、梁、椽等都掩藏在墙体和屋顶里面，所以看上去就是纯粹的石头房子。屋顶通常选用坡度平缓的卷棚梁或"人"字梁（高跨比不超过1:2）。顶上覆以黄泥和小黑瓦，在瓦上沿屋椽方向加盖石块用以防风。屋顶建造完成后，砌筑石墙以围合四面，形成合院。内墙一般用木板材拼接，面向天井开窗，廊柱顶端设单挑斜撑栱托屋顶挑檐。

此类石屋民居建筑做法比较简洁，通常装饰构件不多。个别讲究的石屋民居中，在木构件上会有少量雕刻，主要集中在前廊、檐下和大梁等构件上，或者在石墙的门窗部位和台阶等处略施雕琢，还有用匾额或楹联来增添建筑的文化品位，对建筑进行装饰的手法。

以陈和隆旧宅为例，陈和隆旧宅位于石塘镇里箬村码头边上，建于清末民国初期。在形制方面，陈和隆旧宅分为前后两楼，为石质原料建构类型，建筑的墙面主要为当地石料建成。其中，一层部分的外墙为同等规格的石质材料"一顶一顺"砌筑形成，墙体其他部分则由较小的块石垒砌，此外，在门枕石、建筑装饰等细部，亦是由石料砌筑或者浅石雕建造形成的，建筑立面由下至上普遍用不同石质原料砌筑形成，因此形成的立面效果整齐、统一并且稳重，同时因石过梁、石台阶踏跺等构件而富有变化。

石塘当地居民建造石屋作为主要民居形式，主要是受自然条件影响以及当地自然资源的分布特征影响。由于台州地处沿海，石塘又是海边渔村，台风侵扰较多，而如果采用石屋形式进行建造可以使得民居坚固耐用，经得起台风、雨水的侵袭。其次，因交通条件不便利，砖、木等传统建筑材料难以运输并且价格高昂，于是，就地取材建造石屋成为当地居民们的一个非常价廉物美的经济选择。此外，除了自然和经济因素外，移民怀念故土，采用近似家乡惠安的建筑形式也是石屋建造的文化动因。因此，该类石屋民居的出现是当地自然环境特征、气候特点以及居民们的文化情怀、建造水平的综合作用结果。

现存石塘石屋最早基本上是清代时期建造形成的，多数为比较简朴自然的三合院或四合院石屋民居，建筑内部采用传统木柱梁框架结构进行称重，采用石板材料进行铺地，外墙用块石垒砌，门窗洞口小。而到了民国时期，在平面形式上出现"I"字形和联排内院形，层数多为2层，也有3层，尺度变大，并且出现了拱券等西洋造型和装饰。而再到了20世纪六七十年代，建造的石屋平面布局更加简单，建筑高度多为2~3层，门窗洞尺寸更大，高度也有所增加。

2. 鲁中山区石头房民居

山区石头房民居是山东极有特色的一种民居类型。在山东的中部、南部也有方圆几百里的泰山和沂蒙山脉，使得山地民居在山东占有相当的数量。山区居民在长期的生活中，根据山区的自然条件、经济条件和生活习惯，建造了极富地方特色的居住形式。比起城市和平原地区的民居，山区民居更富于变化，其中，鲁中山区石头房民居就是山东民居的重要组成部分之一。

此类民居主要分布在鲁中山区内，较为富于石材的地区。鲁中山区石头房民居的分布范围很广，院落类型多种多样。在山区的腹地，院落布局完全取决于地形地貌，虽然基本是四合院三合院的平面形制，但形制更加自由，规模大小差异也很大，而越接近平原地区，四合院的形制越规矩，大致都是山东四合院的形制类型。

在建造材料的选择上，山区石头房民居普遍用当地石块砌筑形成，讲究的人家请石匠把石块加工好，使砌筑缝隙严密。一般人家选用自然的石块砌筑，因没有足够的经济实力，建造得也就相对比较简单：青石根基砌墙普遍会用未经打磨的自然石块，石块大小不一，有的用石灰抹缝；内墙用土坯墙，山草顶或麦草顶，木直棂窗。对于民居屋顶的建造，该类山区石头房使用最多的是草顶，其中有山草和麦草之分，但结构是一样的，建筑外部的墙体承重，两边的山墙一般要高于屋顶，房梁和檩条都直接架在山墙上，结构比较简单，其上铺设椽子与草料，根据各地的实际情况决定使用山草或麦草。

对于民居装饰，由于经济、交通等原因，山区很少有砖瓦雕刻装饰，一般只有有功名的人家才会在门楼使用一些简单的瓦饰和木雕。更多的石头民居采用的是石雕装饰：建造的门楼细部讲究，门枕石上面雕刻质朴，屋顶的挑檐石加工也比较精细，有的还要雕刻上一些吉祥的文字和图案，如"金玉满堂"等，此外，山区民居中的影壁也注重雕刻，例如在济南南部山区的柳埠曾经有一个院子，整个靠山影壁用一块大石头雕刻一个大大的"福"字，别具特色。

例如，青州王坟镇井塘村张家大院位于山东省鲁中山区的青州王坟镇，建造于20世纪初期。该民居属于较规整的全石头民居四合院，除草顶外，其余建筑围合构造部分基本均由石质材料砌筑形成。其中，墙基部分由近似方形的大块石料按照"一顺一丁"的形式砌筑形成；墙身部分由条状的自然石块垒砌形成条石墙，在其中抹灰或填充石料；此外还根据实际需要，在墙体中设置拴马石构件以及门枕石、石雕等石质装饰构件。门枕石上面的石质雕刻质朴细腻、屋顶的挑檐石加工也比较精细，有的还要雕刻上一些吉祥的文字和图案，这些建造做法使得张家大院成为风格自然纯朴，立面造型浑厚敦实，并具有优雅审美追求的鲁中山区石原料建构民居的典型。

再如，王坟镇井塘村孙家大院同样为二进四合院平面形制，布局讲究，门楼、照壁、正房、厢房布置较为完整，做工精良、用材讲究，细部雕刻精美，为上述鲁中山区石头民居的代表建筑之一。其中，墙面用大块石材按照"一丁一顺"的形式进行干摆砌筑，缝隙处不做勾缝处理，只是为了保证墙体的稳定性，而在墙体石料的选择上，墙基部分石料规格较大，墙体上部的石料规格较小，整个建筑立面效果稳定、统一，并且由于石料大小、形态的不同，以及砌筑手法的不同而稳中有变。

受地理环境的影响，山东山区内很难有平整的场地以供建造完整的院落，并且由于交通不便、砖瓦等建筑材料有限。因而，充分利用山区石材的特点创造了风格朴素、粗犷、灵活自由的民居成为当地居民的

主要选择，换言之，该类山区石砌民居的产生是因自然环境条件限制与不便利的村落对外交通条件共同作用而出现的。

山东石作工匠大多出自山区，由于过去传统农业耕作受限，此类山区民居形式仅在鲁中山区传播。近代以后，随着城市发展以及对专业工匠需求的增加，山区的石头建造技术和手法被大量运用到城市建设中，对近代山东建筑技术的传播与发展起了巨大的作用，例如济南著名的洪家楼教堂就出自历城山区工匠之手。

3. 鲁中山区圆石头房民居

泰山自古被封为神山，经历历代帝王的封禅，山上严禁开采石料，所以虽然也是山区，但四周所有村落的民居并不是用开采泰山的石头建造的，而是由河滩里的石头垒成的，过去有种说法"泰安有一怪，圆石头垒墙墙不歪"，就是在描述山东鲁中地区山区圆石头房民居，它是石质原料民居建构类型的重要子类之一。

该类石头房民居主要分布在泰山四周的山村地区。山区民居院落的布局比较自由，每个院子的大小都不一样，或纵向或横向布局，有的房子就建在山坡的一块岩石上，根据石头的大小决定院落的形状，所以在山区民居中不能用平原民居几进几进的院落形制来统一衡量它们的布局形式。

在建造材料的选择方面，此类民居建房时用的石质材料基本均取自河滩。每场大雨以后，河滩里总有大大小小被山水冲下的石头，这成为村民建房时，材料的首选。所以无论是村落街道的铺地，还是房子的山墙都建得极有趣味。由取自河滩里被打磨得光滑的形状各异的山石所建造形成的房屋普遍色彩斑斓。

该类民居建筑的装饰主要在门窗部位，山东泰安一带的山区过去在直棂窗的上面还装饰一块横的木窗楣，上面雕刻有双钱纹、万字纹等，既是一种装饰，

图 1-1-71　北京郊区石筑特殊合院 1

图 1-1-72　北京郊区石筑特殊合院 2

又有通风换气的作用，别具一格、独具特色。

以泰安大津口乡李家泉村知青房为例，该知青房位于泰安大津口乡李家泉村，建筑形制是上下两层，共四十余间，在建造方面，除了屋面为木质材料外，建筑的外墙等围护界面全部为乱石头砌筑到顶，石头类型有块石，也有卵石等，其中墙面下部以大块的块石为主，上部则逐渐变为卵石干摆砌筑，形成富有特色的墙面肌理，在墙体转角处，为保证墙体稳定性，主要以大块的块石砌筑，形成类似角柱石的作用，建筑内部则为石拱券，整栋建筑风格由内而外浑然一体，是该类石砌民居的典型代表。

对泰山信仰的崇拜及后来历代帝王的册封，使泰山成为圣山，泰山上的石头也不可开采。所以虽同是山区，泰山周围的民居却采用了自然石的建造方式，久而久之就形成用圆石头盖房的习俗。古人的日记曾经这样记载"（十七日早过泰安州）沿泰山麓高低皆圆石，最崎岖难进。道旁民舍亦尽垒圆石为垣壁，前此未有也"，因此，鲁中山区石头房民居类型的出现，是当地自然资源分布特征的作用结果。

泰安民居圆石头盖房的习俗在以前的时候，仅限于泰山山麓的自然村落，后来在泰山四周的沿河采集自然石材方便的村落，如大汶口等地的村落，也吸收

了这种建造技艺，从而使得该类民居类型逐渐得到传播，并产生了微调。

4. 北京郊区山地石筑特殊合院

北京郊区山地石筑特殊合院一方面是因特殊的山形地势而形成，另一方面也是受经济条件制约而形成的。这类特殊合院均未能形成典型的四合院与三合院的平面形制，有些仅有一间正房作为主要建筑，其余三面通过院墙围合形成院落空间，有些则是由一间正房、一间厢房以及院墙围合而成。另外，该类民居砌筑墙体所使用的建筑材料为当地石材。石筑墙体就地取材，有效节约建筑成本。其建筑形制和风格仍结合了典型合院民居风貌和北京西北部山区的文化特色，与环境相协调（图 1-1-71、图 1-1-72）。

该类山地石筑特殊合院民居多存在于北京西北部的郊区地区，相比于北京城区传统的三合院、四合院类型民居，此类民居数量明显偏少，所处区域主要为温带气候区，具有冬冷夏热、四季分明的特点。

在平面形制上，特殊合院是相对于典型的四合院和三合院而言的，主要是指是由一栋或两栋建筑与院墙相连所围合而成的院落，通常较为普遍的院落格局是由一间正房和院墙相结合围合而成，或由一间正房、一间厢房和院墙相结合围合而成。特殊合院功能

图 1-1-73　北京郊区石筑特殊合院 3　　图 1-1-74　合院瓦屋面

布局较为紧凑，部分生活空间会由室内转向室外，如厨房，而且较为简易。除此之外，其他一些生产生活活动也会在院落中进行，因此形制不如传统四合院、三合院那般规整，完备。

此类石筑特殊合院建筑的建造材料选取因地制宜，在不同建筑部位的材料选择上，均充分地运用不用建筑材料，例如用石材砌筑山墙，门窗为木材建造，屋顶则为硬山坡顶形式，覆青瓦（图 1-1-73、图 1-1-74）。建造的基本工艺流程包括：放样后开挖基槽；基槽内填灰土并铺砖石，直至室内水平高度；在相应位置设置柱础，上立木柱，柱上支梁，梁上放短柱，其上再置梁。梁的两端并承檩，形成"四梁八柱"结构，构成房屋整体的承重框架体系；在柱间用不同石材砌筑形成墙身，起到围护作用，墙体本身并承重，屋顶进行覆瓦处理，对于室内地面也进行了墁地做法，之后安装相应的门窗，完成最后的装饰，结束整体民居建筑的建造流程。

石筑特殊合院以当地常见的石材为建筑材料，墙体表面涂抹黄泥秸秆，建筑形式古朴。装饰部位主要集中在影壁、屋脊、门窗等构件部分，整体样式较为简单。室内装饰风格有北方地区特色。室内地面多为石材铺砌，天花使用高粱秆作架子，外面糊纸。室内由顶棚到墙壁、窗帘、窗户全部用白纸裱糊。隔断一般为木制板壁或花罩。

例如，北京市昌平区十三陵镇大岭沟村石筑特殊合院，该建筑在平面形制方面是二进院，正房平面有三开间，每开间约 3.3m，进深约 4.85m，正房东侧现留有耳房一间，除木质梁柱框架与"人字形"瓦屋面外，其余建筑围护结构主要为石质材料建造而成。其中，建筑墙体分为上、下两部分，分别由不同材质砌筑形成，墙体的上部分为土坯砖砌筑和黄泥秸秆抹面，墙体下部则由经过打制的石材以干摆的形式叠砌而成，因材料重量和搬运砌筑的便利性考虑，石块之间的砌筑遵循"下大上小"的原则，并石块中间以碎石和草泥灰进行填充处理，门窗底部砌有约 20cm 厚的花岗岩石材以加固稳定，建筑立面整体呈石材的青灰色，稳定统一。为增强墙体稳定性，墙体转角部位采用了大块石材相互咬接，以提高墙体转角的稳定性能。

再如延庆县千家店镇前山村的特殊合院民居：千家店镇前山村特殊合院位于北京市延庆县。该院落是由唯一的一座正房与院墙围合而成，院落入口位于西侧，主要民居建筑在平面朝向上坐北朝南。在建造方面上，该民居建筑除木质梁柱承重构件与"人字形"瓦屋面外，其余建筑的围护构件均主要由石质材料建造而成。其中，建筑围墙为石材垒砌形成，并在墙体表面涂抹黄泥秸秆以增强拉结性能，院落围墙则由当地的石材以干摆形式砌筑建造形成，并在缝隙处填充小石料与黄泥秸秆，院落步道由打制过的块状石板铺砌形成，此外，建筑的基础、室外柱础等构造部位亦均由石材建造而成。由于建筑材料以当地石材为主，建筑立面整体呈青灰色，稳定、统一。

石筑特殊合院为合院类型建筑的简化与变形，出现此类合院民居样式有多方面的原因，一方面是由于当地自然山体地势环境的原因，建筑所在场地的面积窄小，无法使之形成完整的四合院形制；而另一方面可能是由于居住者自身经济条件所限或在房间的使用需求较少而相对简化了四合院的原有格局。此外，这类院落相对更加宽敞，适合传统乡村农业生产对室外空间的使用需求，由于建筑墙体及基座全部使用石材砌筑，就地取材，也较为节约成本。故而，该类石筑特殊合院民居的出现是当地自然地形环境、居民生活方式以及居民的建造技艺水平等因素的综合作用效果。

现存该类传统民居院落的院落布局基本上没有发生改变，建筑主体承重结构随着技术的进步也相应做出了部分改变，由原有的木框架承重体系改为砖墙加混凝土圈梁、构造柱承重体系。门窗洞面积也有所增加，部分建筑的围护墙体、屋顶、门窗有所变动，更换后的门窗样式较为简单，使用玻璃材质。大部分石筑特殊合院还维持着早期的传统风貌

特征，在石材破损处以黏土或是灰砖进行修补，保留着建筑的原始风貌。

5. 豫西石头房民居

豫西石头房民居是由豫西山地的地形地貌特征及气候条件所孕育出的具有鲜明地域特色的传统民居典型样式之一，其价值和独特性在于它与自然环境的紧密融合与共生，真正融于环境，成为自然环境的一部分，是传统民居建构与豫西山地自然环境和谐共生的典范。

在空间分布方面，豫西石头房民居主要分布于河南省西部山区的传统村落中，如济源市思礼镇水洪池村和洛阳市嵩县九店乡石场村等。

该类民居的平面大多表现为合院式，有二合院、三合院、四合院及不规则院落等不同形制。院落平面形态呈长方形，由正房、东西厢房、倒座等建筑组成。在建筑单体形制上，正房多为三开间，在其东西两侧布置厢房，正房和厢房互不相连，在高度方面，房屋基本上都是两层，带有阁楼，一层用于居民居住，二层普遍是阁楼，以作为储藏空间。院落与院落之间以阶梯或石铺巷道相连，空间收放自如，各家的卫生间和石磨一般集中布置在几户的中心位置，形成共享空间。

在建造材料方面，豫西石头房民居基本都是就地取材地进行建造。墙基和墙体均采用石材，厚度在 $50 \sim 70$ cm 之间，全部由山中大小不一的块石、片石外对齐垒砌起来。普遍而言，该类民居的墙体具有以下特点：房屋根基较大，墙基、墙体以不规则石块和石板砌筑，既是承重结构又是围护结构，具有较强的隔热保温性能，同时也利于防盗，墙体内部和石材的夹缝处用黄泥、麦秸泥和自烧白灰进行勾缝处理，外墙缝隙很大，然而由内向外看，则一点缝隙也没有，非但不透风，而且冬暖夏凉，具有较良好的居住舒适

度；墙体坚固耐用、防潮抗湿，风刮不进，雨淋不透，火烧不裂，冰冻不酥。

此外，豫西石头房民居一般较为朴素，较少进行特殊装饰，其装饰部位主要集中在入口、门洞、屋脊、楼梯栏杆等构件上。

例如，以济源市水洪池村苗家院落为例，苗家院落位于河南省济源市思礼县水洪池村，王屋山九里沟与山西交界处，距市区约40km。苗家院落依山就势，坐落在山体南面的一层台地上；民居建筑的平面形制多为合院式，有二合院、三合院、四合院及不规则院落等不同类型。建筑除木质框架结构与青砖屋面外，其余建筑的墙体与院落围墙均由石质材料建造。建筑墙基、墙身使用未经加工的大块石料以干摆的形式砌筑而成，并在石块堆叠的缝隙中嵌入石片以增加稳定性；民居建筑屋面下的望板是用石料制成的，为本地山中开采的厚约3~4cm的片岩；墙体内侧以黄泥或自烧的白灰勾缝或粉刷，经久耐用，具有较强的隔热保温性能。院落地面则为块石铺砌而成，建筑不同部位对石材的充分利用，使得民居建筑的立面风格整体、统一。

再如，洛阳市嵩县石场村保安楼：保安楼坐落于洛阳市嵩县石场村，始建于清朝咸丰年间，是村落中现存最古老的建筑，是一座二层石木结构建筑，历史上曾用作岗楼，与后面两座柴氏旧宅相连。建筑的承重体系构件为木材制成，屋面附以烧制的青色仰合瓦。围护构件除岗楼入口门面之外均为条石材料砌筑、砂浆勾缝，并以黄泥混入稻草加筋抹面，并在墙体转角部位采用打制的石块相互咬接的方式，同时建筑两侧各加设一道墙体与围墙相连，用来提高其安全性与稳定性；门券部位以青砖进行起拱做法，券身外侧以青砖材料砌筑。

豫西石头房民居类型形成的主要原因有以下几点：第一，当地居民们为了躲避战乱，具有一定的自身防御性，要求聚落选址要远离战乱，足够偏僻隐蔽，且地形地势易守难攻；第二，为了适宜居民的居住生活，聚落选址考虑风水，且要有比较丰富的资源，能够满足族人过上自给自足稳定的生活。聚落选址时普遍受到传统风水观念的影响，讲究坐北朝南、背依高山。因此，豫西石头房民居的产生是当地的自然资源特征与当地居民的生活诉求共同影响下的结果。

豫西石头房民居与豫北地区的石板岩村落及民居存在一定的共性，如两者同属山地地貌环境之中，类似于豫西石头房，豫北地区的石板岩村落民宅建筑也就地取材、依山而建，保留有比较完整的石板房。而两者的不同点在于，石板岩的建筑多采用砖石结合的做法，以砖块砌筑墙体，片石搭建屋面，以增加建筑的保温性能。而豫西石头房墙体均采用石块砌筑，屋面采用瓦片叠盖。在建筑所用石材材料方面上，石板岩村落民居的石材多为逐层的片石，依照相同的尺寸大小开凿，用以搭建屋面、铺地及台阶等；而豫西石头房的石材则以块石材料为主，当地人从山体上开凿出大小、形状各异的块石，根据不同的用途进行垒砌、雕琢，运用在豫西民居建造中的不同方面。

6. 羌族邛笼式石碉房民居

石碉房民居类型是羌族民居里最为人熟知的一种类型，几乎成为大众观念中的羌族民居标准定式，其形制、材料、建造、结构都充分体现了羌族居民对自然环境的适应、利用和共生。

羌族居民主要分布于四川省阿坝州的汶川、理县、茂县、松潘、黑水以及绵阳市的北川和平武等地区。羌族居民多沿水而居，大致界限为：南起汶川绵簇镇，北达松潘南部的镇江关，东至绵阳市平武县的平南乡，西至理县蒲溪沟，西北以黑水县色尔古乡为界，面积约 8600km² 左右，其中，邛笼式石碉房民居主要分布在岷江西侧的杂谷脑河流域、黑水河流域以及茂县境内的岷江东岸地区。

由于羌族居民主要分布于青藏高原与四川盆地过渡的高山峡谷地带，其传统聚落多位于可耕种的高半山台地以及河坝平地，为保护良田，羌族民居多选址于田地附近的石坡、崖壁，地形复杂多变，各家各户要求各异，因而使得建筑形态非常灵活，并无固定的形制约束民居的建造。

邛笼式石碉房体型厚重雄浑，外墙普遍进行收分处理，平屋面上可上人，个性鲜明。一般来说，石碉房的平面形状近似于矩形，民居多为 3~4 层，高度约在 10~20m 之间。在民居的功能布置方面，民居的底层普遍作为牲畜圈，圈养牲口之用；二层是堂屋、灶房以及主室等起居空间；三层则是卧室等建筑空间；四层是储藏室；房顶是"罩楼"。有三层的民居，一般将卧室分散设于二层主室和三层储藏室的空间里。民居的上下层之间，通常是以独木梯或活动木梯相连。进入二层内第一个空间是堂屋，是联系二层其他房间和上下层空间的过厅。主室类似现代住宅的客厅或起居室。火塘、中心柱和神位构成主室的核心空间，同时兼有餐厅的功能。有一种说法认为中心柱是羌人千年前游牧时所居帐幕中柱的遗构。

在建造技术方面，石碉房厚墙收分，气势雄浑、结构坚固，抗震性能较为良好。传统的羌族社会，几乎人人都会石作技术，因此石碉房一般是家庭居民自建而成。建筑过程原始，没有绘图、放线、吊线等步骤，全凭经验掌握外墙收分。

在建造材料方面，石碉房以石材为墙体材料，泥土为砌筑材料，就地取材，成本低廉，墙中砌入木条增加横向拉结。在结构上，该类民居主要有两种结构形式，其中的一种是石墙承重，将木梁端头插入墙体，并且在梁上架木楼板或屋顶。而另外一种是木框架承重，石墙仅起外围护作用，使得室内空间更为灵活。

由于传统羌族社会较为封闭和拮据，因此该类石碉房民居普遍建筑装饰较为朴实，而从民居建筑的颜色等方面表达出了民族的信仰追求。石碉房基本并无涂刷，木棂窗窗户外小内大，女儿墙角置白石，以用来表示对白石神的崇拜信仰。主室的神位供奉"天地君亲师"牌位，以及本民族的自然神。此外，在靠近藏区的石碉房，还会在窗框部分简单模仿藏式彩绘。羌族石碉房民居碎舞特殊的装饰构件，但是基于居民自身精神信仰追求而产生的建筑颜色处理与彩绘等，构成了民居建筑的重要特征。

例如茂县曲谷乡的杨宅就是典型的羌族防御性邛笼式石碉楼民居，在建筑承重体系方面，该建筑是由石墙与木框架共同承重的。在平面形制方面，家碉为八边形，厚重坚固，有储藏和防御双重功能。在使用功能布置方面，碉楼旁的二层碉房是日常生活空间，当家庭壮大时，逐渐进行加建，进而达到现今的规模。在建造方面，除屋面为木质材料之外，墙体等外部围护构件均是由片岩石质原料建造而成，石料之间遵循"下大上小"的原则，以利于砌筑的便利性，墙体转角处用大块石材砌筑，并逐渐向内收分，以保证墙体稳定性，由于石材的普遍运用，建筑立面较为稳重、和谐，并且富有当地特征，与周边山石环境融为一体，体现着羌族传统民居建造者的建造智慧。

羌族居民所在地区生存条件并不优越，自然环境恶劣，冬季严寒、地震多发，并且可用的耕地面积也较为有限，地区的高海拔也不利于作物的生长，加之新中国成立前部落间械斗激烈，决定了羌族民居是一种造价不高、抗震、防寒、防御性良好的建筑，石碉房由此产生。由于这一地区作为民族迁徙的大走廊，长久以来，各个族群都不约而同地选择了石碉房民居，因而，羌族石碉房民居建构类型的产生是当地的自然气候条件、自然资源分布特征以及动荡的社会环境综合作用的结果。

　　7. 川中双碉村藏族石砌民居

　　藏名"嘛呢寨"的双碉村，处在四川中部小金县日隆镇的四姑娘山脚下，其周边有四座绵延高耸且冰雪覆盖的山峰，均属于青藏高原邛崃山脉，沿东西走向的省道向东连接汶川县卧龙镇。该地区的地形特征与植物呈明显垂直分布，山体顶部雪峰峻峭，由上自下为流石滩、亚高山灌丛草甸、落叶阔叶混交林，直至沙棘及稀疏灌丛半干旱河谷植被，此外石料资源也较为丰富，提供了民居建造的基本材料，因而在双碉村及周边区域较为集中的分布着藏族石砌民居。

　　该类藏族石砌民居主要是片麻岩材料砌筑而成的民居建筑，其形制主要是单层平房或者二层楼居，平面形态普遍与基地形态紧密贴合，或呈方正矩形或呈弯曲弧状。藏传佛教的精神信仰体现在民居建筑的营造上，主要是建筑顶部的四角上提，以片麻岩垒砌出上冲的尖角，并以白色饰面形成地区民居建筑的特征。双碉村的嘉绒藏族民居普遍为"平顶+四角

高起"的独栋建筑，也有"单层平顶+天井"的建造（图1-1-75），普遍是结合山地呈现高低组合的建筑样式。但无论什么样式均是以当地的石块垒筑墙体，墙体之上以白色绘制日月星辰和"卍"字雍仲等各种图案和符号，加之民居建筑白色的勾边和四角白色凸起，构成了独特的地域性建筑特征（图1-1-76、图1-1-77）。

　　在建造方面，由于当地石质材料丰富而木材资源相对匮乏，民居普遍是先垒砌灰色片麻岩的石墙，石墙普遍厚约40cm，之后在墙上搁置原木密檩，檩上再铺设木板、木板之上再打制阿嘎土，形成建筑的屋面，完成民居的建造。民居建筑的平顶部分可用作粮食的晾晒场地，或与晾晒架结合而建以便于粮食收获后的加工，此外，屋顶之上也通常设置煨桑炉和祈福经幡（图1-1-78、图1-1-79）。

　　（三）石材石料混合建构

　　石材石料混合建构是指将经过打制加工的石材与未经加工的石料共同作为砌筑墙体的材料，根据各自不同的特性将其使用于不同的建造部位，并采取与材料相应的建造技术。对于石材，民居中多以叠砌的方式形成规整的形态，各地民居建筑既有垂直方向上的叠砌，也有倾斜方向或不规则的叠砌方式，而对于石

图 1-1-75　川中双碉村藏族石砌民居 1

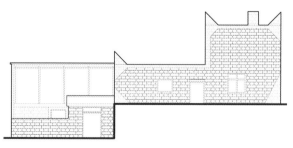

图 1-1-76　川中双碉村藏族石砌民居 2

图 1-1-77　川中双碉村藏族石砌民居 3

图 1-1-78　川中双碉村藏族石砌民居 4

图 1-1-79　川中双碉村藏族石砌民居 5

料则多为垒砌的建造方式并形成较厚的墙体。在石材与石料的材料运用方面，这种石材石料混合建构通常是将打制加工的石材用作为墙体的门窗洞口的砌筑、用作为墙体转角处的砌筑、用作为墙体下部基础的砌筑，以发挥加工石材由于砌筑面平整稳定性强的特性，而将石质原料作为填充材料，有利于在节省建造成本和获得房屋墙体坚固之间取得均衡。具体而言，石材石料混合建构有以下几种类型：

1. 天津郊区传统石头房民居

石头房民居主要分布于天津郊区地区，尤其是天津蓟县，蓟县西井峪村自古以来，人们因地取材，依石而居，所产生的石头房子类型自成一脉，有着较明显的地域特征。因其四面环山似在井中而得"西井峪村"之名，之前也曾叫作"石头村"。西井峪村始建于明朝初期的永乐年间。历史上，燕王朱棣的部下、协统周玉基遗体经朱棣赐为金首银身后安葬在府君山前，从通州来的周姓家眷来此看守坟墓、初步形成村落规模，并有俗名周家窝铺。由于村落处于偏远山林，村民们因地制宜地发展生产生活，由于当地石材丰富，当地居民普遍采用石头建屋，并建造石头碾、磨、石头小路等构筑物，逐渐形成今天特有的石头村落风貌，因而，西井峪村的石头房民居是当地丰富的石材资源而逐渐产生的。

村落环境优美，四周群山环抱，分上庄、下庄和后寺三个居住点，村里随处可见由页岩、白云岩等石材修建的石屋、石墙和石板路。全村石砌房屋约占所有房屋数量的2/3，且多为清末民初的建筑，普遍原貌保存完好，村庄虽有新建建筑，但整体环境依然保持原有风貌。石头房舍依山而建，街巷就势而成。

该类石头房子大多为独门独院，朝向普遍坐北朝南。院落的平面形制为一正两厢的"凹"字形，正门多位于院落的东南角，正房与东西厢房之间有矮墙连接，围成合院。在建筑平面形制上，正房多为三开间，横向串联，中间为厅堂，较简陋者兼做厨房、餐室，两侧为东西卧室。东西厢房为单开间或两小开间石屋，东厢房多为旱厕，西厢房多为储藏室、牲畜棚等。院落中多种植杏树或核桃树，植物自然生长，不作过多修葺。跨过正房厅堂是后院，由正房后墙与山体缓坡围合而成，院内储藏饮水，供盥洗之用，有的也在后院砌筑旱厕。建筑物均由叠层石垒砌形成。院墙仅做叠层石干砌；左右厢房作厕所、禽畜舍、储藏。

在建造流程上，石头房子的建造与一般砖瓦房相同，即大体可以分为开地基、砖石垒地面、垒石墙、立柱上梁、上房脊、编笆抹泥、上青瓦，最后做内墙面处理等几个主要步骤。在建造材料上，石头房的建造使用天然板材，薄厚均匀，采用"干码"工艺而不用砂浆水泥勾缝，契合力学原理，看似散乱，实则坚固。在不同部位的具体建造手法上，建筑外墙用片石垒砌，泥浆灌缝较为简易。梁架直接搁置于墙体之上，正面立柱支撑横梁，山墙檐口做青砖叠涩出挑。木梁木檩多为弯曲枝干，不做过多处理，之上编笆抹泥，铺设青瓦。正房前屋檐外伸，四角成戗角式，进深开间尺寸较大，梁架也较大。南向开大窗，木柱支撑横椽，窗间木柱裸露，其余包砌片石，泥浆抹缝。背墙不开窗，仅由石墙砌筑，支撑梁架。室内墙面用泥浆或者灰浆涂抹平整。

石头房民居装饰普遍简单古朴，较少做特殊的装饰构件，其室内地面铺置平整块石，墙面由泥浆或灰浆涂抹平整，正房厅堂不做顶棚，而是裸露梁架、檩条和草笆等构件。室内家具简陋，中间厅堂有水缸、炉子、土灶等。南北墙中做木板门，靠在墙边的木质桌椅，桌上白瓷茶具，用于接待客人并成为室内装饰。厢房多作居室，墙面平整，做圆拱状顶棚。

例如，西井峪村李桂荣住宅：李桂荣住宅位于天津市蓟县渔阳镇西井峪村，为一座横向展开的二进院落。前院为一正两厢的"凹"字形院落，正房与东西厢房三间之间有矮墙连接，围成合院，侧面沿坡道展开二进院落，作为侧院。侧院置石房一座，用作牲畜饲养。整个院落的建筑物除木质梁柱框架结构与坡青瓦屋面外，均由本地出产的叠层石垒砌。正房建造使用天然的石板材，薄厚均匀，采用"干摆"工艺进行砌筑，石材之间遵循"下大上小"的原则，看似散乱，实则坚固，且石材缝隙之间不作勾缝处理，石墙表面也不作抹灰处理。梁架直接搁置于墙体之上，正面立柱支撑横梁，山墙檐口做青砖叠涩出挑，院墙则以叠层石干摆。

再如西井峪村委修缮房：村委修缮房院落处于南侧山腰上，院前高台视野良好，由侧向陡坡与宅前道路相连，墙面也为片石叠砌。跨过院门，内院仅为正房和东厢房。在建造上，该民居屋面为瓦质坡屋顶，墙面材料多为石质，包括大块石材与较小的石料，为保证墙体的稳定性，墙体的普遍做法是下部采用较大块的打制石材进行干摆砌筑，不进行勾缝处理，而填充小块石料，在墙体上部，逐渐采用小块石料的干摆叠砌，较少砌筑石材。建筑立面也因此形成由下至上逐渐过渡的效果。

西井峪村民居建筑与泉州的石厝相比有许多不同之处。首先，在建造材料方面，蓟县石头房由页岩石干砌，均为一层建筑，外墙面自然凹凸，内墙面泥浆抹面，干净整洁。而泉州石厝多样，以卵石、花岗岩石砌筑，浆料选取海草泥浆，内外墙面平整，内饰不多做处理。其次，在建筑平面形制上，蓟县石头房子为合院，散布于山坡上，而泉州石厝则以群体组织。总之，西井峪村和泉州石厝代表了不同的地域特点，由于材料、营建工艺、分布形制的不同，民居的建造形成了南北地域上的明显差异，但他们都是我国古代劳动人民智慧的结晶，为了构建理想的居所，与自然环境高度地融合在一起的优秀代表。

2. 安徽休宁县石屋民居

石屋民居是徽州地区少见的建筑类型，其建筑构造与传统徽州民居的砖木结构相同，唯独围护外墙结构采用片石，形成徽州地区民居的又一特色。该类石屋民居在皖南地区少有分布，多在贫困地区存在，目

前在山地多石地区集中分布，代表地区是休宁县石屋坑村等地。

石屋内部与其他徽州民居类似，为木结构，以一至二层居多。在建筑的平面形制方面，以长方形居多，设置有三开间或二开间，楼梯一般置于中间堂屋太师壁后方，左、右间为房间或杂间，另设附房用作厨房。

建筑柱下及地面基础的建造采用放线、开挖、夯实地基、砌筑石基等几个步骤，其中，围护墙体的基础为碎石构成，采用地面下放脚的形式，放大两步，深1m左右，宽60~80cm；建筑的整体结构形式为抬梁式和穿斗式木框架结构，在木柱之间用梁和穿枋连接，柱上放置木檩，承接瓦面荷载；二层楼板置于搭在木梁的木龙骨上，构件加工完成后由乡邻共同完成构架的拼装、竖屋，并举行上梁仪式。对于建筑屋面的建造，普遍在木檩条上铺设木椽条，干摊铺瓦，做竖瓦脊，瓦口稍露出挑于封檐板，檐口不设勾头滴水。外墙墙身由内部的木板墙和一层外的石墙两部分叠合组成，高度约一层半，在建造时，村民首先根据房屋大小准备好所需的片石，然后用灰浆叠砌片石围护墙，在墙体的转角部位，为了增加墙体的整体稳定性而采用大块条石砌筑，由于石材导热较快，为了保证建筑较好的居住舒适度，其墙体厚度约40~45cm。房屋内部一层和二层的隔墙则为与其他徽州地区民居类似的木板墙。

该类石屋民居建筑的室内装饰大多与传统砖木结构民居相近，但因为经济因素限制，装饰简单，没有复杂的石雕、砖雕雕饰，只用在厅内挂画和对联，体现着传统文化的精神信仰。

例如休宁县石屋坑的张流元宅：休宁县石屋坑张流元宅位于安徽省皖南地区汪村镇石屋坑村，建于1986年。该建筑为二层单栋木结构民居建筑，以木

框架为主要承重结构，并在木檩条上铺设木椽条，干摊铺瓦作为屋面，基础、墙体等围护构件则由石质材料建造而成。其中，围护墙体的基础为碎石构成，采用地面下放脚的形式，放大两步，深1m左右，宽60~80cm，一层外部墙体由片麻岩石料通过干摆叠砌的形式砌筑形成，门框门脸等部位由大块的打制条形石材建构形成，建筑立面由一层的片麻岩石料墙面、二层的木板墙面以及条石门脸构成，风格统一、质朴自然。片麻岩石缝隙之间用灰浆勾缝处理，并在墙体转角部位用大块条石砌筑以提高墙体稳定性，并通过40~45cm的墙厚减弱石材散热快的不利影响，提升民居的居住舒适度。

石屋民居的出现是我国传统民居因地制宜进行建造的生动案例，由于石头屋集聚分布集中的地区普遍石材资源丰富，居民便就地取材，采用片石作为外部围护墙，并起到遮风遮雨以及防盗的作用，建造方式在居民之间不断交流传播，使得乡间逐渐形成了充满特色的石屋建筑群。

徽州村民建造智慧丰富，为了节省建设成本，将山上的石板搬到村中以作为建筑外墙使用。如今，由于生活条件提高，并且交通和经济进步等原因，居民逐渐搬离传统石屋民居，而新建的房屋样式也较少是这种样式，传统石屋民居建造产生了逐渐消亡的趋势。

3. 陕南石片房民居

陕南地区的石片房多分布在山区等地貌较为复杂的偏远地区，普遍建造于山地之上，利用当地的山石材料进行建造，当地的山石由石灰岩组成，是建造石片房的理想材料。由于就地取材的建造方式，石片房与当地环境和谐统一、甚是美观，极具特色。

具体来说，该类石片房民居多分布在陕西南部的山区，如宁强、南郑、西乡、镇巴和镇平等县境内的山地，这些地区普遍具有较为丰富的石材资源，为石质民居的建造提供了坚实的材料物质基础。

在选址方面，该类石片房民居多建于山地之上，为顺应山势，民居院落平面形制因地制宜，随机应变。在平面形制方面，有些是以"一"字形形制为平面，将房屋的功能结构顺延布置，设置有三间、五间等，庭院开敞，直接对外，部分房屋也在平面尽端添加别院或者厢房，形成"L"形平面；有些则围合成院落，有三合院、四合院等。在地形允许的条件下，会出现上述形制的变形，如建造者根据家庭人口的需求添置别院等。在建筑单体形制方面，石片房的间数必须是单数，一般是三间。在功能的布置上，典型的石片房的布局一般是正中一间为中堂，俗称"堂屋"，一般为一层，用于接待客人、用餐、休憩和妇女做家务，也是全家人活动的中心。两边的房屋均为一楼一底，用作卧室、客房、厨房、储藏等。

石片房的建造流程通常是在选址确定后开始挖基坑，之后用较大的石块砌筑基础，在基坑填满时，选择小块石头砌筑建筑地面，完成后砌筑墙体，根据地区不同和取材的难易程度，墙体会有几种砌筑方式，包括夯土砌筑和竹编墙体等基本方式，然后是木结构的搭接，并在柱上架设梁与檩条，完成屋面，实现整栋建筑的建造。对于石材料的运用，此类石片房普遍因地制宜，就地取材，由于建造石片房的石片都是取自同一层的石灰岩，所以厚度比较均匀。一般用料的数量是有讲究的，2cm左右的用作建造屋面，3cm厚的用作砌筑墙体，而4cm厚的则可做成水缸等容器。此外，陕南当地的石片房也堆砌屋脊，然后利用碎石片或者砖雕来装饰屋脊。

陕南石片房的建筑装饰主要在屋面部位，由于建筑材料就地取材，并且当地岩石片大小各异、色泽不一，所以别致的屋顶形式，自然成为一种装饰。在屋脊处，不同人家会采用由简单到复杂的多样的砖雕装饰，形成优美的天际线，构成了陕南石片房独特的建筑装饰艺术。

例如紫阳老城的石片房，该类民居位于陕南地区以紫阳老城内，建筑普遍为宅店一体的形式。平面形制多呈"口"字形，前面临近街道处是店面，后面是厅堂，之后再缀有一个后天井，该类民居为石材石料混合建构类型，除木框架与竹编夹泥墙套白的墙体围护结构外，建筑的屋面与台阶部分均由石质材料构成。其中，建筑屋面做法是在橡木上通过当地页岩石板材的上下搭接形成，建筑台阶则是用小块石料立砌，再在顶部盖小块石板砌筑而成，较少做抹灰勾缝处理。由于岩石片大小不一、色泽不一，所以别致的石砌屋顶、台阶成为该类民居建筑的重要装饰。

陕南地区石片房的形成与当地自然环境背景及经济水平密切相关。由于当地地形较为复杂，山区地带房屋不易建设，材料也难以运达，而当地石材丰富，且造价较为低廉，故而利用当地石灰岩进行建造。建筑的色彩和周围的环境十分协调，融入山体中。但是建筑片石经过年复一年的风吹雨淋，会变得疏松，所以此类石构民居的使用寿命并不很长久，通常到了十年左右需重新建造或者维修。

陕南石片房民居在发展中，由于人们生活的需要，在平面形式上逐渐产生了变化，添加了其他功能。平面不再限制在"一"字形形制上，沿街的住宅也演变成了"前店后宅"的形式，并进行了部分加建。在云贵等地，也有大量的石片房，多用石料砌筑整个房屋，例如贵阳地区的石片房，墙体外部暴露木构架，木构架之间镶嵌有较为单薄的大石板，而安顺地区的石片房，墙壁则由石块砌筑。在建筑细部方面，由于当地石板房的墙壁、屋顶等部位全部是用石头垒砌形成的，为了保证墙体稳定性，开窗较小而形态多样，除方形之外，还有拱形、圆形、倒"V"字

形等多种形状，既小巧又奇特。而陕南地区的石板房多用夯土或者竹编墙，开窗洞口较灵活，在山墙上会开高窗，或者规则的洞口，起到利于通风、采光以及美观、装饰的作用。

4. 豫南石板房民居

豫南石板房民居主要分布在河南省西南地区，该地区位于鄂、豫、陕三省交界，是一个三面环山、南部开口的盆地环境。具体来说分布在包括南阳地区所辖淅川、西峡、内乡、南召和方城等五个县市区，尤其以南阳市内乡县的吴垭村最为集中与典型。

在建筑单体的平面形制上，豫南石板房的房间面阔以一间、三间为主，堂屋、卧室、厨房、畜圈、贮藏间等按照功能的不同进行分隔。从建筑平面布局形制来看，该类民居常采用独院式和多进院落式布局，与中原地区的四合院布局形制相似，其功能关系方面也多为前堂后寝、中轴对称。院落的院门根据基地条件形成自身的特色。有的与厢房朝向一致，有的与堂屋朝向呈45度角，有的甚至偏离院落很远。另外，院落形式布局也依据地势而各具特点。

在建造材料上，该类民居充分利用当地的石板岩资源，整体房屋都是由石头建造而成。墙基使用较厚的石板铺垫，牢固并防水防潮，墙体用石板压缝交叉砌筑形成，坚固耐用，屋顶用较薄的石板从下向上叠压，并且平铺，以利于雨水从房顶顺流而下，从而使得房屋从基础、墙身到屋顶较为纯粹地使用传统石板材料，建筑内部的立柱用料一般不大，柱径普遍在20～30cm之间不等。窗户较小，在形态上，用石料砌筑的窗户有平拱形、圆弧形等不同形式。

豫西石板房民居整体风格较为简单、朴素，特殊的装饰构件大多较少，仅有的装饰构件也主要位于屋脊部分；屋面构造简单，没有垂脊，只用了两陇筒瓦搭配，正脊也没有过多脊饰；正脊两端的正吻以简化

的龙头造型为主，其中，龙方向嘴一律向外，从而形成该类民居建筑的主要装饰特色。

以吴垭村石板房民居为例：吴垭村石板房位于内乡县城西 6km 的乍岖乡境内，始建于清代乾隆八年。民居整体的平面形制为合院式。院子较大，正房和厢房互不相连，而且一圈房屋的顶部互相交叉，建筑普遍依山而建，借助山势，有的是上房下院，有的是房院一体，还有的是两房两院，呈阶梯状分布。在建造材料的选择运用方面，除屋顶部位有部分瓦质材料的使用之外，其余建筑构造部分，从基石到屋顶全部由石料垒砌而成，其中，建筑外墙是由褐色或者红色的打制石材干摆砌筑形成的，石材缝隙处不进行勾缝处理，偶尔在墙体转角处做石雕成为装饰，建筑地面也为红色石板铺砌形成。整体来看，不同颜色的石材相互上下叠砌，凹凸不一、错落有致，使得吴垭村石板房民居立面效果稳重、丰富。

豫西南石头房的形成与当地的自然地理环境特征、社会局势以及南北方的文化影响都密切相关。豫西南地区的西部、北部均为山地、丘陵地貌，而建造民居时一般都依据地形而建，普遍选择在位于山谷或者局部盆地的地区进行建造。在山地地区，砖、瓦、木的成本要比石头昂贵得多，因此住宅建造时多顺应自然地形走势，就地取材，利用石材进行民居的建造，从而形成了较统一的石头房甚至村落。此外，豫西南地区受到湖北"荆楚遗风"和"中原文化"的影响，传统民居多以合院式布局为主，形制上采用前堂后寝格局，呈现出南北文化融合的地域性特征。

相比较之下，豫西石板房民居的结构技术受陕南和鄂西北民居技术的影响较深，其中主要以南方穿斗式木构架体系技术为主。

5. 琼北火山石民居

海南火山石传统民居多始建于明清时期。现存的火山石民居的中间木结构与瓦结构都经过多次翻新，而火山石墙体一直沿用至今。火山石传统民居院落沿用竹筒屋布局特征，即短面宽、长进深，两户之间形成长巷，多排并列形成村落格局。建筑风格受海南琼北地区传统民居建造技艺，雨水充足的气候环境特征等多种因素的影响，形成了以火山石为主要建造材料的热带特色民居建筑。

海南现存完好的火山石传统民居主要分布于琼北地区，其中尤其以海口市西南部的羊山地区，定安、澄迈县北部以及儋州市的木棠镇、娥曼镇等区域较为典型。

火山石传统民居是由琼北民居和火山石文化融合演变而成的一种民居形式，其形成原因有三点：首先，由于独特的火山口文化，丰富的火山石材以及热带茂密的树林为民居发展在材料方面提供了很大的空间；第二，外来移民文化的引入带来许多建筑工艺、建筑文化与本地相融合；第三，海南特有的热带季风气候使火山石民居以硬山风墙、灰塑屋脊、窄深巷道构成，保证防风、防雨、通风、排水各种功能顺畅。

火山石民居主要以院落式为平面形制，具体可以分为两种：一种是独院式，普遍是由 2~5 进的正房和 2~5 个独立的院子构成，院子与院子之间互不衔接，只有通过正房或大门进入；另一种院落形式则是街院式，由 2~5 进的正房与东面厢房构成，每个院子由内巷道贯通，从而不必通过正房进入其他院子，相互干扰较小。

在建造材料上，火山石民居主要由木材与石材（火山石）建造而成。其中，火山石石材主要用于地面、围墙、外墙以及生活构件等部位的建造，墙体构造主要有火山石块无浆垒砌和石灰砂浆砌筑两种砌筑形式，无浆垒砌即是利用火山石石材进行干摆砌筑，石灰砂浆砌筑则对石材加工要求较高。在建筑内部，以木质框架体系作为支撑结构，主屋木结构构造采用"十柱屋"，即由 10 根柱子构成，采用抬梁、穿斗结合。建筑屋顶为瓦质，瓦屋顶具体构造为沟瓦宽扁、盖瓦窄圆，采用双层沟瓦构造以起到隔热、防雨、通风等功效。

火山石传统民居装饰较为丰富，按材料的不同，有大、小木作（大木作装饰主要有侏儒柱和梁的装饰，小木作主要有神龛及门窗装饰），屋脊照壁灰塑，瓷瓦石装饰件（包括蓄水缸以及生活用的石磨洗衣槽等）等不同装饰；在建筑外立面还有石柱、山墙槏头以及圆形山墙窗洞等装饰。

例如海口市旧州镇包道村的侯家大院：该大院被列为海南民居的不可移动文物，占地面积达 1200m²，建于清末时期。整个大院的平面形制共有 4 通，每通三进四院。在建筑建造方面，除民居屋面为瓦质坡屋顶之外，建筑的墙面与地面等均有石材建构而成，其中，院落外墙面由石料砌筑形成，石料之间进行了抹灰勾缝处理，而建筑外墙面则由较规整的打制石材砌筑形成，并发石拱券以营造门洞。地面也为石板铺砌而成，此外，踏跺台阶、过门石等建筑细部构件也同样是由火山石料制作而成。

再如，海口市遵潭镇湧潭村蔡泽东宅：该宅是二进三合院形制的院落式民居，建筑面积 180m² 左右，庭院面积约 430m²。在建造上，屋顶为瓦质材料建造形成，承重体系为木框架构件，其余的建筑围护结构则由火山石石材砌筑形成，外部墙体普遍采用石材进行干摆砌筑，为保证墙体整体的稳定性，在墙体转角处普遍采用大块石材相互咬合的砌筑形式。民居院落的铺地是统一的火山石铺地，连接客屋的道路呈橄文铺贴，突出地面。建筑的前庭院中轴围墙是照壁，上面刻有"福"字及鱼样式的石雕作为建筑装饰。此外，台阶以及水缸等居民日常生活用品也多为火山石

建造，使得建筑立面主要为火山石石材，整体统一、富于特色。

6. 浙南蛮石墙民居

蛮石墙屋是浙江缙云山区独特的传统民居形式，建筑风格整体而言古朴而又稚拙，其最具特色的就是用一块块山石自然拼接形成的墙面效果，以及墙角下一片片斑驳的青苔，这是历史、也是山区温润气候条件的印迹。该类蛮石墙民居主要位于浙江省的缙云县，属于浙江省中南部丘陵地区，其中山地、丘陵地貌的面积之和约占总面积的 80%，为民居的建造提供了丰富的石材资源。

蛮石墙民居虽然外墙形式比较自然随意，但是部分民居在形制上还是沿袭了传统的"明堂"之制，即正方形的封闭式院落和以天井为中心的布局形式；门厅进入后为天井，对面正中为堂屋，两侧厢房呈对称式分布布置，也有部分民居建筑是"一"字形单栋建筑，面阔尺度多种多样，从三间、五间到七间不等。这种格局既有选址的因素也有家族人口数量和结构变化的影响。在民居规模方面，普遍因形制差异也有较大差别，建筑面积从两百平方米到上千平方米都有，大小不一。在民居建筑的使用功能划分上，一层为主要的生活空间，二层用于堆放杂物和谷物。在立面造型方面，院落式蛮石墙屋的建筑高度因两侧厢房山墙的起脊而略有起伏变化，主立面以正门为中心，虽然门洞较小，但是因为居中设置和青砖装饰依然有一种传统的仪式感，"一"字形蛮石墙屋建筑正立面最典型的就是一、二层之间的披檐式雨篷，既为一层提供了遮阳、挡雨功能又丰富了立面的变化。

蛮石墙屋一般为木框架结构，木质构件与建筑石质外墙共同起承重作用。在民居的建造流程方面，通常是先开挖基槽，之后砌筑墙体，然后制作木框架并完成人字坡屋面板铺设以及青瓦的铺覆工作，最终完

成民居的建造。在建造材料的选择上，建筑基础部分通常用大块毛石砌筑，地面大多为三合土。墙体采用当地的山石和卵石，一般为两层（也有三层）结构；墙体最外层是石头砌筑形成，内层是黄泥和小石头混合建造形成；在门、窗或墙体转角处用大块石或青砖交替砌筑，以增强墙体的牢固性，内部隔墙一般采用杉木板，楼梯则为木板制作。

大多数蛮石墙民居的装饰主要体现在门脸及花窗部位上。部分民居的门脸为块石或青砖砌筑，没有石雕或砖雕，只是通过砌筑方式的变化体现出主人和工匠的用心。相比较而言，花窗是缙云蛮石墙屋中最精致的装饰，有小方格、菱形等多种形式。蛮石墙屋的室内装饰也比较简单，屋顶和墙面为杉板原色或白色涂料粉刷，外加部分传统挂图或表达美好期望的对联等。相比其他传统民居的人工装饰，缙云蛮石墙屋的外墙则充分体现传统民居的自然之美，其墙面石料的大小、拼接方式、质感、颜色以及墙面凹凸感是其他任何民居形式都没有的天然装饰，这既是它自身的特点，也是中国传统民居中非常独特的一种类型。

以二十间石头屋为例：二十间石头屋位于浙江省丽水市缙云县壶镇镇岩下村，最初是兴建于民国时期，是缙云县历史保护建筑。该民居坐东朝西，为二层院落式的石质建构民居，除木框架结构与人字坡铺瓦屋面外，墙体等其余建筑围护构件均由石质材料建造而成。其中，墙基部分由大块的毛石砌筑，墙身部分由当地山石和卵石干摆砌筑形成，因材料重量和搬运砌筑的便利，石块之间的砌筑遵循"下大上小"的原则，并在墙体转角处利用大块石材相互咬合连接或青砖进行砌筑，以保证墙体稳定性，建筑立面虽无石雕或砖雕，但因门脸石材与整面蛮石外墙的强烈对比显得古朴而精致。为保证民居的居住舒适度，墙体的石料时间还进行了抹灰处理。

又如岩下石居为：岩下石居位于丽水市缙云县壶镇镇岩下村，兴建于民国时期。该类民居建筑普遍为两层的单栋石头屋，除木质梁柱框架结构与"人"字形坡青瓦屋面外，其余建筑的围护构造部分均由石质材料建造。其中，建筑的基础部分为经过打制的石材砌筑而成，建筑的外墙由当地山石以干摆的形式叠砌而成，因材料重量和搬运砌筑的便利，石块之间的砌筑遵循"下大上小"的原则，并在墙体转角部位采用大块石材相互咬接的方式以增强墙体的稳定性，建筑立面也因不同形状的石材与丰富灵活的墙面肌理而别具特色。由于石质材料导热快的原因，为使建筑内部空间具有较好的居住舒适度，外部石墙的墙体厚度普遍约为50cm，石质墙体的室内普遍草泥抹面并填补石缝。

再如，浙南胡氏大院为明代徙居于此的家族于清中期历时40余年所建，作为家族聚居的大院而规模庞大，以三合院楼居为基本平面形制，因地势起伏而建成高低不同的前后两进山中巨构。胡氏大院因入口门楼的外观宏大、院墙连绵，为雁荡山区中罕有，且墙体的建造材料为石头砌筑，被当地人称为"石门楼"（图1-1-80～图1-1-82）。胡氏大院坐西朝东、避风面生，所处地点的环境完整，周边群山围绕、溪流蜿蜒、稻田平展、背靠与朝案俱佳。在选址建造上以一条明确的轴线建立起笔架山与主体建筑间的对应，轴线连接高低两个入口大门、贯通上下两层院落空间，形成院落的空间序列，并于门额之上题记来显示山水形胜的所在（图1-1-83、图1-1-84）。胡氏大院石材墙体的砌筑方式有多种，有原石料的垒砌、粗制石块和打磨石块的砌筑，也有水平方向叠砌和斜向垒砌等（图1-1-85～图1-1-87）。墙体遵循上小下大的规则以石块直接垒砌而成，墙体转角处石块加大以稳固墙体，墙体与屋檐间留有木格栅空隙以排出

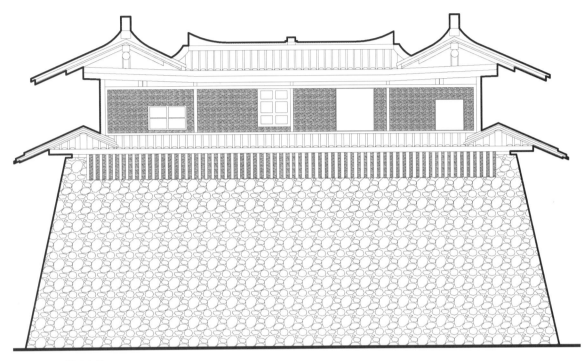

图 1-1-80　胡氏大院 1

图 1-1-81　胡氏大院 2

图 1-1-82　胡氏大院 3

室内烟气，大门处以拼花的方式砌筑打磨石块形成特殊的图案加以突出强调。连接上下堂甬道地面以条石铺砌，其间镶嵌方形块石，甬道两侧"猫拱腰"的连贯墙体以石材与砖块结合的方式进行砌筑，并在与院落入口处提升墙体高度以加强锚固（图 1-1-88）。入口门楼处的条石、房屋台明的青石板、墙体基部的

石块拼贴和正堂入口处的石雕，各种石材的使用处处显现出胡氏家族在建造上的精细与用心。

蛮石墙屋的出现既有其历史和文化因素，也有交通和环境方面的因素。首先，缙云地区传说是黄帝后裔的居住地，所以以天井为中心的院落式小型住宅在格局和功能上均体现了传统的居住文化理念。其次，

图 1-1-83　胡氏大院 4

图 1-1-84　胡氏大院 5

图 1-1-85　胡氏大院墙面 1

图 1-1-86　胡氏大院墙面 2

图 1-1-87　胡氏大院墙面 3

图1-1-88　胡氏大院墙面4

缙云在地理上属浙江中南部山地丘陵地区，交通不便、经济落后，居民建房只能依山就势和就地取材，山石、卵石和木材自然就成了首选的建筑材料。第三，当地山区气候多变，随着山势的变化，气温差异明显，而石头外墙结构冬暖夏凉保证了居住的舒适性。此外，缙云蛮石墙屋的出现客观上还反映的是一种缙云当地民众尊重自然、融入自然的朴素生存观。因此，该类蛮石墙民居的出现是不同方面因素综合作用的结果。

随着人口不断增加以及家庭的逐渐分化，除传统封闭式院落之外，更多"一"字形石屋和"单间卧室+单间厨房"演变为"半间卧室半间厨房"，又因为生产活动的需要，二楼的堆放和储物功能也变得重要起来。随着建筑材料和审美变化的影响，外墙材料尤其是在门脸和窗户部分使用青砖并以简单造型砌筑。而"一"字形蛮石墙屋比单进院落式在装饰尤其是木作上的简化，应该是更加注重实用性的结果。缙云蛮石墙屋从形制、格局、材料和构造等方面一直较好地保留了缙云山区传统的建造工艺和特征，在当今传统民居建筑中非常具有代表性。

三、负形建构类型

与传统的以六个基本实体面围合出空间的建构方式不同，负形建构类型是指在实体材料中通过挖掘来获得空间的建造方式，即在石质材料中通过开凿形成使用空间，而非以石质材料砌筑形成空间。负形建构类型根据所用石质材料的不同，可以细分为花岗石开凿建构，砂岩开凿建构两种子类。

（一）花岗岩开凿建构

与黄土层深厚的地区方能开挖靠崖窑或地坑院窑洞的原理相同，花岗岩开凿建构建筑空间的方式只在具有岩石山体的地区存在。各地在坚硬的花岗岩山体上的开凿以获取空间的方式，虽然在建造目的上有所不同，但都有着悠久的历史，并根据各地石材的不同而采取相应的开凿方式与技术。由于花岗岩石材普遍密实坚硬，因而通常是以铁锤和钢钎凿击的方式，开凿出居住生活的空间；也有以"火烧水激"的方式，通过触发岩石的崩裂作用来获取居住生活空间的建造方式。这种建构类型在各地的名称表述略有不同，有"崖居""岩居"等，在空间形态上有平顶、拱顶等多种形式。此外，在空间规模方面，花岗岩开凿建构有单一独立空间、有多个空间以及多层多个空间相互连贯的建造样式，但因开凿难度和技术所限，所开凿出的空间普遍规模较小、高度较低。

花岗岩开凿建构主要分布于花岗岩山地较为密集的地区，如太行山北部地区。该类建构由于依附山体向内进行建造，因此并无固定统一的平面形制可循，由打制开凿工具向山体内部挖掘，普遍为一至两间，层数高低不一，依山势走向而灵活变化。层高方面，该类开凿建构普遍为1.6～1.7m之间，内部设置石炕等构件，以满足居民的日常生活需要。

在建造材料上，由于该类民居是向山内挖掘空间，故而其四面围合界面均是当地花岗岩石材，并不过多需要外部材料的添加。在建造工具上，当地建造

图1-1-89 古崖居外景1

图1-1-90 古崖居外景2

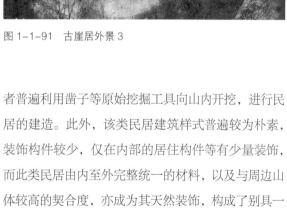

图1-1-91 古崖居外景3

者普遍利用凿子等原始挖掘工具向山内开挖，进行民居的建造。此外，该类民居建筑样式普遍较为朴素，装饰构件较少，仅在内部的居住构件等有少量装饰，而此类民居由内至外完整统一的材料，以及与周边山体较高的契合度，亦成为其天然装饰，构成了别具一格的建筑立面特征。

例如延庆古崖居，古崖居位于北京市延庆县张山营镇西北部山区的峡谷中，地处东门营村北部，最开始兴建于唐五代时期。该建构只在当地的花岗岩山体地区存在，通过石砌工具对山体进行挖掘以获得空间，而非通过石质材料砌筑而成（图1-1-89）。

古崖居洞窟鳞次排列、错落有致，洞口形态多样，长方形、正方形以及圆形均有出现（图1-1-90、图1-1-91）；在内部居住空间的平面形制方面，有单间、套间以及三套间等多种样式；空间之间有的上下相通，有的左右相连，层与层之间有石蹬、石梯和栈桥相连。古崖居整体由下至上全为花岗岩，居室结构巧妙，外观上有门、窗和排烟道等构件，门洞尺寸较为矮小，里外双门的痕迹犹存，户牖间以石榫脚窝相勾连，排烟口上方凿有放置雨搭的"人"字形刻槽（图1-1-92～图1-1-94）。由于当时挖凿工具的局限性，墙体表面较为粗糙，且墙体较厚。

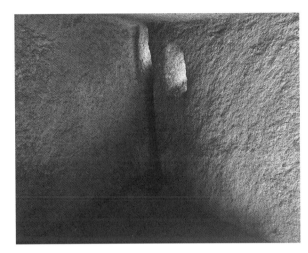

图1-1-92　古崖居内景1

图1-1-93　古崖居内景2

图1-1-94　古崖居内景3

再如麦积山石窟，麦积山石窟地处甘肃省天水市东南方向约50km的西秦岭山脉中的一座孤峰上，于隋代时期基本建成。该石窟为花岗岩开凿建构类型，其四周的围合构件体系均由石质砂岩建构形成。石窟的开凿是利用砂岩抗压力强、抗剪力弱的材料特性，由斧子、锤子、刹子等铁质工具向山内切割掏挖形成的，层次丰富、形态多样，屋面方面类型多样，有人字坡顶、方塌四面坡顶、拱楣等不同样式；开凿建造时，首先以粗糙的岩石为基础雕刻出石窟的大致轮廓，因开凿难度和当时的技术条件所限，开凿出的空间普遍规模较小、高度较低。而在石窟中仿木殿堂式的石雕崖阁则独具特色，洞窟多为佛殿式而无中心石质柱窟，别具一格。

花岗岩开凿建构地区，普遍地处石山环境之中，山峦起伏，由于交通可达性欠佳，因而导致当地居民较难运用传统的砖、木等材料进行民居建筑的营造，而山上丰富的花岗岩材质以及向山内开凿的较简便建构方式，使得该类建构成为当地居民的选择，进而逐渐产生了花岗岩负形建构类型。

（二）砂岩开凿建构

在砂岩出露的丹霞地貌地区，因砂岩抗压力强、抗剪力弱的材料特性，所以在砂岩山体上获取居住生活空间的方法相较花岗岩山地要更加容易些，通过铁质工具的切割即可掏挖出内部使用空间。砂岩开凿建构通常是在垂直的崖体之上，向内切割开凿岩石，外部空间较小而内部空间较大，内部空间有平顶和拱顶等多种形式，也有单一独立空间、有多个空间以及多层多个空间相互连贯的建造样式。因在砂岩上切割相对方便，因此在建造时大多为住房与生活设施一并进行开凿，如用砂岩掏挖而出的灶台、烟道等生活设施。其他的生活设施的建构也与岩石的开凿有着密切的关系，如为隔绝岩石内部的寒湿，供人休息用的床则是在岩壁上开凿出空洞或柱洞，通过架设木梁来铺设床板。

　　砂岩开凿建构类型的民居主要分布在陕西榆林地区，以及当阳青龙河畔百宝山地区等地。该类民居是直接将自然山体表面的岩石凿空成为住房，并在洞内利用山内石材打制成石床、石窑、石窗、石井、石池、石厕等生活构件，种类齐全、材质统一。

　　该类民居的建造主要有两种方式：一种办法是用铁锤和钢钎锤破大石块，开凿岩居；另一种办法是"火烧水激"法，即将岩石烧到极热，立即用凉水或醋浇上去，由于热胀冷缩，促使岩石破裂或变得疏松，然后再一点一点地用钢钎清理。

　　该类古岩居除了基本的生活设施外，没有其他装饰。只是岩居门洞周围布满柱洞，历史上在洞内可能有部分木装修。

　　以榆林红石峡为例：榆林红石峡位于陕西省榆林城北约3km处，建造年代最早可追溯到宋朝时期。该民居是在当地丹霞地貌地区的砂岩山体上，通过人工挖掘向山内开凿所形成的居住空间，因而属于砂岩开凿建构类型，并且其围护与承重构件体系均为山体石材。红石峡内的石砌技术主要体现在石窟的开凿以及石刻的形成，其中，石窟的开凿是利用砂岩抗压力强、抗剪力弱的石质特性，由斧子、锤子、剁子等铁质工具向山内切割掏挖形成，共44处，在空间规模方面，石窟入口处的宽度大多在1.5~2m之间，高度则基本在2~4m之间，内部即为居住空间；摩崖石刻作为民居的主要装饰部分，同样是用铁制工具在山石表面上开凿形成的，共185块，字大者丈余，小者仅寸许。不同书法、内容的石刻与不同位置、不同开凿深度的石窟相互嵌套，建构材料也整体统一，从而形成红石峡砂岩开凿建构民居的独特立面观赏效果。

　　再如傅家岩居沮河百宝寨段的几十公里沿岸分布有众多的岩屋群（图1-1-95~图1-1-98），有傅家、朱家、洪家、百家和鸳鸯寨等多处，有直接利用天然洞穴或将天然洞穴稍加改造所形成的岩屋，而更多的是在临河峭壁上开凿出的岩屋（图1-1-99、图1-1-100）。岩屋有三五窟成组、十多窟成串的规模，有上下两层、三层或多层的结构，其掏挖开凿的空间与砂岩沉积肌理相对应。傅家岩屋为有着千余年历史的百宝寨岩屋群中的一处，开凿于青龙湖畔壁立而起的山体悬崖之上，岩屋分为上下两排，共15间（图1-1-101、图1-1-102），每间岩屋凿有一个对

图1-1-95　傅家岩自然环境1

图1-1-96　傅家岩自然环境2

图 1-1-97 傅家岩自然环境 3

图 1-1-98 傅家岩自然环境 4

图 1-1-99 傅家岩屋 1

图 1-1-100 傅家岩屋 2

图 1-1-101 傅家岩屋 3

图 1-1-102 傅家岩屋 4

图 1-1-103　傅家岩屋室内 1　　　　　　　　　　　图 1-1-104　傅家岩屋室内 2

外的洞口，高约 1.6m，宽约 0.8m，壁厚 70cm，上层洞口距离水面 8m，下层洞口距离水面 5m，居民攀援进洞，十分不易。15 间石屋中，除 3 间密室外，其他各间均洞洞连通，洞内宽敞、干燥明亮。洞里凿有石井、石池、石厕、石窑、石床、石天窗等生活设施构件（图 1-1-103、图 1-1-104）。崖居外部的砂岩山体因材质裂隙、风化侵蚀的不同，其表面生长有攀缘植物，沿山石肌理生长并与岩屋开凿的结构相连贯。岩屋外部的垂直崖壁上尚存有开凿出圆形的孔洞，并沿砂岩的沉积肌理呈间距规整的斜向分布，其上架立的用于进出洞窟的木质栈道已糟朽无存，使得现在的进出只能利用架设楼梯。傅家岩屋中除少量独立开凿的洞窟外，其余洞窟在内部则是空间相互贯通，通过开凿出来的台阶楼梯衔接上下而成为一体。

红砂岩山体因其构成材料的特性，加之长期以来的风雨与重力侵蚀作用，大多都有天然形成的洞穴，其大小规模不同、距地高低亦不同，为当地的居民和屯兵所用，背风洞窟则开敞、向风洞窟则加砌。即在洞窟外面用切割规整的砂岩块砌筑封闭，墙体上留出的门洞，门洞石质框料叠涩搭接，门洞下开凿有进出之用的台阶踏步。砂岩地区的崖居，均是利用砂岩抗压好、抗剪弱的材质特性，在崖壁上开凿、掏挖而出"负形"的石窟空间，有单一空间、上下空间和嵌套空间多种样式。傅家岩的崖居单间面积规模十多平方米，空间高度约为两米多，留出分隔空间的岩体壁厚不同；洞窟直接面向青龙湖面。沮河岸边的砂岩山体石质晶体较大，既具有便于切割开凿的特性，又具有较好的稳定性，被开凿出来用作日常生活的设施。此

图 1-1-105　闫家寨子自然环境 1

图 1-1-106　闫家寨子自然环境 2

图 1-1-107　闫家寨子自然环境 3

图 1-1-108　闫家寨子自然环境 4

外，为提高崖居内的居住舒适度，石壁上开凿有对应的孔，圆孔与斜长孔的组合便于安装木梁，其上搁置木板卧床。

除此之外，闫家寨子也是较典型的案例：闫家寨子由南北两部分组成，南部的堡子由东、西、南三面夯土堡墙围合，北面隔深切沟壑，与高耸的红砂岩石峁相望，形成东西面宽约 360m、南北进深约 380m 的规整空间。整个南部堡子处于高起的台塬之上，三面堡墙与沟崖相接，西侧存有堡门一座，东、南两侧残存瓮城遗迹，现堡内不存建筑而为旱作农田。北部的堡寨为红色砒砂岩的石峁，高大且独立于水面之上，东、西、北三面绝壁悬崖，仅在南部有一道黄土墚与

外界相同，其南部又有夯土堡子扼守，利用地形形成南北夹峙的坚固格局（图 1-1-105～图 1-1-108）。整个北部的砂岩孤峁堡寨上部的东、西、南三面尚残存有部分夯土窑洞和少量夯土墙遗迹，从上自下在垂直的崖壁上有 3～4 重洞窟空间的开凿，围绕着砂岩峁体形成多层与多向的洞窟民居（图 1-1-109、图 1-1-110）。由于洞窟在垂直的崖壁上开凿，现除顶层的夯土窑洞外，其余的洞窟民居均需先垂直下行方能横向进入，极其险峻。闫家寨子北部孤峁石堡上的民居，皆为利用当地砒砂岩抗压好、抗剪弱的材料性能特点，在崖壁上开凿而成的，形成掏挖而出的"负形"石窟空间（图 1-1-111）。在空间规模上，

图 1-1-109　闫家寨子 1

图 1-1-110　闫家寨子 2

图 1-1-111　闫家寨子 3

洞窟民居的开间方向宽约 4m、进深方向长约 6m，洞窟高低则因山体砂岩层的不同而有较大差异。在建造方面，洞窟外部用夯土墙砌筑封闭，夯土墙体上留出安装木质门窗的洞口（图 1-1-112、图 1-1-113）。红色砒砂岩上开凿出的洞窟民居有规模、大小的差异，大的洞窟中尚刻意留下立柱以支撑高大的洞顶，并在柱头处刻意做出逐渐扩大面积的岩层存留，为使得洞窟内空气得以流通，在洞窟的顶部开凿有圆形通风孔（图 1-1-114）。闫家寨子洞窟民居的空间类型多样，有单一洞窟、也有在中间岩壁上开凿门洞形成横向串联的洞窟。砒砂岩石崀上的洞窟民居由于年代

久远，洞窟民居已多有坍塌，崖壁上尚存有开凿的孔洞，其上进出洞窟的木质栈道已糟朽无存，从而使得绝大多数洞窟民居已无法进入。由于石质材料导热系数高，加之开凿的洞穴内部光线昏暗，为提高洞窟内的舒适度，历史上曾有以白色灰泥抹饰内壁的做法，现白色抹面已塌落在洞内积沙上。

当地居民对于砂岩岩居的开凿最初是为了获取石材。然而由于社会动乱，该种建构类型逐渐演变为避难所和古兵寨功能，形成独特的民居类型，因此，砂岩开凿民居建构类型是当地资源环境特征与居民生活诉求的共同作用结果。

图 1-1-112 闫家寨子室内 1

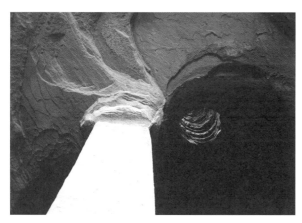

图 1-1-114 闫家寨子室内 3

图 1-1-113 闫家寨子室内 2

四、组合建构类型

传统石砌民居的组合建构类型是指，建筑的墙体是由石质材料与土、木、砖等其他材料通过组合方式建造而成的，或以石材为主或以石材为辅砌筑民居建筑的围护墙体。依据使用材料的不同，组合建构类型可以细分为石砖组合建构、石土组合建构、石木组合建构三种子类型。

（一）石砖组合建构

石砖组合建构是指将石质材料与经过烧制的砖通过组合的方式用于民居墙体建造的做法，在很多地区，尤其是经济条件较好的地区，石砖组合建构是较为普遍的做法，即利用石材坚固的特性作为建筑基础或墙身下部的建造材料，以获得围护墙体的稳定性。石砖组合建构有着多样化的建造方式，有石质材料在下，其上采用砌砖或砌空斗砖填充黄土的建造方式；有石质材料在墙体两侧或转角部位，而中间墙体采用砖材料填充的建造方式；也有石材与砖间隔穿插进行砌筑的建造方式，石材在墙体中起到叠压锚固砖体的作用。石砖组合建构在石质材料的选择上，有石质原料、粗制石材与打制石块等的差别，甚至还有在墙体的槛窗下碱有采用雕刻石材的地方做法。具体来说，石砖组合建构类型可以分为以下几种：

1. 陕北砖石锢窑民居

不同于山西地区的土、石质窑洞民居，砖石锢窑民居是由砖、石组合建构而成的，窑洞不同部位有着不同建造材料的选择，成为窑洞民居建构中的另一种重要做法。

砖石锢窑类型民居主要分布在陕北黄土高原地区的绥德、清涧县一带的河谷平滩宽阔区域。由于当地盛产青石，且石料量大、开采方便，因此当地居民因地制宜，就地取材，普遍利用当地青石材料以及黄土烧砖，砌筑形成该类锢窑民居建筑。

砖石锢窑是窑洞中的新型民居形式，多为平地起窑，不依托黄土山崖，当地称之为"四明头窑"。锢窑所处地形与下沉式窑洞相似，但是形制类型却与靠山窑类似，每孔窑洞净宽约3～4m，净高度由于受顶部覆土的重量影响，一般也在3～4m左右，从而高宽比接近1∶1。砖石锢窑平面形制和一般窑洞类似，为方形，一般都是由几孔窑组合而成，并在其内部通过门洞相连，窑洞的孔洞数量及规模视家庭人口数量和经济状况而定。锢窑作为新出现的窑洞类型，一般都带有院落，院落面向主要村落道路。其院落布局与靠山窑相似，但是由于受地形限制小，院落的长宽比约为1∶1.5，相比靠崖窑院落更大一些。

砖石锢窑自成独立的建造体系，锢窑结构体系为砖石构件承重，无须借助山崖地势，建造较为自由。在建造材料的选择方面，砖石锢窑是用石头、砖、黄土、石灰、水泥、水等材料建造而成的，建造时主要经过平地形、掏马巷、垒平桩、揉旋、合口、压顶、垫背等工序。

在具体的建造流程方面，选定窑址后，一般通常会先劈山削坡，在窑址中形成一片平地，作为建造场地和未来的庭院，随后依着山壁挖出深1.5m的巷道

做地基成窑腿。一般中腿窄、边腿宽，以保证受力稳定。然后用石头把地基砌起1.5m高的石头墙，也叫起腿子。接着用木椽搭建半圆形状的拱形架子作窑坯子，并在架子上放上麦秆、玉米秆等覆盖物，再抹上泥巴加固。石锢窑需先用毛砂石块砌筑，一般是三孔以上并排相连的拱形窑体，然后再用碎石土料在拱形上填压，形成平顶，从室外角度看，整个石窑是一个方形体，但是若从室内来看，屋顶部分则为圆拱形。一般情况下需在窑洞的顶部和四周掩土1～1.5m左右，以保持砖石锢窑是用砖石砌成拱券窑顶和墙身，最后再在顶部覆土，从而筑成的砖石窑居建筑，以完成砖石锢窑民居的建造流程。

砖石锢窑的装饰部分主要集中在窑面部位，如位于陕西佳县的大会坪村，石砌窑洞尤其在窑脸的平整和发券形态上精致，外部还饰有白色的草泥层（图1-1-115）。再如陕西佳县泥河沟村中的石窑洞，在窑脸部位以打制的规整料石进行砌筑，平整且石缝细密，填充的石块相对粗糙，窑洞口则用乱石泥墙加以填充（图1-1-116、图1-1-117）。通常情况下，建造者用糙面的方石块作为窑面装饰，在窑口安装大门亮窗，窗棂图案多样、繁简不一，可由工匠自由巧

图1-1-115　大会坪村民居窑脸

图 1-1-116　泥河沟村石窑洞 1

图 1-1-117　泥河沟村石窑洞 2

图 1-1-118　姜家庄园外部环境 1

图 1-1-119　姜家庄园外部环境 2

妙设计。为了增加室内的亮度以及保温性能，在窑脸的小窗还会添加玻璃或在整个门窗安装双层玻璃，使得外观更具现代化。窑内多白灰抹面处理，炕台以及厨房锅台均用磨光的石板砌筑而成。有的大户人家讲究装饰，会在入口等重要部分饰以雕刻，通过装饰效果的不同形成自身社会地位的象征。

以位于陕西省榆林市米脂县的姜家庄园为例，因当地自然环境、社会环境以及家族经济的状况，建于当地山体峁顶之上的姜家庄园防御性很强（图 1-1-118～图 1-1-121）。平面形制由上、中、下三层院

落组成，其间防御门障重重，院南筑堡构成防御性夹道，院内挖筑逃生地道，院后辟出逃生通道，加之石砌雉堞堡墙和嵌入山体之中的高耸更楼，自下而上形成多重护卫建构（图 1-1-122～图 1-1-124）。在使用功能方面，上、中、下三层院落在功能上分别为家族居住生活、接待仓储和劳作管理之用，在院落规模、建筑形态、建构方式、建造材料和装饰对象及题材等方面各有特点、丰富多样（图 1-1-125～图 1-1-127）。在建造方面，建筑由石、砖材料混合建造而成，其中窑洞民居空间高大，墙面为草泥抹灰

图 1-1-120 姜家庄园外部环境 3

图 1-1-121 姜家庄园外部环境 4

图 1-1-122 姜家庄园 1

图 1-1-123 姜家庄园 2

图 1-1-124 姜家庄园 3

图 1-1-125 姜家庄园 4

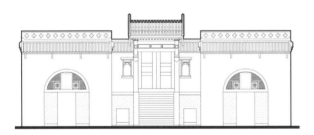

图 1-1-126 姜家庄园 5

图 1-1-127 姜家庄园 6

墙面、砖砌下坎墙和半截墙，窑洞外墙上出挑通长窑檐、铺仰瓦及砖雕压脊，其上设砖砌漏空拦马墙。窑洞之间墙体宽阔，窑洞入口上部为正半圆，木质门格窗棂有直棂纹、团花纹、回字纹等多种样式，作为建筑装饰。对于中院和下院民居，房屋以木构砖砌为主，屋面铺仰合筒瓦。马厩和库房等辅助性用房为木构屋架、石砌和砖砌墙体，进深较浅的双坡屋面上铺大块石板，石板之间以板瓦垄或小块石板盖缝，以通长雕花烧砖压脊。庄园中各种雕刻装饰丰富，在材质上有石雕、砖雕和木雕，主要用在入口门楼、屋脊等部位（图 1-1-128～图 1-1-130）。柱础、门墩和饮马槽等部位上的石雕精美；斗栱、镶板、墀头和壁

龛等部位上的砖雕精致；门簪、垂莲、雀替和梁架等部位上的木雕精细。装饰题材有云纹、草龙纹、牡丹花以及人物故事，等等，反映出建造者的审美追求。

该类砖石锢窑窑洞的形成与当地地理环境、材料、文化传承有着密切的联系。经过长期的历史演化，原始穴居在有意识的营建行为下发展成不同形式的窑洞雏形。由于锢窑一般位于地势较平坦的川、坝、源、台等地形环境，早期的锢窑主要用土坯和黄草泥垒成。为了适应复杂多变的地形，同时随着经济的发展，营造技术的提高，人们开始在平地或沿崖锢窑，形成独立式窑洞，而不用完全依赖地形，到了近代，由于家庭经济状况的改善，文化品位的提高，以

图 1-1-128 砖石锢窑细部装饰 1

图 1-1-130 砖石锢窑细部装饰 3

图 1-1-129 砖石锢窑细部装饰 2

及社会整体的进步，砖石窑洞因防水以及耐久性的优点渐渐替代了土窑，于是逐渐成为上文所述的民居建构类型。

在窑洞建造的演变上，由土窑向砖石窑的转变是窑洞建筑变迁的重要转折点。窑洞冬暖夏凉，再利用青砖料做成窑檐和"女儿墙"。砖锢窑与石锢窑的做法类似，但砖锢窑取材备料更方便，寿命较石窑短，而后出现了砖与石结合砌筑的窑洞，此类窑洞一般深为 8m，宽 3m 左右，居住时间也可达 60 ~ 80 年。

砖石锢窑体现了传统民居建造者保护自然环境与自然和谐相处的生态意识。随着居住方式的变化，穴居逐渐被视为原始、落后的居住形态，因此居民在防

卫、空间、形式等上一直在探索，试图利用新的材料，发展新的居住形式。砖石锢窑相对于陕北地区的靠崖窑以及下沉式窑洞，具有更好的通风采光性能，能够更好地适应不同地形，同时又保持了土窑居冬暖夏凉的物理特性。然而在陕北城镇化过程中，砖石锢窑居住形式也面临着传统窑居普遍存在的困境。越来越多的人弃窑建房，面临着砖石锢窑逐渐消亡的趋势，如何保留该类传统建筑建造技艺已经成为迫在眉睫的问题。

2. 胶东近海岛屿石砌民居

胶东近海地区因为地处海岛，居民过去的生活方式与内陆地区，以及沿海地区的农业村庄完全不同，

更为重要的是，在整个胶东半岛的城市近代化的过程中胶东海岛地区所受的影响很大，因此这些近海岛屿的石砌民居可以作为一个单独建造类型。

该类石砌民居主要分布于胶东沿海的近海岛屿地区，如牟平的养马岛、烟台的崆峒岛及陆连岛、芝罘岛等地。在山东近海岛屿的渔村村落内，典型的石砌民居院落普遍比较小，布局紧凑，平面形制为四合院或三合院。随着建造技术的进步与新材料的产生，到了民国以后，楼房四合院也开始在海岛上出现，甚至出现完全的水泥结构楼房，逐渐改变着原有民居的形制。

在建造材料的选择方面，该类石砌民居以砖石材料为主。其中，墙身基本全部用石头建成，一般人家用海滩拣来的石头，墙面石头纹理清晰，色彩丰富，富裕人家则会用方石，大块的方石严丝合缝，很是威严，有的还会采用当地拼接对缝的云彩石，各种不规则的石头穿插在一起，咬合得严丝合缝，体现了高超的技艺；院子的地面用石铺，屋顶用小瓦覆盖，屋脊为三间、五间的正房通脊，用小灰瓦或通透的灰砖做透风脊。近代以后使用洋式的机制大瓦，当地俗称"簸箕瓦"，这种大瓦由日本传入，仅在胶东沿海流

行。民国以后，由于有了进口水泥，采用钢筋混凝土建造而成的"洋灰"楼逐渐增多。同时西式的百叶窗、玻璃窗、木地板、进口的瓷砖等舶来的洋建筑材料逐渐出现在沿海近代建筑上，丰富了该类石砌民居的原有建造做法。

该类石砌民居普遍讲究实用性能，而装饰构件普遍较少，木雕、砖雕、石雕由于受交通、工匠等诸多因素的限制也较少使用，民居的装饰部位有限，但很有特色，近代以后，室内西式的线脚、瓷砖等装饰手法开始出现，成为胶东海岛石砌民居的室内主要装饰手法。

例如驼子村驼峰路民居：驼子村驼峰路民居位于山东省胶东沿海地区的养马岛驼子村内，兴建于清末至民国初期（图1-1-131）。该民居为一处院落式住宅，内部建筑均为一层的石砖组合建构民居，屋顶为小青瓦硬山坡屋顶，墙体等建筑围护结构则由石材与烧制过的砖组合建构而成（图1-1-132）。其中，墙基部分由打制过的大块石材叠砌形成条石墙样式，墙身部分由当地打制过的云彩石石材拼贴砌筑，墙身尽端则以砖材为主要材料，波浪形态的墙身云彩石与规整形态的墙基石材形成明显对比，构成了建筑立面的

图1-1-131　养马岛驼子村云彩石对缝拼接民居1

图1-1-132　养马岛驼子村云彩石对缝拼接民居2

图 1-1-133　养马岛驼子村云彩石对缝拼接民居 3

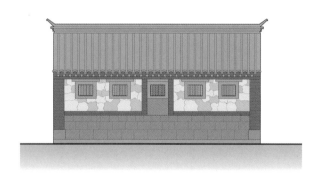

图 1-1-134　养马岛驼子村云彩石对缝拼接民居 4

特色（图 1-1-133、图 1-1-134）。此外，为保证墙体整体拉结性能以及保温隔热效果，墙面石材贴缝部位进行了草泥抹灰处理，填充了石材缝隙并保证对缝整齐，提高了民居的居住舒适度。

再如，张家庄的孙氏小楼：张家庄孙氏小楼在 20 世纪 20 年代建成，该民居建筑基本还是采用了中国的传统形制，整体的布局是一个简化版的四合院，正南方向是倒座，在东南隅设置入户大门，右侧是一间门房，左侧是两家客房。在建筑建造方面，屋面为瓦质，而墙体部分为砖石材料混合建构而成，其中，墙体基础部分为打制过的大块石材叠砌形成条石墙样式，墙身部分由当地打制过的云彩石石材拼贴砌筑，

使得墙面呈现出较富有特色的砌筑肌理，为保证墙体的稳定性能，在墙身尽端部分则以砖材为主要材料，建筑立面由于以石材为主要材料，显得厚重、稳定。此外，建筑的栏杆、踏跺台阶等构件也同样是由石料石材砌筑而成。

该类石砌民居的出现是基于当地经济收入的提升与外来建筑技艺的传播影响。20 世纪二三十年代是整个山东沿海经济的黄金时期，对外贸易扩大，出现了轮船捕鱼，沿海的海产品成为大宗出口物资，为沿海渔民带来了丰厚的收入。同时沿海岛屿商人参与近代轮船运输业的对外贸易经营，对外的交流增多，不仅积累了财富也开阔了眼界，更带来了外地最新的建筑理念，于是，当地居民们因地制宜，以石、砖为主要建造材料，形成该类石砌民居建构类型。

在沿海岛屿，传统上普通人家最开始的屋顶材料是当地的海草，海草建成的民居建筑冬暖夏凉，经久耐用。清朝中叶以前，房子大都还是传统的格局，为典型四合院形制，院落由三间正房、三间南屋和东西厢房组成。清末民国以后再发家的渔民所建住房，不少是五间正房、五间南屋以及三间东西厢房组成。大户人家是五间二进的四合院，整体居住水平比较高，院落较宽敞，不少院落还留有后夹道，甚至有后花园，该区域的整体富裕程度是其他地方所没有的，此外民居建造水平也很高，20 世纪 30 年代以后还逐渐出现了二层楼房。

3. 浙南"一"字形长屋民居

"一"字形长屋是浙南温州农村最基本的民居形式，建筑整体平面呈"一"字形，中间为正堂，两边为房间，开间数量根据实际需要不等，均"一"字形排开。建筑一般以木构架为承重骨架，墙体等围护构件用砖石砌筑或用木板壁。平面简单、形体小巧，但形体相互穿插、富于变化，造型优美。"一"字形长

屋在主要分布在温州附近的浙南地区，具体可包括鹿城、龙湾、瓯海、永嘉、洞头、平阳、文成、泰顺、苍南等地。

在建筑的平面形制方面，建筑通常以"一"字形为主要形式，开间数量以五开间或七开间居多，当人丁增加时，可向左右增加至九开间甚至更长。建筑高度方面，以二层居多。在功能布置方面，一层住人，二层可以用做储藏，中间一般为堂屋，左右作为房间，边间布置灶房、柴房等。

在建造流程上，该类民居的一般沿袭的做法是：首先木匠掌墨、开好间杆，之后石匠按棒杆尺寸铺筑基础，在木工制作安装完大木构架后再由泥匠砌筑墙体，最后进行小木作的制作安装，完成民居的建造过程。在建造材料方面，建筑内部承重结构为木质穿斗式构架，基础与外墙为乱石与砖材组合砌筑形成，屋面为瓦质坡屋顶。

"一"字形长屋建筑比较朴素，雕刻装饰非常少，装饰主要集中在悬鱼、檐廊和披檐部位。而建筑丰富的立面材质变化、形体穿插以及穿斗式构架本身就很富于趣味，也成为该类民居的重要装饰。

例如永嘉渠口乡埭头村陈宅：陈宅建于清朝，为一处典型的"一"字形长屋民居。建筑临街而建，正屋平面形态为长条形，面阔十一间、进深五间，两层，前面均有檐廊。在建造方面，建筑的承重结构为木质穿斗式构架，屋面为青瓦铺设的悬山重檐屋顶，墙面以石、砖材料混合建造形成，其中墙基部分为石材或石料，并以"斜砌"的方式砌筑形成，墙身其余部分为砖材砌筑形成并在外侧刷白灰，山墙上的腰檐在正立面转折成小山花，成为建筑的装饰部分之一，此外，建筑的地坪与台阶则是由大块的石材平整铺砌形成。深灰色的屋面、墙基与浅灰色的砖墙面形成立面上的鲜明对比，而高耸的悬山重檐坡屋顶亦使得立面造型更加灵动。

又如，永嘉蓬溪村谢宅：谢宅建于清末民初，平面形制为"凹"字形，是"一"字形长屋的一种变形，即在"一"字形的两端向前延伸形成"凹"形。建筑的屋面为瓦质材料建造，墙体部分则为石、砖材料组合建构而成，其中墙基部分为石材或石料干摆砌筑形成，缝隙处进行抹灰勾缝处理以增强墙体稳定性能，而墙身部分为规整的砖材码砌砌筑形成，砖石材料与屋面瓦材相互协调，使得建筑立面显得稳重、统一。

该类民居的产生是当地人文文化的作用结果，浙南山地部分地区的民居文化中，尊卑关系普遍比较弱化，而在横向展开的"一"字形楼居中，大家能比较平等地享用阳光和通风。故而，虽然是聚族而居，但是当地居民以"一"字形民居为主要民居样式，没有太多的尊卑利害关系，反映着温州农村质朴自然的文化氛围与颇具人情味的人文精神。

浙南地区的"一"字形长屋民居存在着演变类型，例如将其一端向前延伸，就形成"L"形，两端都往前延伸就形成"凹"形，两端分别向前后延伸就形成"H"形，还有浅穴式"一"字形长屋，即在屋后设一个2m多宽的窄院，院壁即是山坡，壁上是村路，一般高差2m多，充分利用了山地地形，这些都是对传统浙南地区"一"字形长屋的演变变化。

4. 冀中山区独院民居

山区独院是冀中山区一种传统的民居建筑形式，是以砖、石、木为主体建造而成的合院形式。该类民居拥有北方合院的基本特征，但受到山势地形所限，院落形制不完全规范化，平面布置相当灵活自由，多为南北长东西窄的矩形院落。

山区独院作为冀中山地地区普遍的建筑形式，广泛分布于石家庄市平山县、井陉县、鹿泉市等地。

冀中山区独院的基本形制依据北方传统合院民居

而来，但因地处山区，平面布局会灵活变化。整体而言，合院用地狭长，沿院落周边布置房屋，合院多为矩形。院落的长宽比大多大于1，南北长、东西窄的形式也有利于过堂风的形成。正房一般位于中轴线上，正房的典型形制为"一明两暗"三开间，根据合院占地面积的不同也有"一明两暗两次"的平面布局形式。

在建筑不同部位的建造用料方面，该类民居建筑的内部支撑结构为叠梁式木构架体系，而墙体等围护结构普遍用山石建造，墙体具体的砌筑方法主要有"干砌"和"浆砌"两种。其中，"干砌"的墙体可按原石层排布，色彩统一、墙体平整，而"浆砌"方式则以黄泥、砂石、碎石块为主。冀中山区独院民居的色彩主要为建筑材料的本色，很少加以修饰，整体风格古朴自然、完整统一。雕刻装饰风格较为质朴，以石雕为主，风格普遍较为粗犷，取其神而舍其貌，并有少量的砖雕、木雕。

例如，井陉县于家村于联庭宅：于联庭宅位于河北省石家庄市井陉县，建造于清代年间。该民居是冀中山区典型的砖石独院形式，共有三栋建筑，其中两栋建筑为二层，一栋建筑为一层。民居建筑的屋面为瓦质材料制成，门窗木质，墙体等则由石、砖材质组合建造而成。建筑用条石砌筑形成基础，并在内部回填素土以夯实，正房与厢房的下层均为石块砌筑窑洞，上层木瓦结构。在墙体建造方面，下层外墙用打制过的大块石材"两顺一丁"码砌，并在缝隙处进行砂浆勾缝处理，上层墙体则普遍用青砖块"一丁一顺"的砌筑。整体而言，建筑立面因上下两层墙面的不同材质而产生对比变化，却又因砖、石的相似建造方式而协调统一。

该类民居的产生是当地自然资源特征与当时的社会文化水平的共同作用结果。由于冀中地区多为山地环境，交通较为不便，因此建造者普遍采用当地石材作为建造主要材料，因而决定了该类民居主要以石材建构的特点。此外，由于北方传统合院民居的建造文化影响，以及早期从山西迁来的居民带来的山西建筑风格，也使得建筑一层多采用典型的窑洞形式，并且参照传统院落式平面形制进行民居建筑的平面布置，进而逐渐形成该类民居的平面形制与立面特征。

不同于北方传统民居院落的端正大气，也不同于南方传统民居建筑的通透灵秀，冀中山区的传统民居院扎根于太行山脉落形随山动，呈现出自然、淳朴的特色，少了些许的精雕细琢，却也多了几分天然质朴，具有自身独特的建筑艺术气质。

5. 晋东砖石锢窑民居

晋东砖石锢窑民居是指晋东阳泉郊区、平定县、盂县等地广泛使用的民居建筑形式，多用作正房或厢房的建造中。建筑为单层平顶，以砖石砌筑，面阔进深随建筑位置与所处地形而定。正房明间外侧有的建有一间抱厦。建筑装饰主要集中在木制门窗上，多雕刻有寓意吉祥的纹样。正房外墙设有供奉天地的神龛。

砖石锢窑在晋东地区广泛分布，如阳泉市郊区、平定县、盂县，以及邻近的昔阳县、寿阳县等地区。

在晋东各地的民居中，砖石锢窑一般作为正房或者厢房使用。作为正房的锢窑，常建在高起的台基上，以纵窑居多。单个院落的正房面阔多为三间或五间，在一些较大型的建筑群中，横向串联的院落的正房彼此相连，就会形成多孔窑洞并置的情况。一些正房的当心间外会修建木结构的抱厦，也称前檐，面阔一间，单坡瓦顶。作为厢房的锢窑，地坪和建筑高度均低于正房。晋东多山地院落，厢房的面阔间数往往与地形有关，单个院落的厢房面阔多在1~3间；地形平缓的多进院落中，也有几进院落的厢房相连，形成多孔窑洞并置的情况。房屋主要的房间用于居住，视家中人口情况将正房次间、稍间或厢房用于储藏，有的人家也将厨房设置在厢房中。

在建造材料的选择方面，晋东地区的砖石锢窑使用砖、石砌筑，前墙安装木制门窗，有的在明间外建有木构架单坡抱厦。锢窑的修建主要有石匠、泥匠和木匠参与，石匠负责采集、雕琢石料；泥匠负责砌墙、发券、抹墙等；木匠负责制作门窗、抱厦。晋东锢窑民居的建造流程，主要包括选址、备料、砌筑山墙、发券、合龙、砌筑前墙、垫场、抹窑、装修等工序。

砖石锢窑形态比较朴素，装饰部分主要集中在窑脸上，尤其是木制门窗，往往通过十分细致精美的雕刻进行美化装饰。例如，阳泉市郊区大阳泉村的景元堂正房，明间的窗棂雕刻了"渔樵耕读"的场景，左右两侧以菊花纹样连接；拱形窗的中心是五只蝙蝠围绕着一个寿字，意在"五福捧寿"。次间的门扇雕刻了"和合二仙"，寓意婚姻幸福美满。如果正房建有抱厦，其的柱、梁、枋上往往还施有木雕。此外，正房明间和次间之间的外墙上还会设置神龛（位于明间左侧的更常见一些），以供奉天地。神龛精巧细致，如同是微缩的屋宇，将建筑构件模仿得惟妙惟肖。

作为正房的锢窑正立面的天地神龛，是人们敬奉神灵、祈求安康的所在。神龛内设牌位或贴红纸，上书"供天地三界之神位"，两侧贴有"天高覆万物，地厚载群生"等寓意吉祥的对联。每逢农历初一和十五是祭祀天地的日子，供品为水果、点红的面点，神龛前点红色蜡烛两支、香三炷。

例如阳泉市平定县娘子关镇上董寨村王家大院：王家大院始建于清末民初，院落占地超过7000m²，建筑面积约2500m²，共八十多间房屋，是晋东地区典型的山地宅院，院落中的建筑大部分为砖石锢窑类

型民居，由东向西依次是工院和三串主院，分别是大哥王宿钢宅，二弟王宿统宅以及三弟王宿龙宅。三串主院的方位、规模和形制均遵循"长幼有序"的观念。

其中，以王宿钢宅规模最大，其正房平面形制为三孔窑洞，东西厢房各有两孔锢窑，西厢房带耳房一间，并有一座倒座房，在建造材料方面，屋面为瓦顶，墙面等围护构件由石、砖材料组合建构而成，其中窑脸部分以青石打制石材为墙基，上部墙身有青砖水平"顺叠组砌"而成，并发圆顶券作为门洞，抱鼓石、墀头、墙基石等构件也是精美的砖石雕刻，并在雀替、挂落施以木雕，院门内外均有影壁（外影壁已毁），整座民居建筑因石、砖材料的组合运用而显得稳重、敦厚。

窑洞是山西民居中历史悠久、流传普遍的一种类型。锢窑作为独立式房屋，在适应地形上较为主动。晋东多山，采石方便，多煤炭、黄土，制砖资源丰富，因而砖石锢窑应用广泛。

从相关资料来看，晋东石砌锢窑相对于其他地区而言更为普遍，覆盖的历史时期也更加长久；砖砌锢窑在富商大院中更加集中、出现时间相对较晚，其原因可能是采石比起烧砖，技术相对简单，而且就地取材，比起购买砖块经济成本低，更适应普通人家。随制砖技术普及、用砖成本下降，砖砌锢窑才逐渐普及开来。

砖石锢窑在晋东、晋中、晋西等地均有出现，但是各具特点。晋东砖石锢窑的窑脸装饰相对简洁，且门、窗分别开洞设置，不似晋中、晋西采用同一个拱券，再在其中统一布置。

6. 北京郊区平原砖石混合三合院

北京郊区平原砖石混合三合院基本上保留了北京的传统四合院式建筑的风格，融合了河北、山西等北方平原地区的建筑做法和材料选择。具有浓郁农耕文

化影响下的乡村民居特点，农耕居住、就地取材、占地紧凑、简朴实用。

该类民居主要分布在北京顺义东北部，密云、平谷的平原交界地带，其中以焦庄户古村最为典型。该类民居的平面形制具有浓郁农耕文化影响下的乡村民居特点：农耕居住，因地制宜，就地取材，尺度小巧，简朴实用；居住内院前设置辅助外院，安排厕所、牲畜、柴棚、菜园等辅助功能设施。

焦庄户现存典型三合院民居普遍是由"一正两厢"组成，整体平面形态呈单进三合院。从平面布局来看，其院落布局基本与北方传统合院式民居类似，并带有山西、陕西地区民居院子狭长、厢房遮掩正房形成"T"形院落的特点。具体表现为主要建筑沿中轴对称布局，正房坐北朝南，东西厢房对称布局，等级礼制与功能分区明确，院落空间表现出较强的内向性。其独特性在于：门楼和影壁居中、院落占地较小、相互之间布局紧凑以缩减用地、"T"形狭长院落，庭院面阔与纵深可根据需求灵活伸缩。

院落的正房为五开间，当地称"三间两耳"，具有北方"一明两暗"穿套布局的特点。明间为堂屋，靠近外檐墙东西对称设置灶台、并分别与东西次间、梢间的土炕连通。正房为七檩梁架，前檐采用"露檐出"夹门窗槛窗槛墙做法。夹门窗、槛窗面积相对较大。厢房为三开间，五架梁，前檐采用青砖前檐墙封护檐小槛窗做法，门窗、槛窗面积相对较小。

该类民居的建造方式充分反映了农耕民居因地制宜、就地取材，采用当地石材、农作物桔梗、土坯砖与夯土等的特点。

焦庄户砖石混合三合院的房屋建筑包括木质屋架、柱子和砖石墙体、青瓦屋面围护结构两大部分。焦庄户砖石混合三合院的房屋建筑修建时先进行开槽，用三合土夯实地基，以块石作基础承托上部结构，立木柱之后架设梁架、檩椽；在重点部位用砖包砌，墙芯砌筑其他碎石或土坯砖墙体。

屋架采用五檩或七檩构架，民间取材多用自然曲木。檩子之间取消了部分椽子及望板，并以铺设多层高粱秸秆苇席来替代，既可节省木材，又可利用农作物桔梗有效提高屋面的保温性能。墙体厚实，采用砖、石、土坯等砌筑。外墙的上身及下碱使用硬心石材进行中心部位的处理，转角处、窗间墙垛窗台、腰线及博风、檐口等关键位置则采用砖砌的手法。墙体内侧芯部采用土坯砖砌筑。焦庄户村传统民居建筑的屋顶多为硬山形式，屋面曲线平缓，屋面采用部分合瓦、部分灰背棋盘芯或千槎瓦的做法；屋脊多采用清水脊蝎子尾做法，也有的为较朴素的扁担脊。

焦庄户砖石混合三合院的房屋建筑外装饰主要包括墙身砖雕、木作槅扇门窗、屋面棋盘心做法和屋顶脊饰等装饰构件。其中，墙身砖雕中，具有代表性的是正房外墙上的天地爷神龛，用以供奉灶王爷，设在外立面明间与东侧次间相接的砖墙上，并与墙内檐柱正对。

门楼和影壁追求精致小式官式青砖瓦做法，做工讲究，功能与装饰效果兼顾。门楼采用双扇板门，双门簪，砖瓦石木工艺精湛。影壁小巧，尺度宜人，农家氛围浓郁；影壁顶部墙帽为砖瓦挑檐灰背，影壁墙芯做白色棋盘芯。门楼左右的"花墙子"既是内院的院墙，也是烘托门楼的装饰构件。"花墙子"台明与下碱采用当地碎石砌筑，上身外抹白灰软心；顶部采用"砂锅套"布瓦拼花做法，装饰效果显著。而其他院墙极具地方农家特色：基座和下碱采用当地石材，上身为夯土墙，顶部墙帽采用砖瓦挑檐滑桔泥灰背。槛窗、支摘窗式样古朴，制作精美。屋面合瓦结合灰背棋盘心，以及千槎瓦与清水脊蝎子尾和出屋面的灶台、土炕、烟囱等功能性做法也具有一定装饰性。

焦庄户砖石混合三合院的房屋建筑室内装饰相对简单，明间不设吊顶，或仅在次间梢间采用高粱秆糊纸棚吊顶。地面采用素土夯实或青砖墁地，内墙面采用秫秸大泥抹灰白灰粉刷。

关于"一正两厢"三合院的成因，一是受历史演变影响：当地村民源自明代洪武、永乐年间山西屯垦移民，对应了当地民居带有山西民居院子狭长、厢房遮掩正房形成"T"形院落的特点。二是受地区气候影响：冬季风大寒冷，夏季西晒闷热，窄小的庭院有利防风防晒。三是受农耕文化的影响：在庭院功能布局、建造材料与技术方面反映尤其突出。

从三合庭院平面布局来看，正房与东西厢房的方位排列方式同北方传统合院式民居类似，正房坐北朝南，东西厢房对称布局；院子狭长，门楼和影壁居中，居住内院占地较小，前置辅助外院，适合农耕居住条件。

7. 福建沿海石厝民居

石厝类型的民居是福建沿海地区海岛居民的典型代表，该类民居就地取材，良好地适应着海岛地区夏季多台风的气候特点，并且形成独具个性特色的建筑形式。

石厝民居主要分布于平潭县潭城镇、苏澳镇、流水镇、北厝镇、敖东镇、平原镇、屿头乡、大练乡、白青乡、芦洋乡、中楼乡、东痒乡、岚城乡以及南海乡等乡镇。另外，在福建省的东山岛、马祖岛、湄洲岛也有类似的石厝。

在民居建筑环境处理上，石厝民居普遍结合自然环境，依山就势，建筑平面顺应地形、鳞次栉比，布局自由灵活，构成了步移景异的、丰富的村落空间景观。民居的平面朝向以面海为主，依照山坡的等高线错落而比邻布置，建筑高度方面以二层楼房为主，一般不超过三层。在民居的平面形制方面，"四扇厝"是平潭石厝的主要平面布局形式，它以单进四开间房屋为主要形制，房内左右两侧为住房，分前后房不同组成部分，中间为厅堂，也分前厅与后厅，后厅一般用作厨房、杂物间、仓库。在民居屋面方面，平潭石厝的屋顶普遍为人字坡硬山顶形式，外墙只开小窗，并设石条窗栏，远远望去，宛若坚固的"碉堡"；此外，为防台风，平潭石厝的屋面均用砖石压瓦，或铺设特制的厚瓦。屋顶较少出檐，甚至直接不出檐，而以女儿墙压檐或密封檐口。屋面坡度较缓，屋脊砌作平直，屋顶构造处理多为露明造。坡屋面铺设板瓦，板瓦铺设于椽子或望板上。板瓦不施灰浆连接，仅用砖石压瓦稳固，既防止狂风掀瓦，也便于修补更换，在压瓦石的选择上，既有平整的砖石，也有不规则的乱石，瓦缝可透风，故而有人称该类石厝民居为"会呼吸的房子"，压瓦石也因此成为该类石厝民居最独特的建筑特征之一（图1-1-135）。

在建造材料上，传统石厝民居普遍以石材作为主要建造材料，墙基较浅，用大块乱毛石堆砌；以青石或花岗岩砌筑外墙以及部分立柱构件，饰以腰线、窗套、墙裙柱脚等建筑细部（图1-1-136～图1-1-138）。早期石厝也有以乱石及土坯作为外墙材料，块石仅用作墙脚的建造做法。民居外墙砌筑方式有不同样式，包括平砌、人字砌、勾钉砌、乱石砌等多种方式。外墙砌筑石缝成"人"字或"丁"字形，寓意人丁兴旺，在石料规格方面，大户人家用青石或者黄石，而一般人家则用乱石勾缝，块石与砖共同砌筑外墙，出砖入石（图1-1-139、图1-1-140）。外墙门窗尺寸通常很小，一为避强风吹袭，二为避盗贼入侵，保证居民自身安全。此外，平潭石厝也有用石材砌筑风火山墙的做法，其造型与福清、莆田的民居相近。

石厝民居整体风格较为朴素，几乎没有任何的附加装饰，而外墙多样的砌筑方式及石腰线、石窗

图 1-1-135　平潭石厝屋面

图 1-1-136　平潭石厝石柱与石窗

图 1-1-137　平潭石厝石柱 1

图 1-1-138　平潭石厝石柱 2

图 1-1-139　平潭石厝民居 1

图 1-1-140　平潭石厝民居 2

套、石柱头、柱脚本身就构成朴素的装饰，红瓦压石的丰富立面效果更起到了独具特色的装饰艺术效果（图1-1-141～图1-1-143）。

例如，以平潭石厝为例：平潭石厝是福建海岛民居的典型代表，主要分布于平潭县内各镇，其建造年代可追溯至清代中叶时期（图1-1-144、图1-1-145）。该类建筑的平面朝向以面海为主，依循山坡等高线错落比邻布置，高度方面以二层楼房为主，一般不超过三层，平面形制以"四扇厝"为主要类型，从地基到墙面，从门框到梁柱基本都用花岗岩石料砌成（图1-1-146～图1-1-148）。其中，民居基础较浅，主要用大块乱毛石堆砌形成，外墙多以青石或花岗岩块砌筑，而砌筑方式多种多样，有乱石砌、平砌、勾丁砌、人字砌等方式，屋顶虽用板瓦铺设，但用平整砖石或不规则乱石压瓦以适应海岛多风的气候环境（图1-1-149、图1-1-150），此外，外墙腰线、窗套、墙裙柱脚等建筑细部较少量地采用特殊石材作为雕饰，早期也有部分该类型民居以乱石及土坯作为外墙材料，而块石仅作墙基的做法（图1-1-151、图1-1-152）。

再如，惠安屿头曾宅石厝：屿头曾宅位于福建省惠安县东桥镇屿头村，是两层全石结构民居，建于20世纪70年代。其平面布局在传统石厝"六房看廊"的基础上进行了适当变化，在四开间的正房一侧伸长，形成了类似闽南传统民居正房一侧护厝的平面布局，在户内形成了两个小天井。在建造方面，石厝民居由砖石材料组合建构而成，其中墙基部分为打制整齐的砖块砌筑形成，而上部的墙身则是由砖材料共同组合形成，此外也存在有用整块石材作为梁柱结构的做法，建筑正立面上，条石墙与石柱廊高低错落、组合丰富，底层柱廊作石栏杆，柱头作"柱云"式。二层柱廊作西洋式花瓶栏杆，作西式柱头。屋顶栏板作红砖花饰。立面的虚实对比与色彩对比，构成了石

图1-1-141　平潭石厝民居3

图1-1-142　平潭石厝民居4

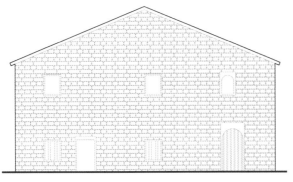

图1-1-143　平潭石厝民居5

图 1-1-144　平潭各镇 1

图 1-1-145　平潭各镇 2

图 1-1-146　平潭石厝 1

图 1-1-147　平潭石厝 2

图 1-1-148　平潭石厝室内

图 1-1-149　平潭石厝屋顶 1

图 1-1-150　平潭石厝屋顶 2

图 1-1-151　平潭石厝民居外墙 1

图 1-1-152　平潭石厝民居外墙 2

厝外观简洁、优美、现代的形象。因此，屿头曾宅不仅是惠安地区石厝民居的佼佼者，还是福建沿海现代石构民居的优秀代表。

平潭岛大地构造属于闽东火山段拗带的闽东沿海变质带，岛内岩石均为中生代侵入岩、火山岩和变质岩，因此当地的民居建筑对于石材的运用极为丰富，平潭石厝民居的建造就地取材，同时，其建筑造型及细部处理都是出于防台风及居住安全的考虑，故而，平潭石厝的出现是传统民居建筑对地理及气候环境适应的典型实例，体现着我国传统民居建筑"就地取材"的建造特征以及较强的防御性特点。

该类石厝民居内的石砌墙体、屋顶压石等做法与东山岛、马祖岛的民居做法完全一样，但是受地域文化等因素影响，其屋顶形式、山墙造型、砖石混砌等处理又有所差别，例如，马祖岛石厝民居多为四坡顶屋顶形式，而平潭石厝民居则基本全是人字坡硬山顶形式。此外，平潭石厝民居的山墙处理与福清相似，马祖岛石厝则与连江、长乐地区民居做法相近，湄洲岛石厝的屋顶形式更接近莆田民居风格，东山岛则更多闽南红砖建筑元素。历史上，在汉代以前，平潭民居的渔舍多为简易的草寮和鱼寮。屋顶为"人"字形，盖板瓦、压瓦石。到了唐宋时期多则为平房排屋。明清时期仍为平房，结构以石材承重为主，石砖结合。清代中叶开始出现二层的单进四扇厝，硬山屋顶，光厅暗房，这种形式一直沿袭至民国，成为前面提到的该类石厝民居的典型形制。进入20世纪80年代之后，旧"四扇厝"模式逐渐改变，开始采用浅房、大窗，以利通风采光效果，并出现了三层楼房，使得传统石厝民居得到进一步发展。

（二）石土组合建构

将石质材料与生土材料共同构筑民居建筑墙体的方式也为广泛采用的做法，尤其是在偏远的山区、经济条件相对落后和技术条件较差的地区，通常是以能起到防水作用的石材作为墙基部分，生土为石质基础之上墙体部分的建造材料。石土组合建构在石料的选择上，有自然石料和打制石材之分；生土材料有夯土与土坯砖之分，多数是在以自然石料垒砌的基础上，以版筑的方式夯筑黄土泥墙或以砌筑土坯砖的方式构筑，而打制石材多用于夯土墙体或土坯墙体上开设的门窗框的建构材料。石土组合建构在民居建筑墙体尤其是在院墙的建造上有较为普遍的运用，如北方地区的将生土材料作为石块垒砌之间的粘结灌缝材料，南方的山区或河谷地区也有将生土作为块石或鹅卵石之间填充材料的做法，从而在建造方法上形成了石土两种建造材料的混合。具体来说，石土组合建构有以下几种类型：

1. 豫北石土合院民居

石土合院民居是豫北地区较为典型的一种民居形式，其院落布局方式以三合院为主，也存在少量四合院形式，院落平面形态接近正方形，屋舍布局紧凑；建筑体现了豫北浅山丘陵地区厚重、实用的特色。

该类石土合院是豫北沿太行山山麓较为常见的院落组合形式之一，多依山就势，就地取材，背靠山坡而建，主要分布于安阳等地的山区地域（图1-1-153~图1-1-155）。

该类型民居可根据四周建筑物围合的情况进行细分。若四面都布置建筑，周边房屋之间的空隙再用围墙封堵，则形成四合院的平面形式。同理，还可形成三合院、二合院（图1-1-156），其中以三合院形式较多。院落中轴线明显，正房居中，两侧厢房对称布置。大门处建有门楼，正对大门做影壁墙，构建入户空间，院落布局较为紧凑。在建筑的形制上，正房一般为两层（或一层带阁楼），三开间一进深；厢房也为两层（一层带阁楼），但比同为两层的正房要低，

图 1-1-153　郭亮村地区自然环境 1

图 1-1-154　郭亮村地区自然环境 2

图 1-1-155　郭亮村地区自然环境 3

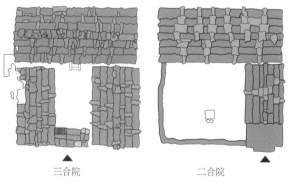

三合院　　　　　二合院

图 1-1-156　豫北民居院落平面图

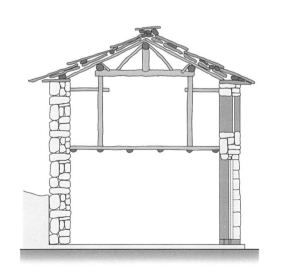

图 1-1-157　二层民居剖面图

且东厢房的建造形制略高于西厢房。一般情况下，东厢房较西厢房会高出 30～50cm 左右。在建筑的功能用途方面，建筑一层主要用于会客及居住，二层（阁楼）则多用于放置物品。

在结构体系上，该类型民居采用石木结构，石头墙体承重。在建筑材料方面，围护结构主要由石质墙体组成，但用料不一，多根据建筑物当地所产石材决定，以板岩、石灰岩石材居多，墙厚约 50～70cm，石材之间多以红泥抹缝；室内墙壁在覆粗泥找平后，抹以白灰。二层（阁楼）楼板和屋架采用木质，屋架为抬梁式，三架梁上承脊檩。（图 1-1-157）屋顶为

图 1-1-158　郭亮村石土组合民居 1

图 1-1-159　郭亮村试图组合民居 2

图 1-1-160　郭亮村石土组合民居 3

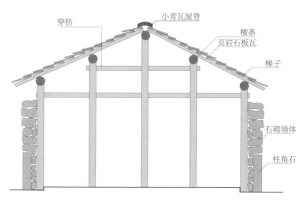

图 1-1-161　主梁端头构造

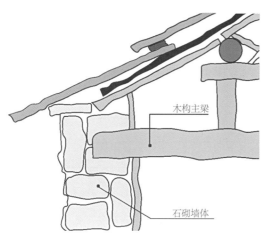

图 1-1-162　主梁端头构造局部图

硬山瓦顶，多覆瓦，但也有少数覆以石材（如安阳林州石板岩石）或覆土（如焦作修武县的西村乡云台山镇的一些村庄）（图 1-1-158～图 1-1-162），地面则多以石板或是经打磨平整的原石铺筑而成。

　　该类民居建筑的装饰主要是窗户上的钱纹和龟背锦以及屋脊上的鸱吻、走兽，利用动物所代表的吉祥特征，来表达避灾、祈福的含义。钱纹的形象来源于古代的铸币，有吉祥如意、富贵满堂之寓意；龟背锦是一种以八角或六角几何图形为基调的装修棂条图案，有希冀吉祥、健康长寿之寓意。而在建筑室内，装饰构件主要有代表吉祥如意的传统挂画和当地人信奉神灵的图示摆件等。

例如新乡市辉县郭亮村官方院：官方院位于河南省辉县市郭亮村中部，地处豫晋两省交界的太行山深处。该建筑平面形制为一进院落的三合院，平面朝向是坐南朝北，正房和厢房均为两层楼居，建筑除门窗为木质外，其余建筑构件均为石砌与土质材料建造形成。由于郭亮村所处地区的地表材质为坚硬岩层，可视做天然地基，故而建筑直接将大型条石石材搁置在地基之上，以作为台基，民居建筑的围护墙体普遍为粗制石材砌筑，采用体块相对较大、规格相对统一的石块进行"磨砖对缝式"的砌筑，其中一层墙体为石砌、二层窗贴脸为砖砌，窗上过梁和窗下台板为通长石条，坡屋顶上覆盖仰瓦下垫石板，院墙普遍为石块垒筑。为增加石质块材的相互粘接，墙体石块在砌筑过程中采用红泥抹缝，或者用土料贴面的方式，以达到稳固墙体的作用。

再例如新乡市辉县沙窑峰丘沟刘家老院：刘家老院位于河南省辉县市沙窑乡，始建于1929年，历时九年建造而成，曾一度作为抗日战争时期的粮库。刘家老院为传统的四合院平面形制，院落坐南朝北，正房、厢房及倒座均为两层楼居，建筑结构采用石墙承重体系，除建筑瓦屋面和门窗、楼梯等的细部构件外，其余部分均采用当地石材与土料砌筑而成。其中，建筑基础部分采用大型条石铺于地基之上，在基础之上做一两层长条石块立砌，以减少石砌错缝数量，从而防止基础部分沿墙缝渗水。建筑外墙主要垒砌规整且体积较大的石块，使墙体整洁美观。在墙体内侧也铺设较小规格的石块，石块空隙等都以碎石块或者土料进行填实处理，再在小石子内侧涂以当地红泥饰面，以起到一定的保温作用。

该类民居的形成是当地自然资源特征与人文建造

技艺水平的综合作用结果，豫北地区地处太行山麓，自古对外交通不便，但可用作建材的石料却异常丰富。此外，此地又是中原与山西、燕南地区的交界，南北文化在此交杂融合，建筑技艺的交流也较为频繁，从而逐步形成了以石材为主要建筑材料的合院民居形式。

豫北山区冬季较为寒冷，大木料较少，因此屋架结构多以抬梁式为主，其承重墙砌筑较厚，而不同于豫南地区较轻薄的石墙。

2. 浙南版筑泥墙屋民居

丽水市位于浙江省南部山区，山清水秀、环境宜人。丽水也是一个以汉民族为主的多民族聚居区，浙江省唯一的少数民族自治县——景宁畲族自治县就位于这里。丽水山区的村落一般依山而建，采用的也是当地非常有代表性的"版筑泥墙屋"形式。这种民居在格局上以封闭式单进院落为主，以"天井"和"厅堂"为中心呈对称式布局，绝大多数为二层。基础为毛石砌筑，泥土夯实墙，房屋骨架为泥木结构，屋面覆小青瓦。民居外部采用简单的石雕门脸，厢房外墙采用马头墙形式，古朴而精致，是石土组合建构中的另一种类型。

版筑泥墙屋是当地民众适应浙南山区气候条件并反映当地传统文化、生活习俗和精神信仰的一种民居形式，主要分布在浙江省丽水市的景宁畲族自治县、松阳县、云和县、庆元县以及文成县等地。由于所处地域为浙南山区，属中亚热带季风气候区，温暖湿润、雨量充沛、四季分明、冬夏长、春秋短，热量资源丰富（图1-1-163、图1-1-164）。以浙江云和县坑根村为例，坑根村中的民居建筑普遍以当地便于获取的木材为支撑结构，以石材、生土和小青瓦为围护结构，以石块砌筑下部基础，以夯土版筑其上墙体。坑根村中的民居为浙江南部山区传统民居的典型建造，其变化的多样皆因地形环境和材料使用上的差

图 1-1-163　景宁地区自然环境 1

图 1-1-164　景宁地区自然环境 2

图 1-1-165　云和坑根村

异而产生（图 1-1-165）。

　　版筑泥墙屋的平面形制是单进院落，规模大小不一，建筑面积少则两三百平方米，多则上千平方米。院落进门后为天井，并以"厅堂"为中心呈对称布局；面阔有三间、五间、七间不等，"厅堂"左右两侧为厢

房，后房设厨房和仓库。楼梯设于厅堂或厢房后侧，二楼主要为客房、厢房和仓库，三者通过回廊进行互通连接。版筑泥墙屋立面上正房略高于厢房，形成大门、厢房、正房逐渐升高、主次分明、秩序井然的仪式感。两侧厢房外墙处设马头墙，既突出了院落主入

口的标识性又形成了一种空间和外墙装饰上的变化。建筑风格古朴、立面色彩舒适，黄墙（也有部分村落的墙面为白色）青瓦与周边山水环境自然地融为一体。

版筑泥墙屋为泥木结构承重骨架，木结构和夯土墙共同起承重作用。在建造材料上，地面部分一般为三合土或素土夯实，墙体为黄泥夯土实体墙，屋面以"人"字形为主要剖面形态，并以小青瓦铺覆。建造流程是先放样开挖基槽，以毛石砌筑基础使用墙板、墙头板、杉木柱和木墙钉等材料砌筑墙体，按照一梯、二梯、三梯、封栋四步来施工，墙体完成后制作木框架和屋面架构、铺覆小青瓦屋面并完成木制连接回廊等，完成整座民居建筑的建造。

版筑泥墙屋的正门门柱、门梁、门顶、外墙、金柱、主梁、次梁、门窗等部位均有不同程度的装饰，主要装饰种类以石雕、砖雕、木雕、彩绘及各种书画

为主，其中门脸为浆砌块石砌筑形成，门柱、门梁由青石砌筑，门顶为砖雕；部分厢房外墙有马头墙，金柱雕有牛腿，刻有麒麟送子、百鸟归巢等图案，主梁及雀体、次梁及梁垫、厢房及主次卧室的门窗等均有精美的雕刻图案；室内装饰主要以传统挂图和代表精神信仰的图饰摆件为主，也有人物风景等贴图；在这些传统的民居中，门上、柱子、灶台、米仓甚至一个小小的筷子槽，都随处可见各种表达吉祥如意和美好希望的对联、字符等，体现着当地居民高超的雕刻工艺与理想的生活追求。

例如，景宁大漈乡的时思寺：时思寺位于浙江省丽水市景宁畲族自治县境内的大漈乡，兴建于元至正十六年（1342年），经明、清两代不断扩建而形成如今的寺、祠、院三观同址建设现状（图1-1-166～图1-1-168）。其内部建筑普遍为1～2层的石土组

图1-1-166 景宁时思寺1

图 1-1-167 景宁时思寺 2

图 1-1-168 景宁时思寺 3

合建构，石质材料主要与土质材料通过不同组合用于墙体部分的建造。组合方式大体有两种：一种是选取石材作为墙基部分建构材料，通过斜砌或干摆的方式进行砌筑，并在墙基尽端或转角处通过大块石材的叠砌提高墙体稳定性，墙身部分则利用生土材料砌筑成实墙（图 1-1-169）；另一种则是选取小块石材砌筑成卵石墙，在石材缝隙处夹杂生土材料以增强墙体粘结力。墙体的不同砌筑方式以及不同石材的选取搭配，使得建筑立面整体统一又富于变化。

又例如，上交垟土楼：上交垟土楼位于浙江省温州市泰顺县上交垟村，是建于咸丰八年（1858 年），为了防御太平天国运动而建立的防御性建筑（图 1-1-170~图 1-1-172），经国务院批准于 2013 年 5 月公布为第

7 批全国文物保护单位。土楼平面形态近似呈正方形，共分为 2 层，占地约 650m²；整体框架结构为木质材料建成，在建筑的围护构件中，一层为条石与蛮石墙搭配砌筑而成，二层为泥土夯制，屋面为小青瓦坡屋顶（图 1-1-173~图 1-1-176）。建筑基础建于水塘之上，以经过打制的条石进行砌筑，一层墙身整体遵循"下大上小"的原则，墙身转角与土楼大门部分采用条石相互错接咬合的砌筑方式，且结合面处石材粗糙增加其稳定性；其余墙身则用长宽约 20cm 的蛮石，以干摆的形式呈 45 度砌筑而成（图 1-1-177），此种方式会增强整个墙体的稳定性，此外，在墙身中间还填以土坯砖，内部进行了草泥灰抹面处理，以增加墙体的保温隔热性能，提高建筑的居住舒适度。

图 1-1-169　景宁时思寺 4

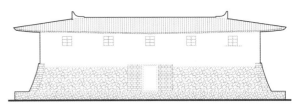

图 1-1-170　上交垟土楼 1

图 1-1-171　上交垟土楼 2

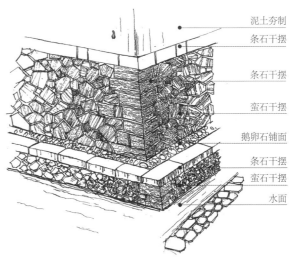

泥土夯制
条石干摆
条石干摆
蛮石干摆
鹅卵石铺面
条石干摆
蛮石干摆
水面

图 1-1-172　上交垟土楼 3

图 1-1-173　上交垟土楼内部 1

图 1-1-174　上交垟土楼内部 2

图 1-1-175 上交垟土楼内部 3

图 1-1-177 上交垟土楼入口

图 1-1-176 上交垟土楼内部 4

再如，丽水市松阳县城上庄村民居建筑：墙体均为黄土版筑，黄土中混合有小石块为骨料，每版墙体之间的缝隙以黄土填堵，普遍为木制门框和不加饰面的黄土墙体，经济条件好的家庭则以石材架立门框，夯土墙体的外部饰以白灰抹面。各户的民居随地形而变，建筑形态多有不规整，建造上也有版筑泥墙和土坯泥墙的多种变化。其民居建造以随形而建，以适宜为原则，其木梁柱支撑结构与版筑夯土墙体围护结构之间有所分离，有柱墙间留出较大空间的、也有柱墙相接相贴的。整个村落的民居建造方法一致，但在细部装饰和具体的形态上则丰富多样，有光面的石材门框，也有雕刻题记的石材门框，有单层、两层和组合

的建筑形态（图 1-1-178~图 1-1-182）。

版筑泥墙屋的出现与村落选址所处的自然地理因素和文化传承密切相关。首先是因其所处的气候条件和自然资源所限，版筑泥墙屋具有较好的保温性，并且所使用的泥土和木材可就近获取，易于实施而成为居民们考虑的建造类型。其次，是以"天井"和"厅堂"为中心的院落式布局正是体现中国传统居住文化和本宗族文化的需要。其三，则是随着交通条件的改善和外来因素的影响，精美的雕刻和马头墙等建筑文化元素在很多民居上都有所体现和应用，补充着传统石、土材料的粗犷风格，形成了版筑泥墙屋的主要装饰。

图 1-1-178　上庄村民居 1

图 1-1-180　上庄村民居 3

图 1-1-179　上庄村民居 2

图 1-1-181　上庄村民居 4

图 1-1-182　上庄村民居 5

版筑泥墙屋以单进院落布局和简单泥木结构为最基本的平面格局，因为生产活动的需要和家庭人口的增加，厢房、仓库和二层结构的出现就成为必然。正门的石雕与砖雕、正房的柱子、主次梁的雕刻是经济条件得到改善后的审美需要，同时也是传承民族文化的需要，厢房马头墙的出现和部分村落外墙由黄泥色粉刷成白色是受到徽派文化影响的结果。因此，版筑泥墙屋是当地民众在就地取材的基础上，延续当地传统并融合了其他文化元素后所形成的。我们今天看到的保存完整的村落和版筑泥墙屋是以丽水为代表的浙南地区最有特色的传统民居形式之一，此外还有其他类型的版筑泥墙屋，亦为我国传统民居建筑者的智慧体现。

3. 闽中土堡民居

闽中土堡是位于福建省中部山区的防御性极强的居住建筑，其平面布局和建筑结构独具一格，是当地先民从实际防御需求出发创造出来的乡土民居类型。

闽中土堡民居主要分布在福建省中部山区，其范围以三明市各县（市、区）为主，也包括福州市西部、泉州市西北部以及龙岩市漳平市北部的多山丘陵地区（图1-1-183、图1-1-184）。现保存较完整的土堡主要集中在三明市的大田县、尤溪县、永安市以及沙县、三元区、梅列区，龙岩市的漳平市，泉州市的德化县、永春县，福州市的永泰县、闽清县、闽侯县等地。

该类民居建筑整体是由四周极其厚实的土石墙体环绕着院落式民居组合而成的，平面多为方形（含长方形）、前方后圆形，也有少数土堡为圆形、不规则形。堡内的民居建筑是主要生活空间，多为2~3层（图1-1-185）。大部分土堡的内院为合院式布局，

图1-1-183　塔下村自然环境1

图1-1-184　塔下村自然环境2

图1-1-185　土堡民居剖面示意图

图 1-1-186　塔下村民居 1

图 1-1-187　塔下村民居 2

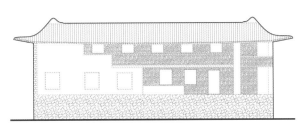

图 1-1-188　塔下村民居 3

图 1-1-189　塔下村民居 4

中轴线上为二进或三进堂屋，正厅当心间内设太师壁及神龛，供奉祖先牌位，厅堂两侧为厢房和护厝，具有中轴对称、主次分明的布局特点。

　　该类民居的堡墙高大厚实，在建造材料的选择方面，墙体底层基本用石块砌筑，二层以上则用生土夯筑，堡门洞用花岗石砌筑成拱形，安装双重木门，木门外包铁皮，堡门上方有储水槽及注水孔等防火攻设施（图 1-1-186）。院落内部建筑按照当地传统民居风格建造，主体建筑多采用穿斗式木构架，有的主厅堂采用抬梁、穿斗混合式结构，柱上架檩，柱与柱之间的穿枋上立瓜柱承檩，上覆小青瓦，屋顶为双坡悬山，屋宇跌落有序，堂屋地面用砖铺砌或用三

合土夯筑而成，天井地面多用鹅卵石或三合土铺砌（图 1-1-187～图 1-1-189）。

　　闽中土堡民居的装饰主要集中在中轴线的大门、厅堂、前天井的廊檐一带。堡门上方的门额阴刻或墨书堡名，有的还用对联或彩绘、灰塑的图案装饰。梁枋、斗栱、垂花、雀替、窗棂、隔扇、屏风、柱础、门枕石、防溅墙、山花等重点部位通常雕绘有精美的人物、植物、山水、祥禽瑞兽图案，装饰手法有木雕、石雕、灰塑、彩绘、壁画等。

　　例如，永安安贞堡：永安安贞堡位于永安市槐南乡洋头村，始建于清光绪十一年（1885 年）。该建筑依山而建，坐西向东，由外围堡墙和以厅堂为中心的

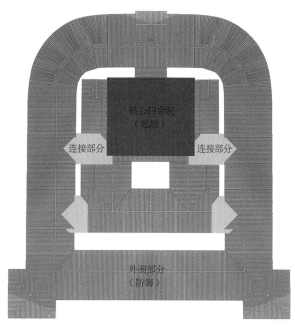

图1-1-190　安贞堡总平面图

院落组成，平面呈前方后圆的形态特征，中轴对称布局（图1-1-190），屋顶为瓦质坡屋顶，墙体为石料与夯土组合建构而成，其中，墙基部分由大小不一的石料干摆砌筑形成，为保证墙基的稳定性，石料之间遵循"下大上小"的原则，并适当向内部进行收分，墙体上部则为夯土填实砌筑，在墙体顶部开小窗以供通风换气之用。建筑立面由上至下较均匀地分成了屋面、墙体以及墙基三个主要部分，其不同材质相互组合搭配，使得建筑立面取得了稳定、均衡的效果。

再例如，沙县双元堡：双元堡位于沙县凤岗街道水美村，于清道光晚期兴建，在同治元年竣工。双元堡依山而建，坐西向东，平面形制呈前方后圆，堡前有长方形空坪，并有壕沟围绕。在建造方面，建筑以穿斗式木构架为承重体系，屋面为瓦质硬山顶形式，而墙体等围护构件则由石、土材料组合建造形成，在墙基部分为石料干摆砌筑形成，缝隙处进行了勾缝处理，而墙体上部则为夯土砌筑，为保证墙体的稳定

性，在墙体的转角部位采用大块石材咬合搭接的方式进行墙基砌筑，并且墙体逐渐向内收分处理。建筑因石土材料的相互协调运用而显得稳重、统一。

由于闽中地区山谷阻隔，交通闭塞，往往成为动乱之地。加之社会动荡，为了保护财富和性命的安全，土堡这种以防御为主、居住为辅的建筑形式便应运而生，因此，闽中土堡民居的产生原因可以概括为当地建造资源特征与社会动荡局势的综合作用结果。

闽中土堡和闽西的土楼、赣南的围屋、粤东的围龙屋相比外形类似，都具有一定防御性，但是在结构、布局等方面存在差异。最主要的差异在于：土堡的堡墙不作为建筑的受力体，外围的木结构体系独立存在，而土楼的外墙为承重墙，并连接其他建筑；此外土堡的外墙厚实，墙体内设封闭的通廊，而围屋、围龙屋的最外部则是房间，外墙既是防卫围墙，也是每个房间的承重外墙，防御功能不如土堡。

4. 北京郊区山地土石特殊合院

土石混合特殊合院主要分布在北京市房山区大石窝镇石窝村及周边地区，以二合院为典型居住单元，当地俗称"一门三窗"。院落中的主要建筑为正房、耳房和厢房等，房屋多采用块石砌筑，建筑体量较小，屋面坡度小，充分体现出当地降水量少和盛产石材的特色（图1-1-191、图1-1-192）。

土石混合特殊合院是北京市房山区大石窝镇较为常见的民居形式之一，目前在北京市房山区大石窝镇石窝村分布比较集中。

该类民居的普遍平面形制是"一门三窗"，即指该类民居正房前立面有一扇门和三樘窗。民居的布局通常为二合院，由正房与其左前方的厢房和院墙组成。正房、厢房体量较小，等级不高。正房主要容纳厨房、厅、卧室等主要功能，厢房主要作为辅助民居

图 1-1-191　爨底下石土合院民居 1

图 1-1-192　爨底下石土合院民居 2

或贮藏功能。部分民居院内无厢房，或在正房左山墙建有耳房，用作贮藏，呈现一合院的形式。在高度方面，该类土石混合特殊合院民居层数一般为一层，高度较低，双坡屋顶，但坡顶坡度平缓。

　　土石混合特殊合院民居的建筑结构采用比传统的木抬梁式更为简化的形式，即在大梁上立不等高瓜柱，再在柱上搁檩，从而导致坡屋顶坡度平缓。民居修建时先选定地基，在原地坪向下挖 70~80cm 的基槽，用毛石砌筑基础，用大块石头整平。民居结构采用传统木构架结构，围护结构为墙体围护，两侧为石砌墙体，墙体较厚，可以起到保温隔热的作用，使得屋内冬暖夏凉。墙体有三种砌筑方式，分别是土坯砖砌筑、灰砖砌筑和块石砌筑（图 1-1-193、图 1-1-194）。早期的房屋大部分由土坯砖和块石砌筑，后期逐渐采用灰砖和块石砌筑。屋面的构造层次从下到上分别为：下层为秸秆，中层为泥和黄土，上层为白灰土抹平，既遮雨又保暖。屋顶没有用瓦，可见当地雨水应该不大。院墙大多采用块石砌筑，高度约 1.5m 左右（图 1-1-195）。

　　土石混合特殊合院民居属于北京南部山区民居的代表，居民并不富裕，建筑装饰比较朴实。仅在下碱墙的压砖板和角柱上有少量精美的石雕，如岁寒三友、梅兰竹菊等图案。窗格多采用井字变杂花式、户榻柳条式、束腰式等图案，制作比较精巧。

图 1-1-193　暴底下石土合院民居 3

图 1-1-194　暴底下石土合院民居 4

图 1-1-195　暴底下石土合院民居 5

例如，延庆县千家店镇前山村土坯特殊合院：该土坯特殊合院由一间正房和一间东厢房组成。建筑屋顶敷设灰瓦，门窗为木质构件，墙体则由石、土材料组合建造而成，其中，墙基部分为大块石料干摆砌筑，石料缝隙内填充小石块以增加墙基稳定性能，上部的墙体部分主要由夯土砖垒砌形成，又可分为上、下两部分，下部的夯土砖尺寸较小，做工也较为精细，用立砖斜砌的方式砌筑三皮砖的高度，上部分的夯土砖的尺寸则较大，也较为粗糙，采用较单一的水平叠砌方式建造而成，在缝隙处进行砂浆勾缝处理。整体而言，该民居正房立面因石、土的不同材料与不同砌筑方式的有机组合而显得稳重而灵巧，体现着建

造者的审美追求与建造智慧。

又例如，房山区大石窝镇石窝村李宅：大石窝镇石窝村李宅的平面形制为一进院民居，院落东西长14m，南北宽12m，占地面积约168m^2。院内有正房、厢房、耳房，均为一层，院墙由块石砌筑形成。民居建筑的正立面墙体下部为块石砌筑而成，上身为土坯砖砌筑，外部抹灰。南北两侧山墙均由石、泥混合砌筑，墙体很厚，可以起到保温隔热的作用，使屋内冬暖夏凉，有着较好的居住舒适度。窗户较小，均用油纸裱糊，采光性好，窗格采用户槅柳条式和束腰式图案，简洁美观，大门保留着旧时的老式木门。正房内部的地面用条石铺砌，屋内南侧砌有火炕和灶

台，地下有储存煤炭的洞坑。屋面最上一层铺青灰泥皮，由小麦、秸秆灰混合而成。中间为混合黄土，再下一层是纬编，用以遮挡泥灰。耳房和厢房体量较小，用于贮藏功能。院内从大门到正房主入口铺有青石板铺地。

再如，房山区大石窝镇石窝村赵宅：赵宅位于大石窝镇石窝村官厅区 68 号，为一进院平面形制，院内有一层正房，坐北朝南，周围由砖砌院墙进行围护。正房位于院落北侧，为三开间一层平房，正门由一扇木门和两扇窗组成门连窗的形式，位于中开间。正立面墙体下部为块石和砖混合砌筑：墙体角部为保证稳定性而砌砖建造，墙基中部则砌块石石材，并进行抹灰填缝处理，形成虎皮石的装饰纹理；墙身则为土坯砖砌筑，外部抹灰，窗户两侧的窗间墙上抹有海棠池做法的白色抹灰。墀头下部为石质角柱、压砖板，上部为砖砌上身。木制窗格采用井字变杂花式和束腰式等图案，制作精美，部分窗格安装了玻璃。

大石窝镇拥有极为丰富的石材资源，是民居建造的优质的原材料，故土石混合二合院民居的墙体多采用块石砌筑，充分利用当地的石材优势。由于北方雨水不多，因此导致该民居的屋面坡度平缓，并采用抹泥灰屋面来代替瓦制屋顶。由此，该类石土合院民居的产生是当地石材等建造资源的分布特征以及当地气候条件的综合作用结果。

土石混合特殊合院民居与北京四合院民居相比，土石混合二合院民居在建造过程中多采用自然材料，无论是空间形式、建筑结构、构造做法和室内外装饰都比较简单质朴，不太注重装饰。最大的特点建筑结构采用简易抬梁的形式，从而使得屋顶坡度平缓，形成郊区民居低矮、与自然环境紧密融合的特色。

5. 赣南客家炮楼民居

该类民居在性质上属于客家设防性民居范畴，但类型异于典型的赣南围屋，其主要特征是将类似围屋的角堡提炼出来，建成一座放大而独立的方形炮楼。此类民居的产生主要是由于当地的不稳定社会局面，为了避免长期困居围屋之中生活不便，并且躲避强敌的侵袭，于是，客家居民在传统的设防性民居中，因地制宜地进行建造创新，改变了原有围屋民居的形制与建造手法，形成了"炮楼民居"这一新类型。

赣南客家炮楼民居主要分布在江西与广东的交界地带，远离统治中心，如寻乌县南部的晨光、留车、菖蒲和南桥等乡镇地带。

该类民居平面形制大多为近正方形，长宽尺寸为8～16m。底层设有一门，并有坚固的安防设施，在建筑的内部一般辟有水井。从平面布局看，民居类似缩小的"口"字形围屋，围心院落成为一个又高又小的天井。

在建造材料方面，由于是纯防卫性建筑，因此该类民居的外墙基本上都是以石块为主料，混合在强度很高的三合土灰中进行构筑，多见为片石砌墙、条石勒角，墙体厚度在 50～100cm 之间，比一般民居更加厚实坚固，门窗和枪眼则用青砖或条石建构形成；内部房间隔断墙则用土坯砖，楼层、楼梯和屋顶皆用杉木材料制成，屋面用小青瓦覆盖。

该类民居的建造目的主要为了居民的防御，因此建筑风格较为硬朗，装饰较少，主要集中在民居的枪眼部位，另外，建筑的门窗形状与材质的变化，以及外部的叠涩收顶样式也是建筑重要的装饰组成部分。

例如，寻乌县晨光镇墟上司马第：该建筑平面分别由后部的围龙屋、中部的司屋第、前部的禾坪及其左侧的水塘和右前角的炮楼构成，建筑高 2 层（图 1-1-196）。在建造上，司马第建筑外墙体皆用河卵石垒砌或三合土夯筑，为保证墙体稳定性与防御性能，墙厚 35cm，后部围龙屋外墙厚达到了 60cm，

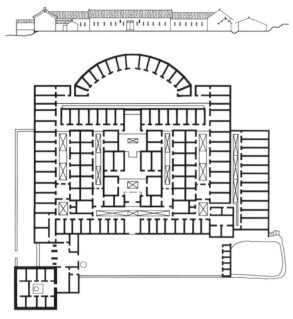

图 1-1-196　寻乌县司马第平、立面图

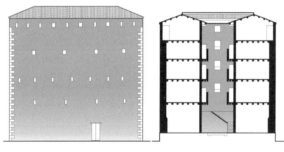

图 1-1-197　寻乌县司马第炮台立、剖面图

炮楼墙体也是"金包银"结构，即外层用砖石，内层用土坯砖，墙体外表皮用三合土夯打，为增强墙体稳定性，在外墙四角处均用青条石包镶，墙体厚度在底部 1m 以下部分是 100cm，1m 以上至五楼之间部分是 80cm，五楼至檐下是 30cm（图 1-1-197）。

该类炮楼民居建筑与典型的赣南围屋相比，有三点主要区别：第一，该类建筑将防御区与生活区彻底区分开来，不必像围屋那样因设防时间短的危险而将自己终生的围困起来生活；其次，炮楼是专设的防御碉堡，它墙高壁厚，易守难攻，平时空闲着，一旦大敌当前便避入暂住，敌去则回到民居中，不必像土楼和围屋那样，还要兼顾平时生活方便的需要，以至于往往是二者不能兼得；第三，炮楼民居建筑体量更高、更大，枪眼设置得更密、更向下移，墙体相比赣南围屋而言更坚实，外墙几乎都是砖石构成。

（三）石木组合建构

相较于石质材料作为围护墙体、木质材料作为支撑结构的组合建构不同，将石质材料与木材组合作为民居建筑墙体材料的做法并不普遍，多为地区性的墙体材料组合与建造方式。相对多见的是在石块之上架构木材的做法，如川西甘孜州的藏族与羌族聚居地区，在石块与片麻岩砌筑的墙基或一层墙体之上，将木板或原木以井干叠置的方式构筑上部墙体（图 1-1-198～图 1-1-200）。而山西宁武县王化沟村的民居建筑，则是在石块垒砌的墙体之上，设置木质枝条编构的笆墙，编笆墙外部面层抹泥以填塞缝隙，形成下部稳固、上部轻质的建筑围护墙体。此外，西藏自治区的东南部地区，有木杆之间夹压石块的建造方式，即在上下间隔约 50cm 的两两成对、水平搁置圆木间填充自然石块，由地面逐层向上叠压从而形成墙体。石木组合建构民居灵活多样，因地制宜，具体来说，可以包括以下几种类型：

1. 晋北吊脚房民楼

晋北吊脚楼是山西地区并不多见的民居形式之一，仅在宁武县的王化沟村、悬棺村等地发现实例。该类民居顺崖就势而建，从谷底仰望，似空中楼阁。建筑单体采用地方材料建造，与自然地形浑然天成，形成独特的建筑景观。建筑与环境相协调，仿佛从山间生长出来一般。

晋北吊脚房民居的分布范围相对而言比较有限，主要分布于宁武县的管涔山区，具体而言在王化沟村、悬棺村等聚落中有部分实例存在。

图 1-1-198　川西石木组合建构

图 1-1-199　块石与片麻岩砌筑 1

图 1-1-200　块石与片麻岩砌筑 2

在晋北山区，为避免虫害与盗匪的袭扰，乡民将民宅建在地势险要之处，形成景观奇绝的吊脚房。这种民居可用作生活、生产用房，常采用土木混合结构形式，底层悬于半山腰中，一般不住人，而是作为畜圈或库房，二层以上才为宅室。由于其天平地不平，人们形象称之为"吊脚房"或"悬空房"。

在建造材料选择方面，该类民居建筑以木材作为主要的支撑，柱、梁、檩形成主体框架结构，辅以穿、斗枋将柱子串联，形成整体结构框架，而建筑的墙体等围护构件则由石材为主进行建造，通干摆砌筑的形式构成。在建造流程方面，首先，根据使用需要和屋顶形式确定柱子的排列方式和高低关系，居住建筑以单跨为主，较大的空间会用到两跨，并且会用穿枋把柱子串联起来以形成屋架，再沿开间方向用檩条将柱子串联起来。水平搁置的檩条主要受到拉力，由于是木材的不利承重方式，因此檩条的用材是较粗的，然后在檩条上铺置椽子。

该类民居普遍较为朴素，没有过多的雕饰，门窗多用云杉木制成，形式简洁、美观大方，实用性强。石、木、砂土的巧妙使用使建筑立面色彩分明，富于变化，与山林融为一体，故而，不同建造材料的相互组合建构也成为此类民居的主要特色所在。

例如，王化沟村民居：王化沟村民居位于山西省忻州市宁武县管涔山内的王化沟村（图 1-1-201～图1-1-204），民居建造于明洪武年间，当时为躲避战乱戕害之用。此民居建筑立于半山腰的岩壁之上，沿等高线展开，可分为石头合院与干栏石木楼两种建筑形式（图 1-1-205～图 1-1-208）；在建造材料方面，民居建筑除使用木质框架结构、青瓦屋面外，其余建构材料均为石料或石材，建筑基础以条石干摆的形式砌筑；墙身使用较为特殊的砌筑方式——石骨泥墙：以花岗岩与石灰岩为主要石料，经简单的石活加工形

图 1-1-201　王化沟村自然环境 1

图 1-1-202　王化沟村自然环境 2

图 1-1-203　王化沟村自然环境 3

图 1-1-204　王化沟村自然环境 4

图 1-1-205　王化沟村民居 1

图 1-1-206　王化沟村民居 2

图 1-1-207　王化沟村民居 3

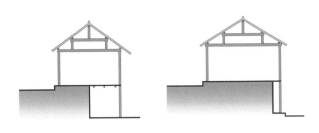

图 1-1-208　王化沟村木楼剖面图

成大小、形状相似的块状石材，将形状方正的大石材摆砌成墙体，起支撑作用；于石材间隙中穿插细碎石料，起加固与填充作用，并在墙身灌入混以砂土与秸秆的混合砂浆，起加固作用，最后在石材表面以混合黏土、秸秆与蒿草碎屑等材质的泥浆进行抹面处理，以起到防风保温的作用（图1-1-209～图1-1-211）。

管涔山区一带山势险峻，建设用地相对局促有限，当地居民为了在山地环境中争取有限的使用空间，逐渐形成了"悬空"而居的建造方式。因而，该类民居的产生主要是当地建造材料特征与居民们为了适应当地用地环境紧张局促特征的空间诉求共同作用形成的。

吊脚楼所处地形较为特殊，之后逐渐衍生出一种独特的"内外两用"的干栏式建筑，被当地人们称为"接崖楼"，即建在栈道和山体连接处，利用栈道和院子的高差，内外均可使用。接崖楼在栈道标高朝向栈道开门，形成底层空间；在院落标高则朝向院内开门，形成上层空间，这样的一栋建筑上下两层相对独立，且均有对外出入口，既适应了地形，又满足了使用要求，是吊脚楼建构类型的演变类型。

图 1-1-209　王化沟村民居 1

图 1-1-210　王化沟村民居 2

图 1-1-211　王化沟村民居 3

2. 藏东南昌都石墙井干式民居

昌都井干式民居是昌都地区较为常见的民居形式，建筑平面普遍为独栋形制，以木质框架作为主要的承重结构，首层以石块材料围合，常用作饲养牛羊等牲畜和储存日常杂物，二层以木板作围护结构和室内分隔材料，用于起居和经堂等日常生活使用，建筑风格朴实，充分利用了石头与木材的天然材质特色，屋顶为平顶排檐屋顶。

昌都石墙井干式民居主要分布在西藏昌都地区昌都县扎曲河两岸、江达县桐浦乡和岗托镇，这里高山河流纵横，雨季气候湿润多雨，森林茂密，有充足的石材和木材作为建造材料，尤其是在昌都县扎曲河沿岸及江达县境内，较为集中的保存了较多此类民居。

昌都井干民居为平屋顶独栋形式，一般修建在坡地上，院落边界自由，与简易木构草料棚和柴木篱笆围墙共同围合出庭院。在功能布局上，建筑底层用于饲养和储藏，二层用于居民的生活居住之用。民居平面形制为矩形，由一个原木坡道连通首层和二层，在二层平面中应用一个内天井来联系各个房间，沟通起居室和卧室等空间。在民居内部形制方面，最为重要的房间是起居室，一般有两到三柱尺寸的使用空间（藏式建筑的面积按柱来计算，一个柱大概 $12m^2$），兼有客厅、厨房和夜间休息的功能，厨房位置的一侧在地上架设有火灶，靠墙有放满各类炊具的橱柜，起居室靠窗户的一侧放置了卡垫床和藏桌。民居内都设有一间经堂，用于供奉佛像或者其他法器，少量开间较窄的房间用作卧室和储藏室。为便于生活和晾晒，二层朝阳一侧还普遍设置了通长的开敞式房间，用于堆放各类生活物品。

井干式平屋顶民居主体为两层，均由木结构承重。在建造流程方面，先做木架结构，后以井干式圆木用来作空间围合。首层建造时先搭建柱网，柱径 30～40cm，使得柱网均匀布局，柱子外围用块石码放堆砌作为墙体，直至二层地板。柱子顶端架设横向梁，梁上密排椽子木，再沿垂直于椽子方向铺一层灌木藤条，达到均匀分布荷载的目的，其上再铺宽约 30cm、长约 1m 左右的厚木板作为地板，二层结合室内分隔的需求，布置方形柱子，因为有十字形交叉的椽子和藤条，荷载分散比较均匀。最后，再在屋面檐口采用两层或三层椽木挑檐完成建造。

在建造材料的选择上，整个建筑用料较为粗犷：石块经简单加工垒砌，木料经过斧头粗加工之后直接用于建造，二层外墙面为井干式圆木墙面，中部由轻质藤条骨架抹灰墙面刷白色涂料，紧邻坡顶的墙体由木柱、块石砌筑墙面组成，局部二层在木构架中用带皮编织的藤木做围护。

昌都井干式民居建造手法灵活多样，从而装饰效果较为丰富，井干部分的房间用去皮圆木木料平行向上，层层叠置，转角处垂直方向的圆木交叉伸出墙面，采用卡口工艺咬合，形成独特韵律；圆木上刷褐红色的颜料，体现自然之美；而立面上的木格窗户造型精美，彩绘用色亦较为讲究，搭配自然，并在井干墙面中部做木板方格墙，丰富建筑立面的造型。屋面檐口层次丰富，彩绘色彩艳丽。室内装饰主要体现在梁、柱及墙面上，梁柱彩绘丰富，彩绘图案以花卉、瑞兽及传统吉祥图案为主；内墙保留原木材质，古朴整洁。

例如，然乌村民居，然乌村位于西藏昌都地区八宿县南部的然乌湖地区（图1-1-212～图1-1-215），由于当地的木材和石材资源均较为丰富，因而当地民居建筑除草顶外，在外墙等围护构造部分均有石质材料的应用，形成石木混合建构类型民居（图1-1-216～图1-1-220）。具体砌筑方式多以片麻岩石块通过干摆垒砌形成建筑墙基与院墙，为防雨水侵蚀，在墙体的端部覆以侧柏枝条、劈柴或草甸砖，在墙体部分，还存在特殊的木杆之间夹压石块的建造方式，即在上下间隔约50cm、两两成对的水平搁置圆木之间填充自然石块，由地面或墙基逐层向上叠压从而形成墙体，石材与木材独特的组合建构方式使得民居立面充分体现着当地特色（图1-1-221）。石材之间没有类似草泥抹面的处理，为保证建筑的保温隔热性能，通常选取厚度40～50cm的石材进行建造。

昌都地区的扎曲河两岸气候湿润，利于植物生长，提供了丰富的木材，为井干式房屋的建造创造

图 1-1-212 然乌湖自然环境 1

图 1-1-213 然乌湖自然环境 2

图 1-1-214 然乌湖自然环境 3

图 1-1-215　然乌湖自然环境 4

图 1-1-216　然乌村民居 1

图 1-1-217　然乌村民居 2

图 1-1-218　然乌村民居 3

图 1-1-219　然乌村民居 4

图 1-1-220　然乌村民居 5

图 1-1-221　然乌村民居墙面砌筑

了先天条件，而堆砌石材和均匀布置柱网比较简便易行，在该地区被大量采用，故而，此类民居的出现是当地自然环境与当地居民建造技术水平的综合作用结果。

3. 陇南穿斗式石屋民居

穿斗式石屋主要分布在甘肃藏族自治州舟曲县地区，有单体和合院式居住单元，一般都是二层。主要建筑由正房、厢房、厨房、库房组成。房屋基础一般采用石砌加素土夯实，承重结构为木架结构，墙面采用当地石头砌筑，屋顶进行覆土处理。

在建筑形制上，该类民居主要是院落式平面形制，且普遍为一进合院式院落，中间为正房，两侧一般是厢房，耳房做厨房之用。正房体量最大，是院落中最为重要的房屋，一般被分为左、右两部分，左侧摆有条案、太师椅等，桌上摆有香炉或其他，墙上贴有国画、对联、长辈遗像、伟人画像等，为祈福祭祖之用；而右侧设土炕和桌椅，用来休息和待客。正房之上是正厅，有的用作库房，有的用来待客或储藏杂物。厢房两层都做储藏之用。一旁耳房用做厨房，只有一层，屋顶为交通空间。

此类民居的主要建造材料为石材和木材，它是在充分适应当地自然环境和气候特点的基础上形成发展起来的。建造时，居民们均就地取材，充分利用当地石头打好地基。在建造流程方面：首先立构木架，然后选用最合适的石材砌筑石墙面，此步骤需要举行献神纪念仪式，得到庇佑后才能起梁檩；之后通常用当地木材搭建楼板和屋顶，一般为坡屋顶，但是坡度大小不一；覆瓦时根据主人的喜好选择不同颜色的瓦片，主要以青色和红色为主；全部竣工后举行庆祝仪式以完成民居的建造过程。

穿斗式石屋民居外部装饰较为朴素，但是由不同大小、质感的石料搭建而成的石墙本身就是一种装饰，且韵味别致，石墙面上局部带有雕花装饰，二层栅栏上也部分进行木雕装饰。

因为受到汉族的影响，该类民居的室内装饰都比较汉化。内部的阁楼大多都有雕花，不仅在立面有镂空雕刻，有的也在门窗上进行雕花，内部装饰主要集中在中堂，正墙地面摆有条案、桌上摆有香炉等，墙面一般为抹灰墙面，墙上贴有国画、对联、长辈遗像、伟人画像等。室内布置也较简洁，家具常为木制家具，都少有装饰，且基本都为木原色。

例如，巴藏乡刘后海民居：巴藏乡刘后海民居位于甘肃藏族自治州舟曲县，兴建于新中国成立初期。该处民居是一个较典型、较完整的穿斗式石屋民居，建筑平面为合院形式，内部为两层石木组合建构建筑，除木框架结构与木质双坡屋面外，墙体等其余建筑围护构件均由石质材料建构而成，其中，建筑的基础部分采用石砌加素土夯实进行建造，建筑外墙用当地石料与石材干摆叠砌构成，石料缝隙进行填土处理，增强墙体拉结性能，民居的屋面均为双坡形制，椽上盖有望板，上覆石片，最上层盖土。穿斗式石屋具有就地取材、构造简洁、施工方便、较为经济、与自然环境相适应，冬暖夏凉、节约能源等很多优点。因此，在多风沙气候环境下，墙面采用石材不仅能够防风，且坚实耐用，而上部采用木构架，既减轻了屋顶自身的承重，也有利于装饰和覆瓦，一举两得，因此，该类穿斗式石屋的产生是当地气候特征、自然资源禀赋与当地居民建造水平的综合作用结果。

穿斗式石屋由石块砌墙到后来利用石块与土坯墙、砖墙相结合，逐步成熟，很好地利用了当地的建筑材料，不仅节约能源，还能够充分体现出当地的人文风貌，在长期的发展过程中，慢慢演变成如今的封闭布局，有利于防风、采光。

4. 藏中门巴族石墙坡屋顶民居

门巴族主要聚居于喜马拉雅山脉南坡的门隅地区，该地区山高谷深、气候湿润、森林植被茂密。门巴族石墙坡屋顶民居主要分布在勒布门巴族聚集村落中，建筑及院落的布局均结合坡地地形来布置，院落围墙随地形而建，建筑布局随意，深受藏民族农耕文化影响。

门巴族石墙坡屋顶民居主要分布在山南地区的错那县勒布乡，其境内原始森林茂密，峰峦重叠。因受印度洋季风气候影响，这里气候温暖湿润，土地肥沃、水源充裕，平均海拔 2000m 左右，林木四季常青。

门巴族石墙坡屋顶民居建筑平面呈方形，为独幢建筑形制。民居一般分为上下两层，房屋由木框架构成承重结构，石砌墙体作为围护结构。在功能布局方面，一层布置草料储藏间和牛羊圈，二层为主人主要的生活起居场所，布置有起居室、卧室及经堂等房间；二层屋面与坡屋顶中间的隔层空间用于晾晒粮草和堆放杂物。建筑随坡地地形修建，在坡地上部可通过室外台阶进入到居住楼的二层。二层面朝南向处利用一层屋顶做平台，在建筑外墙上搭设笆篱编织架，

是门巴族妇女日常编制氆氇的工作场所

门巴族石墙坡屋顶民居采用传统木构架结构，在建造材料上，使用小片块石砌筑墙体，基础一般较浅，局部采用木板墙围护；屋面为双向坡屋顶，采用长条形木板瓦，上用小石块压木板；楼面多采用原木板铺设。在建造顺序上，首先架设木框架，再砌筑块石围护墙体，墙体砌筑至一层楼层高度时在木梁上铺椽子木，椽子木上铺设厚木板，再架设二层承重木框架，上下层木柱原则上垂直对应，二层屋面厚木板铺设后再制作安装坡屋顶的木屋架，之后于人字形木屋架上铺木板条，最后在木板条上放置小石块，以防木板条移动，从而完成民居的建造。

门巴族石墙坡屋顶民居建筑的外部装饰较少，门窗装饰也较少，块石砌筑的墙体表面不做抹灰处理，墙面纹理清晰、粗犷朴实；木板条坡屋顶与周围茂密的森林植被和谐统一。建筑内部的梁柱一般保留木质原色，不做雕刻或彩绘装饰。

门巴族民居建筑的建造过程中至今保留着崇拜"屋脊神——旺秋钦布"的传统习俗。新房修建完后首先要举行安装和祭祀屋脊神"旺秋钦布"仪式，再表演祭祀歌舞"颇章拉堆巴"，意为"贺新房"。

例如，错那县勒布乡玛麻村顿珠旺加宅：玛麻村顿珠旺加宅位于西藏山南地区的错那县勒布乡，建造于新中国成立之初。此民居为方形平面的二层独栋石木组合建构类型，除木板屋顶以及木框架承重结构之外，建筑的墙体等其余围护体系均由石材砌筑形成。其中，墙基较浅，用大小不一的石料砌筑形成；墙体部分则使用块状石料以"干摆"的形式砌筑成条石墙，并在二层屋面高度用木梁、椽子木以及木板分割；在木板屋顶之上，还铺设了小块石料以防止木板移动。该民居装饰较少，建筑立面上，块石砌筑的墙体墙面不做抹灰处理，墙面纹理清晰、粗犷朴实，与木质建构材料搭配得当，从而使得民居建筑与周围自然环境融为一体。

门巴族石墙坡屋顶民居的形成与当地自然资源禀赋，以及社会文化因素都密切相关，历史上，门巴族人群生活在门隅和上珞隅毗邻的东北边缘上，长期与藏族人民生活在一起，故而受藏族建造技艺影响，建筑形制十分相近。此外，由于当地具备较为丰富的石材与木料，使得该类民居成为以石木组合作为主要建构类型。

门巴族传统民居与吉隆地区的夏尔巴人民居以及林芝鲁朗民居相比，建筑形制十分接近，但其层高较低，防御性相对较弱。相同的是居民都生活在林区，建筑材料也都较为丰富。此外，门巴族传统民居的自身特色在于门巴人对生殖器崇拜的意识较明显，这种精神信仰在室内装饰上也有所体现。

第二节　石砌民居的地理空间分布

传统民居建筑石砌技术的运用与地方建筑材料的使用紧密相关、与石材种类的分布紧密相关。在传统农耕社会生产力的环境之中，建筑材料由于地区之间的阻隔而具有地域之内的稳定特性，尤其对于石质材料而言。整体来看，我国传统石砌民居建构类型的主体分布呈地区散点状特点，不同类型的石砌民居建筑的具体分布情况如下所述。

一、石砌民居的幅员分布

由于石质材料在我国相对而言易于获取、开采也较为便利，故而石砌民居建构的分布面较为广阔，在全国大部分地区均有所涉及，尤其是在以石质山地和高原内缺乏林木材料的地区为多。如川藏高原地区、新疆东部地区以及重庆、湖南、福建、浙江等地，此外，在华北太行山区南部以及山东东部、吉林西部等地区也有分布。

二、整体类型的空间分布

整体建构类型是指以页岩、泥裂岩和花岗岩等石材作为墙面与屋顶建构材料的建构类型，主要分布于河北太行山区、贵州以及福建等山地多石地区，具体来说包括如河北南部太行山区、四川北部巴额喀拉山地区、西藏南部冈底斯山脉地区、贵州北部大娄山地区、江西南部武夷山地区以及台湾东部的台湾山地区。

三、部分类型的空间分布

由于部分建构是指在建筑六个围护界面中，部分界面是由石材建造而成的，故而我国石砌民居的部分建构类型的分布面非常广泛，在各地的山区均有案例，其中在西藏地区和浙江南部，以及福建山区等地尤为多现，此外，部分建构类型的石砌民居在渝、湘交界处的大娄山地区以及华北中部地区也有分布案例。

四、负形类型的空间分布

负形建构类型民居主要分布在砂岩、花岗岩地貌地区中，这是与其石材材质的抗剪力差、抗压性强的物理特性有关的，尤其在红砂岩的丹霞地貌地区中有典型案例分布，例如湖北沮河、陕西靖边地区，此外在北京延庆等花岗岩山地地区也有分布，如北京延庆古崖居。

五、组合类型的空间分布

组合类型建构民居是由石材与砖、木、土等其他材质混合建造而成，故而分布也较广，案例较多，如山东东部丘陵地区、浙江西部武夷山地区、青海南部巴颜喀拉山地区以及西藏冈底斯山脉地区，其中，东部地区多以石材与砖材的混合，或者石材与砖材的组合建构为主；而西部地区则多以石材与生土材料的组合建构构成民居建筑。

第二章

传统石砌民居建造
的环境特征

>>

第一节 自然地形环境特征

中国古代留存下来的民居建筑数量众多，类型丰富，究其原因，在于古人因地制宜地对自然条件进行充分利用，并结合各地的生产、生活需要，是当地居民们集体精心选择的结果。如此众多的居住建筑类型，面貌各异，但又有异曲同工之妙。各地的传统民居，从相地择址直至建筑建造的各个细节，从建造模式到居住使用模式，往往反映出很多的相似性，这不仅源于相同或相似的自然生态环境与社会生活基础，同时反映了朴素的建造思想。

传统石砌民居作为我国传统民居建造中的重要组成部分，在自然地形环境方面普遍反映着我国传统的建造理念——因地制宜、就地取材。所谓因地制宜主要是指人们在建房时，最大限度地发挥自然条件的作用以选择建筑物的建造方式，以期更好地实现民居的实用功能。我国大部分地区的民居建筑是以围合的院落式为基础的，为了适应各地不同的气候状况，各地民居的格局和形式都有相应的变化，创造出具有浓郁的地方特色的民居建筑。而所谓就地取材是指由于当时社会交通运输不便，大多数老百姓财力、物力和人力有限，就地取材成了传统民居建筑的一条原则。不少自然材料只需在建造现场，临时做少量简单加工即可作为建筑材料；若一个地区的石料开采方便，石料就是该地最重要的建筑用材，如福建泉州、惠安一带盛产石材，当地民居中不仅梁柱用石材，连楼梯、门、窗框也用石材（图 2-1-1～图 2-1-6）；土质有一定粘性，就可用于打土坯或烧制砖瓦；土质带有粉沙性，则可夯土筑墙；某地盛产竹木，竹木就成了最主要的建材，如中国西南和东北地区民居。此外，有的地区甚至变废为宝，如福建沿海一带民居建筑多用蚌壳、蚝壳烧制壳灰代替石灰，并可防止海风的酸性侵蚀（图 2-1-7、图 2-1-8）。

基于此，从自然地形环境特征来讲，传统石砌民居普遍处于石山地形等自然石材较为丰富的地区，从而可以为民居的建造提供充足的石材资源（图 2-1-9～图 2-1-12），例如延庆古崖居所处的花岗岩石质山体地形环境以及红砂岩自然环境（图 2-1-13），

图 2-1-1 福建惠安石梁柱 1

图 2-1-2 福建惠安石梁柱 2

图 2-1-3　福建惠安石窗框

图 2-1-4　福建惠安石窗

图 2-1-5　福建惠安石门框

图 2-1-6　福建惠安石质构件

以及河北英谈村所处的太行山石质山地环境（图
2-1-14～图 2-1-16）。

　　而除石材之外，自然环境中木、砖以及土等材
质的丰富与否则会影响石砌民居建造的材料混合
程度。例如，景宁大漈乡由于除石材外还具备较

为丰富的土质材料（图 2-1-17、图 2-1-18），故
而以石、土混合建构为主。西藏然乌湖周边村落
由于当地自然地形环境中有着丰富的石材与木材
（图 2-1-19），则将民居进行石、木组合建造成为组
合建构类型。

图 2-1-7　福建沿海自然环境

图 2-1-8　福建沿海墙面做法

图 2-1-9　碣石村自然环境

图 2-1-10　郭亮村自然环境

图 2-1-11　爨底下村自然环境

图 2-1-12　水峪村自然环境

图 2-1-13　红砂岩自然环境

图 2-1-14　大梁江村自然环境

图 2-1-15　英谈村自然环境

图 2-1-16　大坪村自然环境

图 2-1-17　景宁地区自然环境 1

图 2-1-18　景宁地区自然环境 2

图 2-1-19 然乌湖自然环境

第二节 技术经济环境特征

我国传统民居建筑的建造技术与做法并没有像官式建筑那般有一套程序化的规章制度和标准做法要求，因而它可以根据当地的自然条件、居民自身的经济水平和建筑材料的不同特点，因地因材地来建造民居。它可以自由发挥劳动人民的最大智慧，按照自己的需要和建筑的内在规律来进行建造。因此，在民居中可以充分反映出：功能是实际的、合理的；设计是灵活的；材料构造是经济的；外观形式是朴实的等建筑中最具有本质的特征。特别是广大的民居建造者和使用者是同一的，自己设计、自己建造、自己使用，因而使得我国传统民居的实践更富有生活性、经济性

和现实性，也最能反映本民族的特征和本地的地方特色。

对于传统石砌民居建筑而言，在技术经济环境特征方面，由于石材属于从自然环境中较易直接获取的材料，因此石砌民居普遍处于技术经济相对落后、相对局限的地区环境中，如西藏、四川等西部地区，由于传统时期相对缺乏丰富的建造技术与经济基础，故而普遍采用石砌民居。而在技术经济环境相对优越的环境中，石质材料则作为建造材料中的组成部分之一，以打制石材或石质原料的形式与砖材、木材等混合建构，如在江浙等较为发达的地区中的石屋民居等，形式多样、建造技术也因材料多样而多样化。

第三章

传统石砌民居房屋
建构各部位石活

⊙　我国传统石砌民居中，石材常常是运用
于建筑的不同部位，构成不同部位的石活。
按照运用构造部位的不同，房屋建构石活可
以分为台基石活、地面石活、梁柱石活、墙
身石活以及屋面石活几个部分。

第一节 台基石活

民居建筑下部的台基部分为石材建造。台基的本义包括地下部分与露明部分，其中地下部分统称为"埋深"，露明部分若为普通台基做法的，通称为"台明"。这里所说的台基石活实际上是指土衬石以上（包括土衬石）的石活，并且属于普通台基做法一类的。

普通台基上的石活由下列石构件组成：土衬石（土衬）、陡板石（陡板）、埋头角柱（埋头）、阶条石（阶条）和柱顶石（柱顶）（图3-1-1~图3-1-4）。

一、土衬石

对于土衬石，该构件通常是在台基陡板石之下，是台明与埋深的分界标志。在石活建构时，土衬石在标高尺寸方面通常比室外地面高出1~2营造尺（约3.2~6.4cm），比陡板石宽出约2寸（约6.4cm），宽出的部分称为"金边"。对于土衬石长度的计算，通常是按通面阔加出山、金边各二份，两山长度按进深加下檐出金边各二份，再除去本身宽二份，宽度则按陡板厚一份加金边二份。

二、陡板石

对于陡板石，其外皮与阶条石外皮垂直，下端装在土衬石槽内，上端做榫装入阶条石下面的榫窝内，其两端与埋头（埋头角柱）连接。在该石活建构方面，陡板石长度按面阔进深，再除去角柱宽，踏跺面阔加象眼石里口合角，除净即是其长度。高按

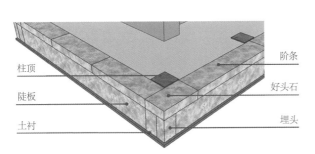

图3-1-1 普通台基石活示意图

图3-1-2 台基石活1

图3-1-3 台基石活2

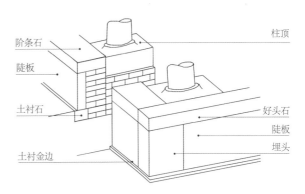

图3-1-4 台基石活构成示意图

台基露明高，除去阶条石高一份，加落土衬槽，按本身厚 1/10 为高度，厚 1/3 本身高或同阶条石厚即可。

三、埋头石

埋头石（也称为埋头角柱）为台基转角部分立置的石构件，位于阶条石之下，由于转角位置不同，有位于阳角转角处的出角埋头以及位于阴角转角处的入角埋头两种不同类型。转角处用一块埋头的称为单埋头，用两块埋头的称为厢埋头。埋头宽与厚相同的称为混沌埋头，亦称如意埋头，埋头厚度为 1/2～1/3 本身宽的埋头则称为琵琶埋头。

四、阶条石

阶条石普遍是指台基中最上一层的石活构件。前檐阶条石的块数应比房间数多两块，如"三间五安"就是三间的房屋放五块阶条石，再有"五间七安"、"七间九安"等，后檐阶条石可同前檐做法。两山部位的阶条石，可根据石料的具体尺寸进行布置，石块数量方面并不限制要求。阶条石中，位于前后檐两端位置的称为好头（亦称横头），位于前后檐正中间位置的称为坐中落心（亦称长活），位于长活与好头之间的称为落心，位于山墙两侧的阶条石称为两山条石。在传统聚落中重要公共建筑中，好头与两山条石合为一起的阶条石类型称为联办好头。在重檐建筑平座上的阶条，或楼房中二层以上的阶条石称为擎檐阶条石。月台与主体建筑台基相挨部分的阶条石，因在屋檐之下，通常称为滴水石。

五、柱顶石

柱顶石一般是指位于柱子下面，埋于台基内部，

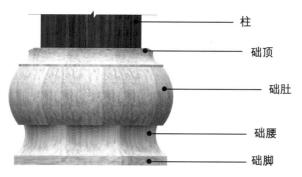

图 3-1-5　柱顶石构成图

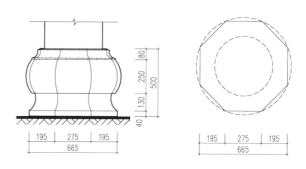

图 3-1-6　柱顶石示意图

用以承重的石构件（图 3-1-5、图 3-1-6），其内部的组成如下：

（一）鼓镜

柱顶石上高出的部分称为鼓镜。安装时鼓镜高于台基，圆柱下的柱顶石为圆鼓镜，方柱（梅花柱子）下的柱顶石为方鼓镜。

（二）平柱顶

不做鼓镜处理的柱顶称为平柱顶，平柱顶仅用于做法较为简陋的小式建筑以及普通的地方建筑中。

（三）管脚

通常在柱顶中间会凿出榫窝，以安装柱子下的管脚榫，这个榫窝构件就是管脚，它可以通过柱子提高建筑的稳定性。通常稳定性差的建筑如游廊，柱顶做管脚；而稳定性较好的建筑，柱顶可考虑不做管脚。

（四）插扦

插扦与管脚相似，是用以安装柱子下插扦榫的，但不同之处在于插扦比管脚更深，至少为 1/3 柱顶高，此外，插扦也比管脚宽，一般为 1/3 柱径左右。

（五）套顶

中间有一个穿透的孔洞的柱顶称为套顶。套顶下还常有一块石活称为"套顶装板石"或"底垫石"，柱子从套顶中穿过，立在底垫石上。套顶做法可增加柱子的稳定性，故多用于牌楼、垂花门等处。楼房使用通柱，楼上柱顶也可以考虑使用套顶做法。

（六）爬山柱顶

该构件主要用于爬山廊子，爬山柱顶的上面一般会做成倾斜面，并凿做管脚或插扦。

（七）联办柱顶

两个相靠的柱顶用一整块石料制成的手法，称为"联办柱顶"，该种构件多用于连廊柱的下面，可作为装饰的一种，提高建筑的美观性。

第二节　地面石活

古建筑地面石活常用于室外檐廊、台阶、甬路、石桥地面、牌楼地面等。按照材质与做法的不同，地面石活可以分为条石地面、石板地面、毛石地面以及石子（卵石）地面等几种。传统石砌民居的地面石活，所采用的石材多石质坚硬、色泽青白相间。

一、甬路石

甬路石是用于甬路的中线位置的石材，一般用于街道的建造，因此又叫作"街心石"（图 3-2-1～图 3-2-5）。街心石的表面向两侧做泛水，因形似鱼背，故也俗称"鱼脊背"。

二、牙子石

牙子石是指铺于路边的具有一定宽度的带状压线石头，相当于现代道路断面内的侧缘石（也有叫作路牙），主要是用于保证路面的宽度与整齐（图 3-2-6～图 3-2-8）。牙子石的材质普遍有石质和砖质两种，用砖材裁边的牙子石则称为牙子砖。

三、海墁条石地面

海墁条石地面是指以规矩的条石做成的海墁地面。海墁条石的表面多以刷道或砸花锤交活，一般不进行剁斧或磨光处理，否则不利于防滑。在用途方面，海墁条石地面主要用于民居庭院、广场以及街巷的地面使用（图 3-2-9、图 3-2-10）。

图 3-2-1　甬路石与牙子石 1

图 3-2-2　甬路石与牙子石 2

图 3-2-3　甬路石 1

图 3-2-4　甬路石 2

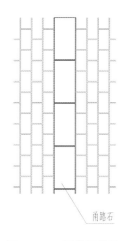
图 3-2-5　甬路石地面
铺装示意图

图 3-2-6　牙子石

图 3-2-7　浙南苍坡古村地面牙子石

图 3-2-8　牙子石地面铺装示意图

图 3-2-9　海墁地面

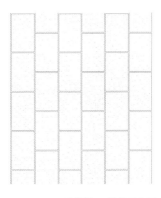
图 3-2-10　海墁地面铺装示意图

四、仿方砖地面

仿方砖地面是指将石料做成与方砖形状、规格相仿的石砖，以这种石砖进行地面铺装的一种地面石活做法。这种做法一般用于重要的公共建筑的室内或檐廊，偶见于露天祭坛等重要的宫殿建筑。在石材材料的选择方面，若用于室内地面，则多采用青白石或花石板；如果是用于露天地面，则多采用青白石，并且表面多进行磨光做法处理（图 3-2-11 ~ 图 3-2-13）。

图 3-2-11 仿方砖地面 1

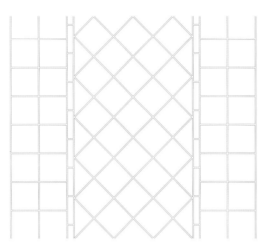
图 3-2-12 仿方砖地面铺装示意图

图 3-2-13 仿方砖地面 2

五、石板地、毛石地和石子地

石板地又称"冰纹地"，是指以各种不规则的小块薄石板铺成的地面，多用于民居庭院或者街巷地面的石活之中（图3-2-14～图3-2-19）。毛石地面是以毛石石料（花岗石块）铺就而成的地面，多用于民间路面或园林地面中（图3-2-20～图3-2-23）。此外，大户人家的庭院、园林的石子地则是以细密的鹅卵石铺成，利用多种石色摆成各式图案，形成丰富的地面石材铺砌肌理（图3-2-24、图3-2-25）。对于石子地面，普遍是指用鹅卵石铺墁形成的地面，主要用于村落街巷、大户人家的园林或者庭院地面石活部分（图3-2-26～图3-2-28），该类地面石活的形式以砖、瓦嵌成各种花纹样式，具体来说，石子铺墁地

图 3-2-14 石板地面 1

图 3-2-15 石板地面 2

图 3-2-16 石板地面 3

图 3-2-17 石板地面 4

图 3-2-18 石板地面 5

图 3-2-19 石板地面 6

图 3-2-20 毛石地面 1

图 3-2-21 毛石地面 2

图 3-2-22 毛石地面 3

  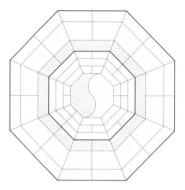

图 3-2-23　浙南苍坡　　　图 3-2-24　浙南苍坡古村毛石地面 2　　　　　图 3-2-25　浙南苍坡古村毛石地面
古村毛石地面 1　　　　　　　　　　　　　　　　　　　　　　　　　　　铺装示意图

图 3-2-26　卵石地面　　　　　图 3-2-27　石子地面 1　　　　　图 3-2-28　石子地面 2

面有几种做法：第一种是球门式路面，即用完整统一的瓦，先立砌成球纹，然后再在其中嵌入鹅卵石；第二种，是波纹式路面，也就是用残砖废瓦按其弧度薄厚砌成；第三种是六方式路面，是先用砖或者瓦立砌成六方形、八方形以及六方、八方的变体图案，然后在其中嵌入大小不同的乱石形成路面效果。

对于地面石活的铺墁操作流程，在铺墁地面之前，先按照设计标高，将底层进行找平，并做好垫层，然后按标高进行拴线，找好排水方向。对于小块石料（以一人能抬起为限）的铺墁可采用"坐浆"做法，即先铺好灰浆再放石料，然后用夯或蹾锤等方式将石料蹾平、蹾实。对于较大石料的铺墁，应先用石碴将石料垫平、垫稳。当铺好一片地面以后，在适当的地方用灰堆围成一个"浆口"，在此处开始灌浆。灌浆所用的材料多为生石灰浆或桃花浆等，到了近代也有用水泥砂浆填塞的，质量也相对较好。地面铺好后可用干灰将石缝灌严，然后将地面打扫干净，完成地面石活的建造过程。

第三节　梁柱石活

一、石梁

石梁是石结构建筑中的重要承重构件。对于整块的石材简支梁，是用整块都为矩形形态的方整石建造而成（图3-3-1～图3-3-5）。石梁的跨度一般为2～4m，断面尺寸根据设计确定，一般宽度为180～240mm，高度为240～480mm。

石梁表面一般要进行加工，而加工形式通常是根据实际建造的需要而定。但梁与墙、柱的接触和搁置部分，最少应该进行粗打加工。当梁的跨度较大时，常采用梁托处理，即在墙上或柱顶处安装一块挑出的梁托，俗称"牛腿"，用以支承石梁。梁托的宽度应与墙、柱、梁的宽度相同，高度一般与石梁的高度相同，挑出长度一般为高度的2～2.5倍。梁托在中跨的柱顶时称为"双挑"，即向两边各挑出相等的长度。采用梁托构件对于减少石梁的跨距、增强

图3-3-1　石梁与石柱

图3-3-2　石梁1

图3-3-3　石梁2

图3-3-4　石梁3

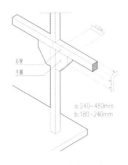

图3-3-5　牛腿示意图

石梁的荷载均有着相当明显的效果，同时，在建筑的外观上也增加了石梁稳固的感觉。梁托的加工与石梁要求普遍相一致，但在挑出的端部一般都加工成斜面或抛物线。

二、石柱

由石材建构而成的独立石柱是石结构传统民居中的竖向承重结构，按照石材的规格和砌筑形式，可以分为整石柱和组砌柱两种。

整石柱是指由一整块石材直接建造形成的石柱构件，整石柱的断面形式有不同样式，多为方形、矩形或圆形，对于一般性的民居房屋建筑，多采用方形或者矩形形式，造型要求较高的多采用圆形（图3-3-6～

图3-3-8）。整石柱的表面以及边棱角，依据建造的具体要求多做各种粗细加工或者线条加工。建造标准规格较高的，还通常配有柱磉、柱座、柱帽等组合构件。但是无论采用哪一种加工方式，各个构配件之间的接靠面必须是平整的，必须是同中轴线成垂直，而且要把轴线中心点用十字线表示出来。

组砌柱是指不同体块的石材通过相互的搭接组砌形成整体，普遍是由多块石材砌块组砌而成。作为承重石柱的构件，与整石柱不同，组砌柱的断面多为方形、矩形、T形以及十字形（图3-3-9～图3-3-12）。

一般性房屋建筑的组砌柱，所用石材的规格、组砌方法等，与建筑墙体所用石材基本一致。对于外观

图3-3-6　石柱1

图3-3-7　石柱2

图 3-3-8　石柱 3

图 3-3-9　石柱 4

图 3-3-10　石柱 5

图 3-3-11　组砌石柱

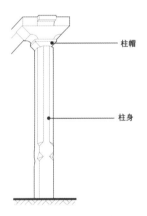

图 3-3-12　石柱组成图

要求较高的民居建筑，在组砌石柱的表面，要做各种形式的加工，例如加上柱座，或者柱帽等配件（图3-3-13、图3-3-14）。

三、石材梁、柱的砌筑

石材梁、柱是石结构建筑的重要承重构件，它们的砌筑建造，要随着整栋民居的建造顺序一并进行（图 3-3-15）。

对于石梁，其砌筑必须采用坐浆法进行，并且要保证砂浆比较饱满，叠靠面不得使用垫片。梁的轴线以及标高等要正确。连续架设简支石梁时，纵横轴线的位置须准确，梁端的接砌缝用砂浆嵌紧。

组砌独立柱和整石柱，在具体的砌筑安装之前，在地面及竖向进行弹线放样，作为砌筑安装过程中的基准，组砌柱按施工规定的组砌方式进行砌筑，但每个砌缝都要坐浆饱满、密实，不得使用垫片。整石柱在进行安装时，柱的下端和柱磉面上各抹一层水泥砂浆，厚度在10mm左右，扶正石柱、校对轴线，若垂直向略有偏斜，必须使用垫片时，可用铜片或铝片沿缝隙边缘内垫塞，同时也不可把垫片垫在隙缝边沿，以免边沿部分发生崩裂。配有柱磉、柱座、柱帽上的十字交叉轴线要相互确定对准，按顺序进行组砌，保证整根柱子的中线垂直。福建永泰长坑村民居建筑中有典型的石柱建造，上下层石柱之间通过石质构件连接，民居耐久性较强（图3-3-16、图3-3-17）。

石材梁、柱砌筑安装完成后，在其上部部分建造尚未进行，或者尚未达到稳定之前，要及时加以支撑固定，待上部建造过程全部完成之后才能拆除。此外，在砌筑安装后，对其加以保护，严禁碰撞，经过细加工的石梁、柱的表面和线脚，更要妥善保护，避免弄污以损坏表面。

此外，由于石梁是建筑承重体系中重要的受弯

图 3-3-13　石帽 1

图 3-3-15　石梁柱

图 3-3-14　柱帽 2

图 3-3-16　长坑村石柱

图 3-3-17　长坑村石柱连接构造

构件，因此石梁的选材工作十分重要，在选材时，要按照石梁构件的各种特征与要求，认真进行材料选择。

第四节　墙身石活

石砌墙体砌筑多就地取材，按照立面的不同形态特征可以分为多种样式，例如虎皮石墙（图3-4-1）、卵石墙、方整石或条石墙（图3-4-2~图3-4-4）、贴砌石板（图3-4-5、图3-4-6）、石陡板以及石萧墙

图3-4-3　方整石墙2

图3-4-1　虎皮石墙

图3-4-4　条石墙墙面

图3-4-2　方整石墙1

图3-4-5　贴砌石板墙面1

（图3-4-7）等，根据当地的民风民俗，在石砌墙面上由石料拼接成花纹样式，丰富墙面造型（图3-4-8～图3-4-10）。而墙身的不同部位则又有不同石活，包括角石与角柱、压面石、腰线石、挑檐石、签尖石、栓眼石以及石砌体等（图3-4-11），具体如下文所述。

一、角石与角柱

角石与角柱均用于墙体的转角部分（图3-4-12～图3-4-14），不同之处在于，角石与压阑石相平，

但是比压阑石稍厚，上面可以雕刻半混狮子，或者仅作素平，两侧雕减地平或者压地隐起花纹，或者雕剔地起突龙凤间云纹。而角柱则在角石之下，其长度根

图3-4-8　石砌莲花造型

图3-4-6　贴砌石板墙面2

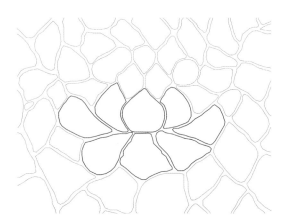

图3-4-9　石砌莲花造型示意图

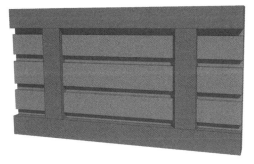

图3-4-7　石萧墙

图3-4-10　石砌造型

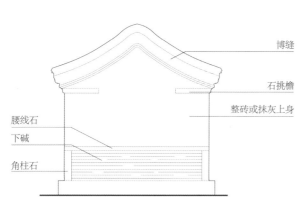

图 3-4-11　墙面石活构成示意图

图 3-4-12　角石角柱 1

图 3-4-13　角石角柱 2

图 3-4-14　角石角柱 3

据阶基的高度而定，阶基高减去石厚即角柱的长度。角柱有加固阶基转角的重要作用，并且可以划分为两种基本类型：一种用于普通民居的阶基；另一种则用于殿阶基的叠涩座，其特点是角石、角柱联为一体。角柱是对于墀头或墙体拐角处的竖向放置的石活的统称。由于位置或形状的不同，角柱又有着各不相同的叫法，也具备着不同的使用功能。具体不同位置的角柱如下文所述：

（一）硬山用墀头角柱

硬山用墀头角柱指用于硬山建筑的山墙墀头角柱。

（二）圭背角柱

圭背角柱，也有叫作"龟背角柱"的叫法，该类角柱的特点是转角处随墙的转角特点做成"八字"形式。

（三）混沌角柱

混沌角柱是指构件尺寸上，宽与厚相等的角柱，多用于墙面的转角部位。

（四）厢角柱

厢角柱主要用于转角处，由两块角柱组成。

（五）宇墙角柱

该类角柱主要用于女儿墙、护身墙、宇墙等矮小墙体的端头或转角。当宇墙角柱与墙帽（一般为兀脊顶）用一整块石料"联做"时，又叫作"宇墙角柱带拔檐扣脊瓦"。

二、压面石

压面石也叫压砖板，简称"压面"，是压在角柱上的石活。在叫法上，压面石与角柱的样式有着密切关系，例如，若角柱为圭背角柱，那么压面石也为"圭背压面"。

三、腰线石

角柱石上横压平卧的石材称为压砖板，前后檐压砖板之间的石材则称为腰线石，腰线石通常是由多块条石组成（图3-4-15、图3-4-16），位于两端压面

图 3-4-15　腰线石 1

图 3-4-16　腰线石 2

石之间，是墙体上与压砖板接续平砌的厚度相同的条形石构件，腰线石以下的墙体称作下肩或下碱，一般情况下，有压面石就应有腰线石，但在少数情况下，也可以有只有压面石而无腰线石的做法。

四、挑檐石

挑檐石是指墀头上部与檐枋下皮处安放的石材，用于硬山建筑的山墙墀头稍子部位（图3-4-17~图3-4-21），在建造上，挑檐石的外表面一般会采用打细道的做法，道的密度为"一寸七"。

五、签尖石

签尖石是指位于墙体上身签尖部位的石材，普遍用于大式建筑或者等级较高的民居建筑中。

六、栓眼石、栓架石

栓架石与栓眼石都是用于民居建筑中的是指构件，栓眼石用于插管门栓之用，栓架石放在门道的地上，当门栓不用时就将其架在栓架石上（图3-4-22~图3-4-24）。

图 3-4-17　挑檐石 1

图 3-4-18　挑檐石 2

图 3-4-19　挑檐石 3

图 3-4-20　挑檐石 4

图 3-4-21　挑檐石局部示意图

图 3-4-22　栓眼石 1

图 3-4-23　栓眼石 2

图 3-4-24　栓眼石 3

七、石砌体

石砌体是指用石材和砂浆或用石材和混凝土砌筑成的整体材料，是对于以石料为主砌成的墙体的统称，包括有虎皮石墙、方正石、条石墙、贴砌石板、石陡板以及卵石墙等几种（图3-4-25～图3-4-28）。

对于虎皮石墙，它是中国古建的一种围墙形式，用形状不规则的毛石砌筑而成，毛石之间用灰进行勾缝处理。灰缝与石块轮廓相吻合，因其形状犹如虎皮上的斑纹，故而称为"虎皮石墙"。该类石墙多见于河道泊岸、拦土墙、地方建筑以及部分的官式建筑中（但多用于下碱或台基），特色鲜明，肌理美观。

对于方正石或条石墙，该类石墙通常是利用方石或者条形石进行码砌形式砌筑而成，缝隙处进行勾缝或者抹灰处理。此类石墙做法较为简便、快捷，并且立面效果较为整齐，因而被石砌民居的建造所较多地使用。

卵石墙是指用呈鹅卵般椭球形态的石料进行码砌所砌筑而成的墙体类型，由于石料活泼的形态特点以及相互搭接砌筑的灵活组合，使得墙面效果颇具特

图 3-4-25　石砌体墙面 1

图 3-4-26　石砌体墙面 2

图 3-4-27　大梁江村石砌体墙面 1

图 3-4-28　大梁江村石砌体墙面 2

图 3-4-29　卵石墙基 1

色，明显区别于以方整的块石砌筑的墙体，该类墙面多出现与鹅卵石较为充足的地区，或者大户人家内的建筑墙基部位的建造（图 3-4-29、图 3-4-30）。在福建永泰嵩口镇民居建造中，选取当地特色材料鹅卵石，将其进行切面处理，码砌成墙基、台基等部位，易于施工，又各具特色（图 3-4-31~图 3-4-34）。

对于不同种类墙身石活的尺寸统计归纳，可概括如表 3-4-1 所示：

图 3-4-30　卵石墙基 2

图 3-4-31　卵石砌筑 1

图 3-4-32　卵石砌筑 2

图 3-4-33　卵石砌筑细部

图 3-4-34　卵石墙基 3

各种墙身石活尺寸表　　　　　　　　　　　　　　　　　　　　　　　　　　　　　　　　表 3-4-1

项目		长	宽	高	厚
角柱石	硬山墀头角柱		同墀头下碱宽	下碱高减去压面石厚	同阶条石厚
	悬山墀头角柱		同墀头下碱宽		不小于墙体外皮至柱子外皮的尺寸
	转角混沌角柱		同墀头下碱宽，见方无墀头者，不小于1.5 倍柱径		同本身宽
	转交厢角柱		单面宽：不小于1.5 倍柱径；合缝面宽：单面宽加本身厚		同阶条石厚
	上身角柱		同下碱角柱	同上身高度	同下碱角柱

续表

项目	长	宽	高	厚
压面石（压砖板）	墀头外皮或者墙外皮至金檩中	同角柱宽		同阶条厚
腰线石	通长：在两端压面石之间，每块长：无定	1.5 倍本身厚，或者按 1、2 压面石宽		同阶条厚
挑檐石	金檩中至墀头外皮，加梢子头层檐，再加本身出挑尺寸。本身出挑尺寸：1.2～1.5 倍本身厚	同墀头上身宽		约 4/10 本身宽，或者按比阶条稍厚算，大式一般可按 6 寸算，小式一般可按 5 寸算
签尖石	通长：强外皮至强外皮，每块长：无定	柱中至墙外皮，或者柱外皮至墙外皮		同外包金尺寸
栓眼		不小于 2.5 倍门栓直径，见方		不小于 4 寸
栓架		3 倍门栓直径	3.5 倍门栓直径	1.5 倍门栓直径

第五节　屋面石活

中国传统石砌民居中，屋面也是一个极为重要的围护界面，对于该界面的石活工作也是石砌民居石活的重要组成部分，其中，比较主要的有石板房屋面石活、平屋顶屋面石活等类型。

对于石板房屋面石活，主要分布在北京、河北等盛产片麻岩地区（图 3-5-1、图 3-5-2），以布依族石板房民居为例：大部分的建筑屋面都是悬山顶形式，屋面均为双坡排水。有些布依族的村寨习惯用裁切得比较工整的鳞状屋面板进行屋面石活的建造，在规格上，每块石片的厚度为 2～5cm，高低叠压，错落有致，宛若鱼鳞。也有的形状各不相同的天然板材，将这些不同形状的乱石铺得像瓦片一样，而又不至于叠得太厚，这也正是布依族人民的智慧所在。石片在屋面形成自然的弧线，利于排水，而不用像瓦片屋顶那样留出排水沟。屋脊也不用传统的脊瓦材料，而是将屋面一侧的石片

图 3-5-1　北京水峪村石板房屋面

伸出，压住另一侧石片，然后再在屋脊上像瓦一样砌上整齐的石片，从而形成一道屋脊。在材料的选择方面，屋顶的每个坡面的边缘都用较大的石板，中间部分用稍小一些的石板。这样的布置措施既利于形成屋面曲线，又牢固结实，不易被风掀掉。有些屋面会把某块石片换成玻璃，以有利于采光。不过屋顶上的石

图 3-5-2　河北地区石板房屋面

图 3-5-3　屋面石活 1

片大约在每十年左右要翻修一次，以将风化的石片换掉。由于该类民居屋顶的薄石片，灵巧布置形成的任意鳞纹，自然天成，给人以强烈的美感（图 3-5-3）。

对于平屋顶的民居，屋面石活主要是四周边界的石料堆砌，上铺石板，做成类似兀脊石或者现代建筑屋面女儿墙的构件，以保证屋面上人时的安全（图 3-5-4～图 3-5-9）。在福建地区，除进行屋面的石料压顶之外（图 3-5-6），当地建造者普遍还进行屋面围栏的石雕处理，通过平雕、浮雕以及透雕等不同雕刻手法丰富着屋面石活的内容，并且形成了当地民居的特色之一（图 3-5-10～图 3-5-12）。

图 3-5-4　屋面石活 2

图 3-5-5　屋面石活 3

图 3-5-6　屋面石活 4

图 3-5-8　屋面石活 6

图 3-5-7　屋面石活 5

图 3-5-9　屋面石活 7

图 3-5-10　屋面石活 8

图 3-5-11　屋面石活 9

图 3-5-12　屋面石活 10

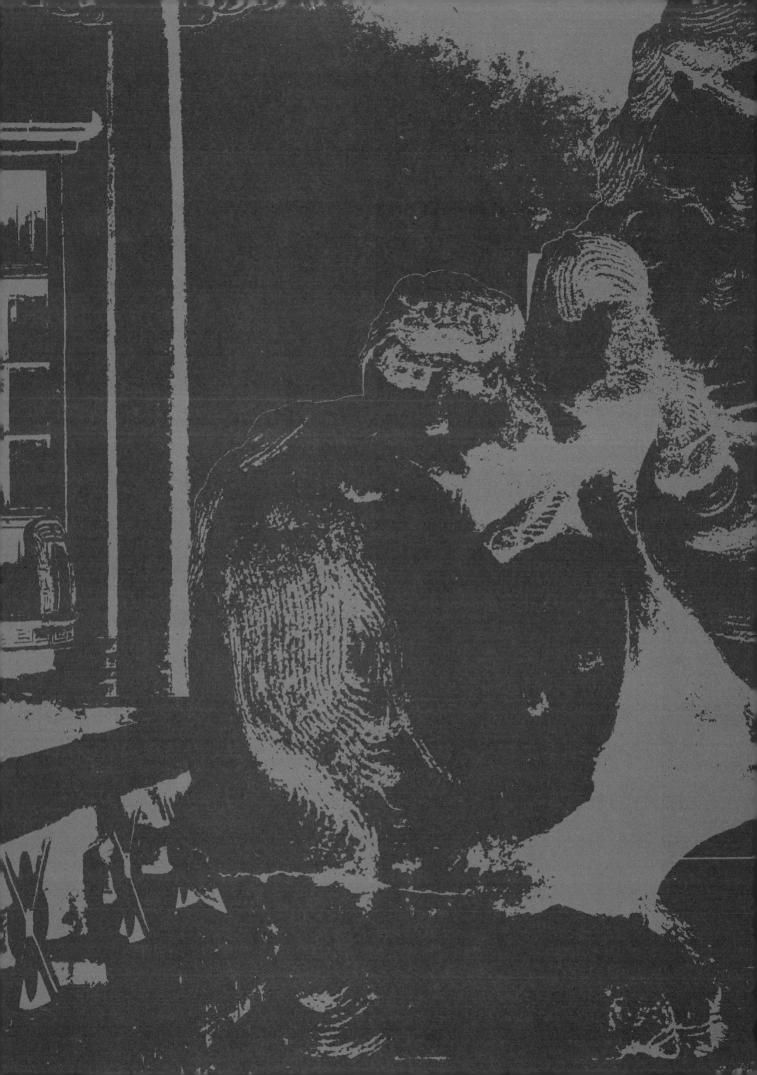

第四章

传统石砌民居房屋
建构的附件石活

传统石砌民居中，除在台基、地面、梁柱承重构件体系以及屋面等结构主要结构部位进行了石活处理之外，还有许多附件石活作为补充，如门石槛石、台阶踏跺以及栏板柱础等部位的石活构造。

第一节　门石槛石

门石、槛石类的石活是指民居建筑台基之上的一些散件石活，具体包括如槛垫石、过门石、分心石、拜石、门枕石、门鼓石以及滚墩石等（图4-1-1）。

图4-1-1　门石、槛石

一、槛垫石

槛垫石位于相邻的两个金柱顶之间，主要用于承托门槛，故而槛墙下面可以不用。但讲究的民居建造也可以放置。槛垫石在古建筑中经常使用，特别是稍讲究的建筑几乎都要使用。在具体类型方面，槛垫石可以细分为通槛垫、掏当槛垫、带下槛槛垫以及廊门通槛垫四种类型。

（一）通槛垫

又有叫作合间通槛垫的，即为用一整块通长的石材作为槛垫石。传统石砌民居中的槛垫石大多都是通槛垫类型。

（二）掏当槛垫

当门槛下使用过门石进行内外空间的划分时，槛垫石则被过门石割断为两部分，由此形成的槛垫类型就是掏当槛垫。

（三）带下槛槛垫

所谓的带下槛槛垫是指将门槛和槛垫"联办"而成的形式，多用于民居山门等部位。带下槛槛垫还常与门枕石一并进行"联办"处理，形成的槛垫石也叫作"带下槛门枕槛垫"。在建造时，为了制作加工的便利，常常将带下槛槛垫分成三段，即"脱落槛"处理，形成的两端带下槛和门枕的槛垫，叫作"脱落槛两头带下槛门枕槛垫"，而中间部分的槛垫叫作"脱落中槛带下槛槛垫"。

（四）廊门通槛垫

又常俗称为"卡子石"，即为了居民行走上的方便，常在廊墙位置做一个洞，叫作"廊门桶子"或"闷头廊子"。廊门洞处的槛垫石就叫作廊门通槛垫。

二、过门石

过门是将一座院落分成前后两院的出入口的建筑

构件，属于独立式建筑，其形式也比较多，有牌坊式、屏门式以及随墙式等不同形式，多数过门采用两柱单间的垂花门，前后对称出两坡，形成悬山顶屋面。过门石是在过门或者建筑入口处，用于分隔前后不同空间，解决室内外高差、解决两种材料交接过渡、阻挡水、起美观等作用的条石板状的门槛石，过门石可以只在明间设置，也可同时在次间设置，因此有"明间过门石"与"次间过门石"之分，而通常在梢间一般不再设置过门石（图4-1-2、图4-1-3）。

三、门枕石

门枕石又俗称为门礅、门座、门台、镇门石等，是用于中国传统民居，特别是四合院民居的大门底部，起到支撑门框、门轴作用的一种石质构件。因其雕成枕头形或箱子形，所以得名门枕石，除了这两种雕刻图案，门枕石还通常雕刻一些中国传统的吉祥图案，因此是了解中国传统文化的石刻艺术品。

传统民居的门没有现代建筑中的铰链、合页等机械构件，普遍都是靠门枕和连楹（宋代称鸡栖木）构件来固定门扇的，如果没有门枕来抵住门框，开关门扇时，门就会摇晃不定。门枕石不仅能够承受并平衡门扉的重量，还可以稳固门框，故其门内部分属于承托构件，门外部分属于平衡构件。

在形态方面，门枕石一般都是长条形的，一端在门外，一端在门内，中间一道凹槽供安置门的下槛，门内部分上面有一凹穴，其标准的学名叫海窝，供门轴转动之用。一般情况下，门内的部分稍短，门外的部分相对较长。

门枕石从雕刻形式上分，大致可分为三种：第一种雕刻形式是狮子门枕石。第二种雕刻形式是圆形石鼓门枕石，由于此类门枕石通常雕刻成石鼓状，并且这类门枕石常用花叶托抱，因此又称抱鼓石。用抱鼓石作门枕，具有以下优点：一是内敛而不张扬，二是可以显示主人丰富的内涵及家庭的书卷气，三是友善平和。门枕石的雕工一般都比较精美。抱鼓石的门枕石，分为上下两部分，下面部分是须弥座，上面部分是石鼓。须弥座由上下枋、束腰和底下的圭角组成。座上对角铺着一块雕有花饰的方形布垫，讲究的做法还在座上用仰覆莲花瓣雕饰，座面的垫布上有一个鼓托，形如一张厚垫，中央凹下承托上面的圆鼓，两头反卷如小鼓，俗称小鼓。上面的圆鼓形象逼真，中间鼓肚外突，鼓皮钉在圆鼓上的钉头都表现得很清楚。而第三种雕刻形式就是石座门枕石。

在闽南地区的民居建筑的门枕比较小，呈现

图4-1-2　过门石1

图4-1-3　过门石2

"凹"字形，可以起到托住门的转轴的作用，而门枕的凹字下的横杆连接门框两边，形成槛，可以在潮湿多雨的南方防止下雨雨水溅进房内，普遍称为雨枕。在台湾地区，因曾有乞丐坐在上面，所以又有"乞丐椅"的称呼，为了区分门第，便加大门的面积，门外枕石部分也相应地扩大突出，头部越做越高，以致后来用料用工远远超过门枕的实际功能作用，并出现了类似鼓状的抱鼓石形式。

四、门鼓石

门鼓石俗称"门鼓子"，用于宅院的大门内，是一种装饰性的石雕小品（图4-1-4～图4-1-8），其后尾做成门枕形式，因此又有实用价值。门鼓子可分为两大类：一类为圆形，叫"圆鼓子"；另一类是方形的，叫"方鼓子"，又叫"幞头鼓子"。由于圆鼓子做法较难，因此比方鼓子显得讲究一些。门鼓子的两侧、前面和上面均应做雕刻。雕刻的手法以浅浮雕为主。门鼓子两侧的图案可相同也可不相同。如不相同，靠墙的一侧应较为简单。圆鼓子的两侧图案以转角连最为常见，稍讲究者还可以做成其他图案，如麒麟卧松、犀牛望月、蝶入兰山、松竹梅等等。圆鼓子的前面（正面）雕刻，一般为如意，也可做成宝相花、五世同居（五个狮子）等等。圆鼓子的上面一般为兽面形象。方鼓子的两侧和前面多做浮雕图案，上面多做成狮子形象，而狮子又分为"趴狮"、"蹲狮"和"站狮"。站狮即为常见的狮子形象，趴狮则应做较大的简化，耳朵应下耷，故俗称"狮狗子"。

五、滚墩石

滚墩石用于垂花门、小型石影壁或木影壁，故有"垂花门滚墩石"和"影壁滚墩石"之分。滚墩石是一种富于装饰效果的稳定性构件，为了加强对垂花门或影壁的稳定作用，滚墩石上安装柱子的"海眼"必须凿成透眼，以便使柱子从滚墩石的中间穿过。滚墩石下应安装"套顶"和"底垫石"。如能保证稳定，也可只安装底垫石，但必须凿出管脚榫或插扦榫眼。滚墩石上应开做"壶瓶牙仔口"，以安装"壶瓶牙子"（俗称"站牙"）。垂花门和木制影壁的壶瓶牙子多用木料制成。石影壁的壶瓶牙子多用石料做成。

图4-1-4　门鼓石1

图4-1-5　门鼓石2

图 4-1-6　门鼓石示意图 1

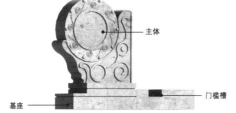

图 4-1-7　门鼓石示意图 2

图 4-1-8　门鼓石立面图

六、门框石环

门框石环是指位于民居门框内侧顶部，于其两端分别设置的石质圆环形构件，其主要作用是通过圆环与门板顶部的连接以稳固门板，并便于门板开启之用，类似于现代建筑中的门轴构件。

第二节　踏跺台阶

踏跺，是汉族传统建筑中的台阶，一般用砖或石条砌造，主要置于建筑台基与室外地面之间，宋称"踏道"。它不仅有台阶的功能，而且还有助于处理从人工建筑到自然环境之间的过渡。传统建筑中的踏跺形式有：垂带踏跺、抄手踏跺、如意踏跺以及御路踏跺等不同种类，根据建筑的大小制式不同而定。

在建造方面，不同形式的踏跺大多都是采用条石砌筑而成的。踏跺指的是条石踏步，又称"级石"。而垂带是在踏跺两侧由台基至地面斜置的条石，有垂带的台阶便称为垂带踏跺，这种台阶须在下面放置一个称为砚窝石的较长的条石，以承托垂带，砚窝石上表面较地面略高或与地面齐平。而有的台阶不做垂带，踏步条石沿左、中、右三个方向布置，行人可沿三个方向上下，这种台阶就称为如意踏跺。整体来讲，踏跺的具体形式如下文所述。

一、踏跺种类

（一）垂带踏跺

垂带踏跺是指两侧做"垂带"处理的踏跺，是最常见的踏跺形式（图 4-2-1～图 4-2-3）。

（二）如意踏跺

如意踏跺是指两侧不带垂带的踏跺，从左、中、右三个方向都可以供游人行走使用，是一种简便的做法，也是最常见的踏跺形式之一（图 4-2-4～图 4-2-6）。

图 4-2-1　垂带踏跺 1

图 4-2-2　垂带踏跺 2

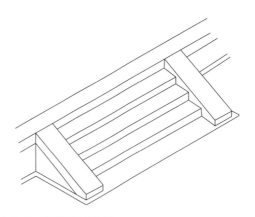

图 4-2-3　垂带踏跺示意图

图 4-2-4　如意踏跺 1

图 4-2-5　如意踏跺 2

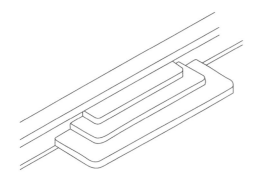

图 4-2-6　如意踏跺示意图

（三）单踏跺

传统民居建筑的建造中，当房屋的开间数量较多时，踏跺常常会对应在三间的位置上，而当特指只做一间踏跺时，称为单踏跺（图 4-2-7～图 4-2-9）。

（四）连三踏跺

连三踏跺是指在房屋的三间门前都做踏跺，且相互连起来进行建构的踏跺类型，连三踏跺是垂带踏跺的一种，也是垂带踏跺中较为讲究的做法。

图 4-2-7　单踏跺 1

图 4-2-8　单踏跺 2

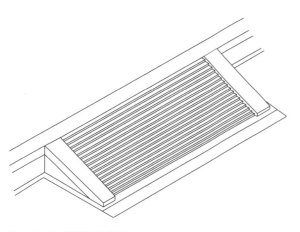

图 4-2-9　单踏跺示意图

（五）正面踏跺与垂花踏跺

这是指三间都做踏跺，但每间各自的踏跺是相互分着做的形式。其中，中间开间的踏跺通常叫"正面踏跺"，而两边开间的踏跺则通常叫作"垂花踏跺"。

（六）抄手踏跺

抄手踏跺是指位于台基或月台两个侧面方向的踏跺。

（七）"莲瓣三"和"莲瓣五"

"莲瓣三"是指有三层台阶（不包括阶条石）的垂带踏跺。"莲瓣五"指有五层台阶的垂带踏跺，因而，"莲瓣三"和"莲瓣五"都可以理解成是在特定环境下的垂带踏跺形式。

（八）云步踏跺

云步踏跺是指用未经加工过的石料（一般应为叠山用的石料）仿照自然山石，码砌堆成的踏跺。云步踏跺由于主要用于大户人家的庭院内部，故通常会兼顾实用与观赏的双重功能。

二、踏跺组成

踏跺作为我国传统石砌民居建筑中的重要构件之一，是由不同内部组成部分组合而成的（图 4-2-10），概括而言，踏跺的主要组成部分有燕窝石、上基石、中基石、如意石、平头土衬、垂带、象眼以及御路石等构件（图 4-2-11、图 4-2-12）。

（一）燕窝石

燕窝石是指垂带踏跺的第一层石材，即第一级台阶向外，至垂带范围之内的石构件，又叫"燕窝头"。由于台阶石活可通称为"基石"（俗称"阶石"），因此燕窝石又称为"下基石"。燕窝石与垂带交接处要按垂带形状凿出一个浅窝，叫"垂带窝"或"燕窝"。在尺寸方面，长为踏跺面阔加二份平头土衬金边宽度，宽同上基石宽度，垂带前金

图 4-2-10 踏跺

图 4-2-11 踏跺象眼

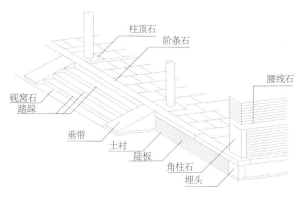

图 4-2-12 踏跺构成示意图

边宽为 1~1.5 倍土衬金边，厚同上基石厚，露明高度同台基土衬石露明高度，内剔槽以便垫托垂带石。

（二）上基石

上基石是指台阶最上面的一层。由于紧靠阶条石，因此也俗称"催阶"。在尺寸方面，长为垂带石之间的距离，宽约为一尺（约 32~35cm）。

（三）中基石

在踏跺中，处于上基石与燕窝石之间的部分都叫中基石，俗称"踏跺心子"（图 4-2-13）。其中，燕窝头、上基石和中基石的大面俗称"站脚"。"站脚"上可做出泛水，做法讲究者，上、中、下基石相交处可做"磕绊"。每层台阶的小面一般不做雕刻，讲究的做法才偶做雕刻，个别极讲究的做法甚至在"站脚"上也雕刻花纹。

（四）如意石

在高等级的民居建筑的台阶燕窝石前，于垂带范围之外，常再放置一块与燕窝石同长的石活，叫作如意。如意石应与室外地面高度相同，平面尺寸方面，宽度为上基石宽的 1.5~2 倍，厚为本身宽4/10。

（五）平头土衬

平头土衬是指台阶部分的土衬石，常放置在台基土衬和台阶燕窝石之间，平头土衬的露明高度及金边宽度通常与台基土衬相同。

（六）垂带

垂带也成为垂带石，位于踏跺两侧，是台阶踏跺两侧随着阶梯坡度倾斜而下的部分，多由一块规整的、表面平滑的长形石板砌成，宋代时也称为"副子"。垂带与阶条石（或上枋）相交的斜面叫"垂带戗头"，垂带下端与燕窝石相交的斜面叫"垂带巴掌"。垂带戗头和垂带巴掌又可统称为"垂带靴头"

图 4-2-13　踏跺中基石

或统称为"垂带马蹄"，在垂带的规格形状方面，通常是通过放大样来决定，即先在地上弹出踏跺的高度、进深及阶条（或上枋），然后按图画出垂带侧面形状，并依此样制作出样板。

（七）象眼

在建筑中，"象眼"简单地说，就是台阶侧面的三角形部分。除了台阶处之外，凡是在建筑上其他类似地位的直角三角形部分，都称为"象眼"。其中，用石料做成的也叫作"象眼石"。在做法方面，象眼与垂带可由一块石料联办而成。

（八）路石

路石放在踏跺的中间，将踏跺分成两部分（图4-2-14、图4-2-15）。传统的踏跺中路石见于驿站建筑，为便于运输车辆出入，现民居中常见的路石是后期为自行车出入而后加建的。寺庙建筑踏跺台阶中的路石、宽大且多雕刻宝相花图案。

图 4-2-14 石质路石

图 4-2-15 后加建路石

三、台阶的尺度及单件尺寸

　　台阶作为传统民居建筑中，联系室内外空间或者室内外高差之间的过渡建筑构件，在其平面尺寸以及单件尺寸上也有普遍的做法规则，如表 4-2-1、表 4-2-2 汇集所述。

台阶面阔与进深总则   表 4-2-1

<table>
<tr><th colspan="3">项目</th><th>面阔</th><th>进深</th></tr>
<tr><td rowspan="5">垂带踏跺</td><td colspan="2">单踏跺</td><td>门楼踏跺；加垂带最宽不超过台基面阔，最窄不小于两扇门宽。而对于园内踏跺则可以等于或者小于单间房屋面阔，以两端垂带中到垂带中的尺寸等于房屋面阔为宜</td><td rowspan="3">方法1：进深：台明高≈（2.5~2.7）：1；
方法2：层数乘以踏跺宽度，就是踏跺进深</td></tr>
<tr><td colspan="2">连三踏跺</td><td>约等于三间房面阔，以两端垂带中到中的尺寸等于三间房的面阔为宜</td></tr>
<tr><td rowspan="2">带垂手的踏跺</td><td>正面踏跺</td><td>门楼踏跺等于两扇门宽度（不包括垂带）；而对于院内踏跺则最宽不超过明间面阔，最小不小于两扇门的宽度（不包括垂带）</td></tr>
<tr><td>垂手踏跺</td><td>3/4 正面踏跺</td><td>可比正面踏跺进深短 1 尺</td></tr>
<tr><td colspan="2">抄手踏跺</td><td>等于或者略小于 3/4 正面踏跺</td><td>宜小于正面踏跺进深</td></tr>
<tr><td colspan="3">如意踏跺</td><td>同垂带踏跺</td><td>同垂带踏跺</td></tr>
</table>

台阶单件尺寸表   表 4-2-2

项目	长	宽	厚	其他
平头土衬	台基土衬外皮至燕窝石里皮	同台基土衬宽，金边同台基土衬金边宽	同台基土衬厚，露明高同台基土衬露明高	
垂带踏跺与御路踏跺的上基石、中基石	垂带之间距离（踏跺减去路石宽）	大式为 1~1.5 尺；小式以 0.85~1.3 尺为宜	小式约 4 寸，大式约 5 寸	1. 如做泛水，高度另加； 2. 如为带垂手的踏跺，正面踏跺厚度可以比垂手踏跺稍薄，以保证正面踏跺的层数比垂手踏跺多一层； 3. 燕窝石上的垂带窝深约 1 寸
燕窝石	踏跺面宽加 2 份平头土衬的金边宽度	同上基石宽度，垂带前金边宽为 1~1.5 倍土衬金边	同上基石厚，露明高同台基土衬露明高	
踏跺前如意石	同燕窝石长	1.5~2 倍上基石宽	3~4/10 本身宽	
垂带	阶条石外皮至燕窝石金边	同阶条石宽，小式可略大于阶条宽，大式中若阶条较宽则可以小于阶条，一般约为 5：7	斜高同阶条石厚	
如意踏跺	最宽处同踏跺面阔，每层退进 2 倍踏跺宽度	1.1~1.3 尺	大式约 5 寸，小式约 4 寸	如有泛水，高度另加
象眼	台明外皮至垂带里皮	高：按照太明的高度减去阶条厚度	按照 1/3 本身宽或者同陡板厚	

四、踏跺层数与每层厚度的确定

在做法的称呼方面，踏跺的每一层为一"跺"，有几层就为几跺。在一般情况下，每一跺的习惯厚度为一"阶"，即大式厚5寸，小式厚4寸。踏跺跺数的确定方法至少有3种，现分述如下：

第一种方法是，在一般情况下，由于踏跺的燕窝石的水平高度是与台基土衬石的高度相同的。因此，可用台明高（台基土衬上皮至阶条石上皮之间的距离）除以阶条石的厚度，得数即为台阶的层数（包括燕窝石）。如果阶条石（或须弥座）较厚，也可用台明高除以"一阶"（大式5寸，小式4寸），得数即为台阶的层数。当不能整除时，应适当调整厚度，但必须小于阶条石的厚度。直至得出的层数是整数为止。

如果在计算台阶层数的时候尚未最后确定台明的高度，也可适当调整台明的高度，以使台阶的层数能排出"好活"。

第二种方法是，在台基中没有土衬石，或台阶没有平头土衬的情况下，可用台明高除以阶条石厚度或"一阶"，得数即为台阶的层数（包括燕窝石）。未除尽的余数即为燕窝石的露明高度。

第三种方法是主要用于如意踏跺形式，如意踏跺层数的确定与第一层的做法有很大关系。当第一层仅部分露出地面时，层数的确定方法为：用台明除以阶条石厚，得数即为台阶的层数（包括第一层），未除尽的余数为第一层露出的高度。如意踏跺第一层的另一种做法是，全部露出地面。在这种情况下，可用台明高度减去阶条石厚，用得数除以阶条石厚（或"一阶"），得数即为台阶的层数。如不能整除时，应调整每层的厚度，直至能够除尽，得出整数为止。

五、台阶踏跺的安装程序

对于台阶踏跺构件的具体安装流程，可以大致概括为以下几个主要步骤：

1. 根据门口中线，定出台阶的具体方位。

2. 根据台阶的高度及层数，在台基上弹出每层的标高。

3. 根据踏跺的"站脚"宽度，在地面上弹出每层台阶的墨线。

4. 如有如意石，则按线安砌如意石，在砌筑时，如意石应该保持与室外地面的标高相同。

5. 如有路石，则在砌筑路石时，路石背后应预先砌好背后砖，在御路石垫稳后，灌足灰浆。

6. 根据分好的位置，在台阶两旁立水平桩，将燕窝石的水平位置标注在水平桩上，并以此为标准拉一道平线。根据平线和地上弹出的墨线标出的位置垫稳燕窝石。

7. 按照台基土衬和燕窝石的高度，垫稳平头土衬。

8. 在燕窝石、平头土衬和台明之间用砖或石料砌实，并灌足灰浆。

9. 稳垫中基石、上基石（或礓磜）。稳垫之前，可从阶条石向燕窝石拉一条斜线，用以代替垂带石的上棱。安装时，高度标准以斜线为准，即台阶外棱应与垂带上棱碰齐。低于垂带上棱称为"淹脚"，高出者称为"亮脚"。少量的淹脚尚可，但不允许"亮脚"。中基石、上基石的"出进"标准应以地面上的墨线分位为准。

10. 每层台阶的背后都要用石或砖背好，并灌足灰浆。普通建筑町灌桃花浆或生石灰浆。

11. 安砌象眼石，象眼石背后要灌足灰浆。

12. 安砌垂带。

13. 打点、修理，完成台阶的安装步骤。

第三节　栏板柱础

栏板柱子又叫"栏板望柱"，即石栏杆，宋代时也称为"勾栏"，栏板柱子既有栏护的实用功能，又有使建筑的形体更为丰富的装饰作用。栏板柱子多用于须弥座式的台基上，但有时也用于普通台基之上。此外，栏板柱子还用于石桥以及某些需要围护或装饰的地方，如花坛、水池四周等。

在构造组成方面，栏板柱子通常由地栿、栏板和望柱（柱子）组成（图 4-3-1）。台阶上的栏板柱子由地栿、栏板、望柱（柱子）和抱鼓组成。台阶上的栏板、柱子等在垂带之上，故称为"垂带上栏板"和"垂带上地栿"，也称作"斜柱子"、"斜栏板"和"斜地栿"，台基上的栏板柱子与垂带上的栏板柱子相对的叫法是"长身柱子"、"长身栏板"和"长身地栿"。

一、柱础

柱础石是古代汉族建筑石构件的一种，俗称磉盘，或柱础。就是柱子下面所安放的基石，是承受屋柱压力的奠基石，在汉族传统砖木结构建筑中用以负荷和防潮，对防止建筑物塌陷有着不可替代的作用。在形态方面，柱础有鼓形、瓜形、花瓶形、宫灯

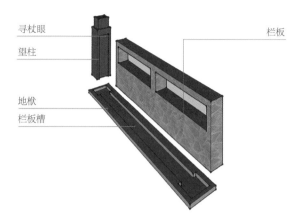

图 4-3-1　栏板柱础构件示意图

形、六锤形、须弥座形等多种式样（图 4-3-2~图 4-3-4）。柱础是承受房屋立柱压力的奠基石，古代汉族工匠为使落地立柱不受潮湿而腐烂，在柱脚上垫一块石墩，使柱脚与地坪隔离，起到相对的防潮作用（图 4-3-5、图 4-3-6）。凡木架结构的房屋，柱柱皆有，缺一不可。同时，又加强柱基的承压力。因此，中国古代对柱础石的使用十分重视。

在装饰方面，到了明清，柱础的形制和雕饰更加丰富，制作工艺已达到极高水平，却多了些繁缛及程式化，少了些气势和精神。形制除上述外还有鼓形、瓶形、兽形、六面锤形等多种。雕饰图案以龙凤云水为母题，或以百狮飞鹤为主体，结合宗教装饰图案的

图 4-3-2　柱础石 1

图 4-3-3　柱础石 2

图 4-3-4　柱础石 3

图 4-3-5　柱础石 4

佛家八宝、民间八宝、道家八宝以及花鸟虫等。另外还有琴棋书画，麒麟送子、狮子滚绣球、孙悟空三借芭蕉扇等数百种之多。雕刻手法上善于把高浮雕、浅浮雕、透雕与圆雕相结合，装饰性与写实性相比衬，使装饰作用与独立欣赏价值相统一，充分体现了当时工匠的高超技艺，同时也展现出了屋主人的情操和愿望（图 4-3-7、图 4-3-8）。

二、地栿

栏杆的栏板或房屋的墙面底部与地面相交处的长板，一般有石造和木造两种。地栿位于地面（台基顶面、上枋、阶条石、垂带等顶面）上，为石栏杆的第一层，实为望柱和栏板的基座。地栿建造在平地面（台基）上时，称"长身地栿"，坐落在斜地面（台阶垂带）上时，称"斜地栿"。其横截面为扁矩形，其立面通常为方角带状长方形，其上面有坐落栏板和望柱的凹槽及榫窝（榫眼）、连接分块（分段）地栿的"扒锔"埋设凹槽；其底面凿出排泄雨水的"过水沟"。其总长度为台明通长减 1~1/2.5 地栿的高度。每块（分段）的长度不定，但应注意每两块的连结处应设在两栏拦柱之中间，实际为 1~2 个栏杆柱之距离，转角处的两块则为非标长度。其宽度为望板宽度的 1.5 倍；其上面落槽宽为望柱与栏板宽度；其高度为本身宽度的 1/2；落槽深度为地栿高度的 1/10。按清工部的规定，地栿的高度为望柱高度的 1/9。

图 4-3-6　柱础石 5

图 4-3-7　柱础石 6

图 4-3-8　柱础石 7

三、望柱

望柱又俗称柱子。柱子可分为柱头和柱身两部分，其中，柱身的形状比较简单，一般只落两层"盘子"，又叫"池子"。而柱头的形式种类较多，常见的官式做法有：莲瓣头、复莲头、石榴头、二十四气头、叠落云子、水纹头、素方头、仙人头、龙凤头、狮子头、马尾头（麻叶头）、八不蹭等。地方风格的柱头更是丰富多变。如各种水果、各种动物、文房四宝、琴棋书画、人物故事等等，选择柱头时还要注意以下两点：

第一，在同一个建筑上，地方民居风格的柱头可采用多种式样。

第二，选择柱头式样时应注意与建筑环境的配合。柱子的底面要凿出榫头，柱子的两个侧面要落栏板槽，槽内要按栏板榫的位置凿出榫窝。在一般情况下，望柱的高度应比台基的高度略低，但台基超过 1.5m 或低于 0.8m 时，可不受此限制。多层须弥座的各层望柱高度一般均应与最上层的望柱高度相同。此外，长身柱子的总块数应为双数，具体数量结合栏板尺寸核算。

四、栏板

栏板的位置是在两个相邻的望柱之间，从其构件的断面形式来看，往往是呈"上窄下宽"的特征。

栏板的式样可分为禅杖栏板和罗汉栏板两大类。其中，禅杖栏板称寻杖栏板，按其雕刻式样又可分为透瓶栏板和束莲栏板。在各种式样的栏板中，以禅杖栏板较为常见。禅杖栏板中又以透瓶栏板最为常见。透瓶栏板由禅杖（寻杖）、净瓶和面枋等构件组成。禅杖上要起鼓线。净瓶一般为三个，但两端的只凿做一半。对于处在垂带上的栏板或某些拐角处的栏板，

净瓶可为两个，每个都凿成半个的形象。净瓶部分一般为净瓶荷叶或净瓶云子，有时也改做其他图案，如牡丹、宝相花等，但外形轮廓不应改变。面枋上一般只"落盘子"，或叫作"合子"。极讲究的，也可雕刻图案。在"合子"中雕刻者叫作"合子心"。

在建造时，栏板的两端和底面均要凿出石榫，以便于安装在柱子和地栿上的榫窝内。

五、栏板柱子的安装

首先，先在上枋（或阶条）部位确定金边尺寸，并弹出墨线，然后按线稳好地栿。在地栿稳好之后，在地栿上分出望柱和栏板的位置。立望柱和栏板时，不但要拉通线，还要用线坠将望柱和栏板吊正，下面要用铁片或铅铁片垫稳，构件缝隙处可用白油灰或石膏勾严。

六、垂带上栏板与柱子石活

对于垂带上栏板柱子的尺寸，应以"长身柱子"、"长身栏板"和"长身地栿"的尺寸为基础，根据块数核算出长度，再根据垂带的坡度，求出准确的规格。垂带上柱子的顶部与"长身柱子"在做法方面基本相同，但底部应随垂带地栿做成斜面。

垂带上，地栿的两端叫作"垂头地栿"，上下两端的做法各不相同，上端叫作"台基上垂头地栿"，下端叫作"踏跺上垂头地栿"。踏跺上垂头地栿应比垂带退进一些，叫"地栿前垂带金边"，其宽度为台基上地栿金边的 1~2 倍。踏跺上垂头地栿之上的抱鼓退进的部分叫"垂头地栿金边"，其宽度为地栿本身宽度的 1~1.5 倍。在建造方面，垂带地栿可与垂带"联办"，甚至可与垂带下的象眼"联办"。抱鼓位于垂带上栏板柱子的下方。抱鼓的大鼓内一般仅作

简单的"云头素绒"，但如果栏板的合子心内作雕刻者，抱鼓上也可雕刻相同题材的图案花饰。抱鼓的尽端形状多为麻叶头和角背头两种式样。抱鼓石的内侧面和底面要凿做石榫，安装在柱子和地栿的榫窝内。

此外，栏板柱子还有以下的安装要求：先在上枋（或阶条）部位确定金边尺寸，并弹出墨线，然后按线稳好地栿，地栿稳好后，在地栿上分出望柱和栏板的位置。立望柱和栏板时，不但要拉通线，还要用线坠将望柱和栏板吊正，下面要用铁片或铅铁片垫稳，构件缝隙处可用白油灰或石膏勾严。

第五章

门窗洞口的石券

石活

>>

第一节　石券的样式及类型

石券这种构造形式多见于砖石结构，如石桥等（图5-1-1、图5-1-2）。此外，一些带有木构架的建筑，也常以设置石券为其惯用形制，如碑亭、钟鼓楼、地宫、聚落城门入口等（图5-1-3～图5-1-9）。

石券的形态大多为半圆券形式，同为半圆形式，又因外形的不同分为锅底券、圆顶券和圈门券三种类型，其中，锅底券的特点是，两侧的弧线做增拱后在中心顶端交于一点，略呈尖顶状，形似旧时的铁锅底（图5-1-10、图5-1-11）；圆顶券的特点是，两侧的弧线虽做增拱但在顶端形成圆滑的弧线（图5-1-12～图5-1-16）；圈门券的特点是，券的底部做出"圈门牙子"的装饰性曲线。

图5-1-1　石桥石拱

图5-1-2　石拱券1

图5-1-3　村门入口1

图5-1-4　村门入口2

图5-1-5　村门入口拱券1

图 5-1-6　村门入口拱券 2

图 5-1-7　村门入口拱券 3

图 5-1-8　石拱券 2

图 5-1-9　石拱券 3

图 5-1-10　锅底券 1

关于石券的部分专业用语如下：

1. 发券：发券是指石券的砌筑安装过程。

2. 合龙：合龙是指安装石券的正中间石料的过程。

3. 样券：样券是指券石制成后的试摆、修理过程。

4. 金门：金门普遍是指券口的代称，此外也可

以泛指整个石券。

5. 圜门窗：圜门窗泛指上端为半圆形的石门窗（图 5-1-17）。

6. 券石和券脸石：石券由众多的券石砌成，其中最外端的一圈券石叫券脸石，也可以简称为券脸。当券体较薄时，券体直接由券脸组成，而较厚的券

图 5-1-11　锅底券 2

图 5-1-12　圆顶券 1

图 5-1-13　圆顶券 2

图 5-1-14　圆顶券 3

体，券脸以内既可以由券石组成，也可以采用砖券的形式。

7. 龙门石：过门石也简称"龙口"，是指券脸正中间的一块石料，也叫"龙门石"。

8. 平水：平水是券体的垂直部分与半圆部分的分界标志，其中，平水以上为石券，平水以下叫平水墙。

9. 撞券：撞券是指券脸两侧的砖或石料，对于龙口以上的撞券，又可以叫作"过河撞券"。

10. 碹石：即旋石，古代多称券石。石券最外端的一圈碹石叫"碹脸石"，券洞内的叫"内碹石"，石券正中的一块碹脸石常称为"龙口石"，也称为"龙门石"。龙口石上若雕凿有兽面者叫"兽面石"。

图 5-1-15　圆顶券 4

图 5-1-16　圆顶券 5

图 5-1-17　圈门窗

第二节　石券的起拱与权衡尺寸

一、石券的起拱方法

石券虽为半圆形式，实际上应向上升拱。升拱的高度一般为跨度的5%~8%。锅底券、圆顶券和圜门券的实样画线方法如图所示（图5-2-1、图5-2-2）。

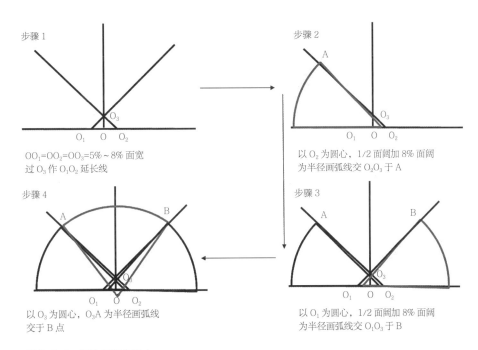

步骤1

$OO_1=OO_2=OO_3=5\%~8\%$ 面宽
过 O_3 作 O_1O_2 延长线

步骤2

以 O_2 为圆心，1/2 面阔加 8% 面阔
为半径画弧线交 O_2O_3 于 A

步骤4

以 O_3 为圆心，O_3A 为半径画弧线
交于 B 点

步骤3

以 O_1 为圆心，1/2 面阔加 8% 面阔
为半径画弧线交 O_1O_3 于 B

图5-2-1　石券起拱方法 1

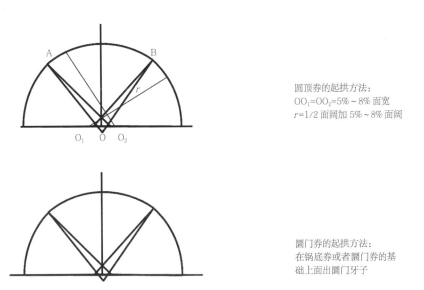

圆顶券的起拱方法：
$OO_1=OO_2=5\%~8\%$ 面宽
$r=1/2$ 面阔加 $5\%~8\%$ 面阔

圜门券的起拱方法：
在锅底券或者圜门券的基
础上面出圜门牙子

图5-2-2　石券起拱方法 2

二、石券权衡尺寸（表5-2-1）

石券尺寸表 表5-2-1

	高	长	厚
平水	0.6~1份面阔（跨度）		
起拱	5%~8%面阔		
券脸石	面阔6尺以内，高1~1.3尺；面阔丈以内，高1.5~1.8尺；面阔10尺以上，面阔每增加1尺，高度增加1寸	1.1倍本身高，结合块数确定具体尺寸，要单数	8/10本身高，墙厚者，随墙厚。外露雕刻所需厚度另计
内券石	小于或等于券脸石高	6/10本身高，结合块数确定具体尺寸，要单数	按宽加倍，再以进深核定尺寸

三、券脸雕刻

券脸雕刻的常见图案有：云龙、蔓草、宝相花、云子和汉纹图案（图5-2-3~图5-2-5）。雕刻手法多为浮雕形式。每块接缝处的图案在雕刻

图5-2-3　券脸雕刻1

图5-2-4　券脸雕刻2

图5-2-5　券脸雕刻3

时适当加宽，留待安装后再最后完成，确保接槎通顺。

第三节　石券的制作加工与安装

一、制作

石券制作前根据石券的有关规制画出实样，并按实样做出样板（一般用胶台板制成）。样板经拼摆检验证实无误后，开始以每块样板为准分别对每一块券石进行加工。龙口石可加工成半成品，两侧的肋可多留出一部分，等发券合拢时确定精确尺寸后再进一步加工完成。券石的露明多用剁斧、扁光或雕刻。侧面的表面虽不需平整，但是通常不会有任何一点高出样板。做雕刻的石券，多先经"样券"，再开始雕凿。每块石料线条接缝处的图案可适当加粗，等安装后再进一步凿打完成。

二、支搭券胎

发券前多先做出券胎，石券的券胎一般有两种：

小型券胎由木工预先做好，放在脚手架或用砖临时堆砌的底座上；较大石券的券胎先搭券胎满堂红脚手架，脚手架的顶面按照券的样板搭出雏形，然后由木工在此基础上进一步钉成券胎。钉好后，在其上拼摆样板进行验核。发现误差后及时调整。券胎制成后按照样板把每块券石的位置点画在券胎上（图5-3-1）。

三、样券、发券

小型石券可不进行样券，每块券石经过与样板校核后即可直接发券。讲究的大型石券往往要经过样券后才能开始发券。样券时将石券逐块平摆在地上，下面用石碴垫平，然后用样板验核，发现误差及时调整，多出样板的部分打掉。每块券石都用铁片垫好，石券之间的缝隙处用铁片背撬，合龙之前用"制杆"测出龙口的实际尺寸。制杆是两根短木杆，每根长度稍小于龙口的长度。使用时将两根制杆并握在手中，两头顶住两端的券石，即可量出龙口的实际长度。这种方法叫作"卡制子"。按照卡出的长度画出龙口石的准确长度，并进一步加工，完成后即可开始合龙。合龙缝要用铁片背撬。合龙的质量与石券的坚固程度有直接关系，所以合拢缝处可适当多背撬，且一定要将撬背紧。合龙后即可开始灌浆。在灌浆

图5-3-1　支搭券胎

之前可先灌一次清水，以冲掉券内的浮土。然后开始灌生白灰浆，讲究的做法可灌江米浆。操作时既要保证灌得饱满密实，又要注意不要弄脏了石券表面。为此，券脸的接缝处多用油灰勾抹，也可用补石"药"勾缝。浆口的周围用灰堆围，以防浆汁流到券脸上（图5-3-2、图5-3-3）。

四、打点、整理

对于券脸或券底接缝的高低差，多用錾子凿平。制作过程中弄脏的地方也要重新进行剁斧处理。较大的缝隙要用补石药填补找平。带雕刻的券脸，要对每块石料的接缝处进行"接搓"处理，使图案纹样的衔接自然、通顺（图5-3-4）。

图5-3-2　发券1

图5-3-3　发券2

图5-3-4　打点、整理

第六章

传统石砌民居建造的
技术体系

⊙　根据建造与加工精细程度的不同，以石
质材料来建造民居建筑的技术体系大体上可
以分为两大类：一类为石作或大石作，即为
建构民居建筑空间而采用的砌筑搭接等相应
的石材加工技术；另一类为石雕或花石作，
即为以石质材料为载体的多种雕刻加工技术
的统称。石作与石雕两大类技术体系，分别
由不同的匠作人群所掌握，并且各自具有不
同的实施特点，其各自技术体系的建立与石
质材料的特性、装饰雕刻的样式有着密切的
关系。

第一节　石料砌筑技术

石料的砌筑是进行石质民居建造中的重要组成部分，具体来说，石料的砌筑技术主要包括石料的组砌与搭接、石料的坐浆砌筑与垫片砌筑，以及墙角与留槎处理等几个部分。

一、石料的组砌与搭接形式

石砌体的组砌形式与搭接方法，除了设计和构造上的要求之外，主要是根据石材的具体种类和砌筑规则来决定的，主要有以下几种形式：

（一）顶顺叠砌

顶顺叠砌形式大多是用条石和块石材料进行砌筑，主要适用于荷载较大的条形基础、独立基础、构造物基础和大型的条石、块石砌体的砌筑。

在具体砌筑形式上，顶顺叠砌也叫"架井式"叠砌，即每上、下两皮石材，以一皮顶砌、另一皮顺砌，两皮互成 90 度角的方式进行叠砌，下一皮是顶石铺砌，上一皮顺石叠砌（图 6-1-1~图 6-1-3）。

另一种顶顺叠砌形式叫作"斜叠砌"，是指每上下两皮条石，以相反的方向同轴线组成 45 度角，即第一皮向一个方向斜砌 45 度，第二皮向另一个（相反）方向斜砌 45 度，上下两皮互成 90 度角的叠砌样式。

顶顺叠砌的具体搭接要求是：下皮砌块长度或者宽度的一半以上部分与上皮的砌块实现搭接，即上一皮砌块压过下一皮砌块长度或者宽度；同皮砌块长度接砌的接砌缝，相互错开；上下皮的垂直缝错开，不能对缝。

（二）顶顺组砌

顶顺组砌是指用条石，或者块石、乱毛石等石材进行的组合砌筑，适用于条形基础以及厚度比较

图 6-1-1　顶顺叠砌 1

图 6-1-2　顶顺叠砌 2

图 6-1-3　顶顺叠砌墙面

大的墙体。

顶顺组砌也叫"双轨"组砌，即每一皮都以顶砌块和顺砌块连续组砌。顶砌块的长度即为砌体或者墙体的厚度，顺砌块的厚度一般为砌体或者墙体厚度的1/3左右，要用两皮以上的顺砌块才能砌筑规定的厚度，长度在1m左右，或是用经过计算好长度的"定长石"、顺砌块长石以外皮里皮都使用条石（也为"双轨"），中间的空斗部分以砂浆和片石进行填充。另有一种方式是顶砌块及外皮顺砌块仍是条石，其余的部分则以块石或者乱毛石砌筑，砌满墙体或者砌体的厚度，中间不留空斗，即一般叫作"背砌"或者叫"衬砌"的组砌形式（图6-1-4、图6-1-5）。

顶顺组砌中，上一皮的顶砌块，砌在下一皮顺砌块长度的1/2或者1/3位置处，即顶砌块砌筑在顺砌块的中部，按照这样的组砌方式，顶砌块就同它上下两皮的里外皮的顺砌块都有搭接，也即作为上下里外四条顺砌块的拉结石，所以这条顶砌块也就是拉结石。这样组砌即每一皮的顺砌块，同它上下两皮的顶砌块长度的1/3左右。

（三）顺叠组砌

顺叠组砌是指应用条石、方整石、块石等石材进行砌筑。适用于条石、方整石或者块石墙体的建造，该种砌筑方式形成的石墙体的厚度与砌块的厚度一致（图6-1-6~图6-1-8）。

叠组砌也叫"单轨"组砌，是石材组砌形式中最为简单的一种。它每一皮都是以顺砌块连续砌筑的，没有顶砌块，所以砌块的厚度也即为墙体的厚度。组砌的方式是用各皮砌块的相互错缝叠砌，使每一砌块的中部都是砌筑在上下皮砌块的垂直缝位置处，也就使每一砌块都能与上下皮四条砌块相互叠砌，因而形成一个整体。所谓的相互叠砌就是指砌体的搭接方式，最好的搭接长度是该砌块长度的一半，其次是

图6-1-4　顶顺组砌1

图6-1-5　顶顺组砌2

图6-1-6　顺叠组砌1

图 6-1-7　顺叠组砌 2

图 6-1-8　顺叠组砌 3

图 6-1-9　交错组砌

1/3，对于块石的搭接则不能少于 1/3，条石、方整石最少的搭接不能短于 20cm。

该种组砌方式较为简便易行，并且形成较为稳定规律的墙面砌筑肌理，因而被广泛地应用于我国的传统石砌民居建筑的建造上。

（四）交错组砌

交错组砌是用石材，主要是指乱毛石以及河卵石，也有部分块石或者条石等进行混合砌筑而形成的墙体砌筑形式，该类砌筑搭接方式主要适用于厚度较大的基础、墙体，和其他的砌体，如挡土墙护坡等构筑物的砌筑建造中（图 6-1-9）。

交错组砌用的石材块体在形态上大多都是不规则

的，所以它的砌缝肌理也是不规则的。对于外观要求整齐的墙面，其外皮石材，有的加以适当的加工，有的则使用块石或者短条石，组砌成各种形式，有不分皮而组成简单图案的砌筑方式，叫作"梅花砌"、"插花砌"或者"人字砌"，这种砌法的里皮和中部则仍使用不规则的石材。

因用于交错组砌的石材多是不规则的，为保证砌筑的稳定性，该类组砌搭接方式有它相应的组砌基本要求：即每一砌块，要与左右、上下的相邻砌块有叠靠的部分，与前后的相邻砌块也要有搭接的部分，砌缝要相互错开，使得每一砌块是稳定的，又与其四周的其他砌块有交错搭接，不能有松动、孤立的砌块。

砌筑要保证稳定性，砌块与它的左右、上下的其他砌块有四点或者四点以上的直接叠靠，叠靠点又是砌块的外皮，而不能在砌块的里皮。

对于较厚的墙体，若出现其里外两皮的砌块不足以砌满厚度的情况，可以在中部适当地填充砌块。填充砌块的砌筑要求，同里外皮的砌筑要基本一致，而且要与里外皮同时砌筑，不能砌好里外皮之后再进行填充。

交错叠砌的石材多是不规则的，而里外皮的叠靠点要求在砌块的外段，所以在具体砌筑操作时，通常是把较方大的一端朝向外侧，把较小的部分朝向内侧，又因为里外皮要求有相互的部分搭接，所以在用材时，又普遍会选取块体长度方向较大的。而过于扁薄的石材则不能使用，或者再加以修改之后再进行使用。

对于承重墙体和厚度较大的砌体砌筑，为加强里外皮的相互搭接，使用条石顶砌作为拉结石，而拉结石长度之和充满墙体，每平方米的垂直墙面有一条或者更多的拉结石。

交错组砌的石材多不规则，砌筑时要求各部分都能够直接叠靠是不可能的，除了要求的叠靠点以外，不能叠靠的部分和缝隙，要以石片或者小石子垫稳填塞，以增加砌块的稳定性。石片的使用多大小适当，但是要求直接叠靠的部分，不能用塞石片以代替直接叠靠。

以上分类是按照石材的摆法特征为依据的，而若按照砌筑的立面特征进行分类，石料的砌筑则可以分为以下几种：

（五）错缝平砌

错缝平砌是指石块在向上叠砌的过程中，由于自身重力作用，上下之间会产生牢固的挤压，从而形成具有一定高度的竖向形态，如石砌的围墙。石砌体和其他砌体结构一样，受到挤压会产生裂缝，因此在砌筑过程中一定要遵循上下错缝的施工原则，防止在垂直方向出现通缝，从而提高石砌体横向的整体性和稳定性（图6-1-10～图6-1-12）。

错缝平砌是石砌墙体、台地的基本砌筑做法，也是最简单的砌法，是指将石料最大的面进行上下平置，之后逐层向上叠加，根据高度位置选择粘合媒介的具体强度和用量，调整横截面的尺度。错缝平砌有两种方式：第一种方式是体积较大、形状较为规则的石料，有利于在上下左右形成较大的接触面，避免石料的移动，能够形成较为稳固的承重结构，多用于墙体基础、护坡等部位，但这种砌筑方式常常因为缺少变化而显得呆板乏味；第二种方式是大小不一，但较

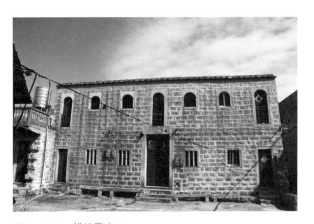

图6-1-10 错缝平砌1

图6-1-11 错缝平砌2

为扁平的石块，小石块与大石块的平砌层相互交错，往往可以形成富于变化的墙面形式。

（六）丁顺砌法

丁顺砌法是指规则形态砌块砖的某一排，以长边顺着墙体走势进行砌筑，在下一排则有垂直于上一排的立砌，从而形成"丁"字形的图案。砖块由于具有模数化的尺度，使得丁砌可以具有多种变化方式，如普通丁字形立砌的砖块有四种搭接方式。另外，由于石砌景观中石块的尺度多呈无序状态，因此在景观环

图 6-1-12　错缝平砌 3

图 6-1-13　丁字形砌法

境中的丁字形立砌一般只有两种方式，要求垂直于墙体方向的石块有一定进深，保持其稳固。丁顺式砌法适用于板状毛石与条状毛石。与砖块一样，丁顺砌法也有三顺一丁、二顺一丁等灵活的变化，加上石块的大小规格、形状、色彩等变化丰富，使得丁顺砌法也呈现多种变化，丰富着墙面的肌理形式（图 6-1-13）。

（七）人字形砌法

人字形砌法是指单排的石块与水平方向呈一定夹角，且每一排的方向都互为相反，而从竖向看就像是倒转的"人"字形排列（图 6-1-14～图 6-1-16）。这种砌法通常要求砌体与水平方向互为 45 度左右的夹角。在力学原理方面，人字形砌法通过石块的斜插，使得石块自身部分竖向的重力被转移到水平方向，再通过相反的排列使左右压力平衡，达到横向上的稳固。人字形砌法不但有错缝砌法的稳固特点，还具备富有美感的形式。人字形砌法也适用于板状毛石与条状毛石，这样的砌筑方式广泛存在于乡土石砌景观中的墙体、铺地的建构之中，以斜向的砌筑缝隙纹理而区别于上述的传统砌筑搭接方式，对墙面构成较为灵动的装饰效果。

（八）渔网式砌法

渔网式砌法相对比较简单，是指截面呈正方形的石料与水平方向保持旋转 45 度夹角的砌筑方式，产生类似于渔网一样的勾缝，该类砌筑搭接方式较为适用于块状毛石。在立面形态特征方面，渔网式砌法类似于前面的"人"字形砌法，但是在力学原理上，由于其形体相对方正，使得重力完全分解为侧应力，而侧应力的方向正好具有较大的接触面积，形成了更为牢靠的网状结构。渔网式砌法虽然简单、规整，但极富美感，并且稳定性能可靠，为当今设计师利用块状毛石建构石砌景观提供了良好的参考（图 6-1-17、

图 6-1-14　人字形砌法墙面

图 6-1-18）。

（九）错乱砌法

错乱砌法是指石材之间没有固定的排列规律，仅仅以坚固稳定为原则的砌筑方式，一般采用大石堆砌、小石填缝的方式进行具体砌筑（图 6-1-19～图 6-1-24）。在传统石砌民居的建造过程中，对于石料尺寸差异较大，或者形状差异较大时会考虑采用错乱砌法进行砌筑。错乱砌法主要用于墙体或铺地，由于可以形成灵活多变的肌理形式，因此立面效果具有乡土气息。具体案例如虎皮石墙，就是利用大小不等的、形状不规则的石料砌成的；很多乡村的铺地为了节省石料，就用收集的不规则卵石或毛石错乱砌筑，同样取得了较为理想的效果。

图 6-1-15　人字形砌法 1

图 6-1-16　人字形砌法 2

图 6-1-17　渔网式砌法 1

图 6-1-18　渔网式砌法 2

图 6-1-19　错乱组砌 1

图 6-1-21　错乱组砌 3

图 6-1-20　错乱组砌 2

图 6-1-22　错乱组砌 4

（十）交互式砌法

交互式砌法是指石材按某种砌筑形式、色彩、肌理形成的相同外观，组成的独立面单元，并以一定的比例进行交互式的排列砌筑方式。这样的砌筑方式相比之下在形式上为砌筑方式提供了更多的变化：首先是砌筑形式的交互，如墙体的边缘采用错缝平砌，而中间采用人字形砌法、渔网式砌法或者错乱式砌法（图6-1-25～图6-1-28）。其次是色彩与肌理的交互式砌筑，如粉红石料与灰色石料之间，条状纹理与点状纹理之间，以对比、调和等设计手法进行砌筑。交互式砌法的形式多样，为石砌界面的艺术表现赋予

更多的构成语言。同时该种砌筑手法也更加有利于充分使用不同大小、色彩以及纹理的石料石材，降低了对规则石材的开采需求，更加便于当地居民对于石料的灵活运用，也是传统石砌民居在建造中发挥建造智慧，充分利用建筑材料的生动体现。

图6-1-24　错乱组砌6

图6-1-23　错乱组砌5

图6-1-25　交互式组砌1

图6-1-26　交互式组砌2

图 6-1-27　交互式砌筑法 1

图 6-1-28　交互式砌筑法 2

二、石料坐浆砌筑与垫片砌筑

从石结构砌体的砌筑技术方面来看，砌体的砌筑大体有坐浆法砌筑和垫片法砌筑两种。

石砌体的坐浆法砌筑，与砖砌体、预制块砌体的砌筑方法基本相同，每个砌体的上下左右的砌缝都坐满砂浆，由砂浆胶结砌块，传递应力，但是砌体坐浆法砌筑，也有不同于其他砌体的特殊要求。

因为石材毛坯的表面多有凹凸不平的状况，所以坐浆法砌筑要求砌块的上下叠砌面和两端的接砌面基本平直，或者经过粗打加工，叠砌面和接砌面上的凹凸高低不超过1cm，因为石材块体较大，叠砌面只是基本平直的，允许高低不平，相差在1cm以内，所以砌缝厚度要控制在2cm以内；又因石材的吸水率很小，块体和自重很大，所以使用的砂浆稠度较低，或是半干硬性；又因为石材自重大，砌筑时不用垫片，砂浆要饱满，所以在铺浆时，酌量增加砂浆的规定厚度，把砌块放上并加以敲击后，使得砂浆达到压实饱满的效果，并保持规定的砌缝的大小和平直。

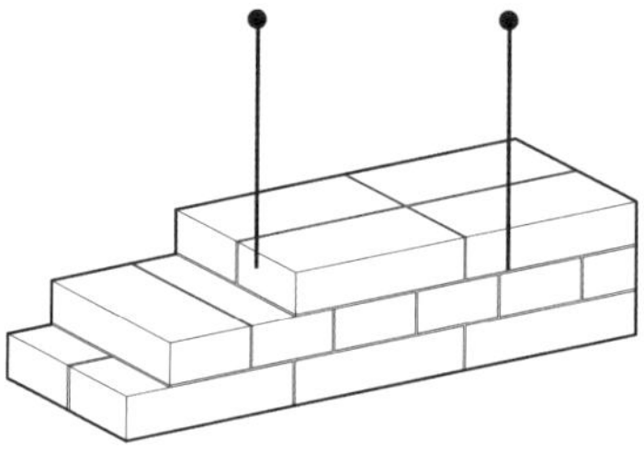

坐浆法砌筑具有砂浆饱满密实、胶结好、砌体强度高、砌筑速度快以及不容易渗漏等优点（图6-1-29）。适用于使用条石或者方整石的，厚度较小的顶顺组砌形式砌体，大多使用于砌筑质量要求较高、荷载又较大的建筑，例如多层和较大体量的民居建筑。

对于垫片法砌筑，若进一步划分则又可以分为两种砌筑方法：一种是单纯使用石垫片垫筑石材砌块的砌筑方法，也叫"干砌"（图6-1-30）；另一种是采用石垫片和砌筑砂浆结合使用的砌筑方法，也叫"宽缝"砌筑。两种方法，尽管砌筑手法不同，但是对垫片材料的使用要求和做法基本是一致的。

石材砌块因为开采的原因，如乱毛石用大爆破开采，造成石材不规则、叠砌面高地面不平；因加工的

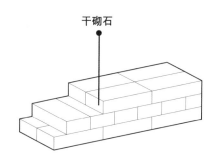

打磨后毛坯石材　20mm厚水泥砂浆

图6-1-29 坐浆法砌筑示意图

干砌石

图6-1-30 干砌法砌筑示意图

原因，如条石、方整石的渐变加工，造成叠砌面向里凹陷倾斜的"软后"现象。因这两种原因，石材在砌筑时砌块不能稳定，砌缝不能平直，所以需要使用石垫片，把低下不平的、凹陷倾斜的部分填平补齐，使得砌块稳定，砌缝平直。

垫片法砌筑过程中所使用的石垫片不能过于单薄，否则较易被压碎，垫片应有相当的厚度，通常要求砌筑垫片的有效厚度应有1cm以上，约在2cm左右；因为叠砌面高低凹陷不平，垫片厚度有2cm左右，所以砌缝厚度应不小于3cm；乱石砌块多是采用交错组砌的，其中砌块直接叠靠，垫片只起到辅助作用，而条石、方整石多是采用垫片法，砌缝的平直是应用垫片的大小来调整，因而造成砌块不是直接

叠靠，而是垫片起主要荷载作用，进而要求在用垫片（主垫）把砌块的四个角垫平垫稳之后，还应在砌块的四周每隔 5~10cm 的距离再加一个垫片，以增强砌体的承载能力。垫片法砌筑对垫片的使用，使垫砌运用的部位适当，不露于砌缝之外，也不应埋置过深；需勾凹缝的，要留有勾缝深度；不能出现两个垫片重叠使用的情况。

垫片法砌筑适用于干砌乱毛石或河卵石的基础、挡土墙、护坡等部位；采用垫片和砂浆结合使用的则适用于乱毛石、河卵石砌体，但是多用于条石、块石基础、厚度较大的墙体或者低层的建筑。垫片和砂浆结合砌筑的砌体，砂浆不易砌得饱满密实，否则会使得砌体的强度较差，并且容易渗漏，砌筑操作也较为困难。

三、墙角与留槎

墙角是纵横墙体的交叉点，是传统民居建筑的重要部位。由于民居建筑整体所使用的石材种类互不相同，在墙角部位的砌筑方法和要求也各有不同。

采用乱毛石、河卵石材料砌筑的墙体，多是采用交错组砌的形式，但是因为乱毛石、河卵石块体是不规则的，砌缝也是不规则的，所以在墙角部分回改变为顶顺叠砌或者顶顺组砌。使用的石材也普遍进行改变，在有条石、块石的地区，以改用这两种石材为最佳，没有这两种石材则就乱毛石、河卵石中选取体块较大、体型较为方整长直的石料进行砌筑，或者对其加以适当的加工修整，使其适合顶顺叠砌或者组砌的需要（图 6-1-31）。

这种改变砌筑方法的墙角部分，为保证墙体的稳定性能，其纵横两个方向的宽度普遍有 0.8m 左右，墙体高度大的还应该继续加大，在墙角部分有门窗洞口的，其宽度还会扩展到门窗洞的边框位置。

以不同的石材砌筑墙体与墙角，在建造时，墙角部分会先砌筑。每次砌筑的高度不大于 1m，作为接续砌筑墙体的依靠。墙体接续砌筑后，再第二次砌筑墙角。此外，普遍来讲，不把墙角部分独立地一次直接砌到顶，然后再砌筑填充墙体的做法。

使用条石、块石或者方整石石材，可采用顶顺组砌或者顺叠组砌的砌筑方式，这两种砌法都适于墙角砌筑的要求，而不需要把墙角和墙体分别砌筑。但是在进行砌筑时，仍会从墙角部分开始，在墙角砌筑完成之后，再开始接续砌筑墙体。

墙角是平面上布置各向尺寸的起止点，是竖向标高的主要标志，也是纵横墙体垂直度的重要依据，所以它的坐标、尺寸和方正平直的要求是严格的，砌筑时会特别加以注意。

留槎是指施工中有间歇，和流水施工作业的需要。石结构的留槎有两种形式：一种是阶梯形，也叫斜槎，即留槎的接砌面是逐级缩进斜向接砌的一边；另一种是马牙形，也叫直槎。这两种留槎形式以斜槎形式较好，因为此类形式便于下一步的接砌，接砌质量也较好。

留槎的槎口尺寸大小会根据所使用的具体材料和采用的组砌方法而定，条石的槎口每级或者每皮通常都不会小于 2cm，块石和乱毛石、河卵石的槎口，则会不小于它的长度或者宽度的一半。有里外皮的砌体在留槎时，其槎口也普遍使里外皮错开。留槎的高度，以每次留槎 1m 左右为常见做法，一次到顶的留槎是不常出现的。

石结构砌体的分段进行，以考虑在门窗洞口的间歇为最好，可以不必留槎或者少留槎。而需要留槎时，以在基础的中段、墙墩与墙体的中间，以及横墙的中段较为常见，在基础的转角、外墙的墙角，以及内外墙的交界处，是不会进行留槎的。在外墙上留下顶砌块的洞口，作为接砌内墙的槎口的做法，更是不会出现的。

图 6-1-31　墙角处理

第二节　装饰雕刻技术

　　石质材料因其坚固、质地均匀且耐风化的特性，成为传统装饰雕刻的理想材料之一。石雕是指在石活的表面上用平雕、浮雕与透雕的手法雕刻出各种花饰图案的过程，是传统石砌民居中的重要装饰部分。

　　按照古代传统，石作行业可以大致的分成大石作和花石作。对于大石作，其相应的匠人普遍称为大石匠，对于花石作，相应的匠人普遍称为花石匠。石雕制品或石活的表面上用平雕、浮雕的手法雕刻出各种花饰图案，通称"剔凿花活"，是花石作的重要组成部分。在民居建筑中，石活常见于石栏杆、券脸、门鼓、抱鼓石、柱顶石、夹杆石等部位，以及民居建筑中常见的石牌楼、石影壁、陈设座、

焚帛炉等（图 6-2-1）。

一、石雕的类别

　　按照工艺做法的不同，石雕一般可以分为"平活"、"凿活"、"透活"以及"圆身"这几种类型，其中，"平活"即是指平雕，它既包括阴文雕刻，又包括那些虽略有凸起，但表面并无凹凸变化的"阳活"。在雕刻手法方面，用凹线表现图案花纹的通称"阳的"（或"阳活"），所以平活既可以是阴的，也可以是阳的。

　　"雕活"即浮雕，属于"阳活"的范畴，可以进一步分为"撺阳"、"浅活"和"深活"几种。"撺阳"是指"地儿"并没有真正"落"下去，而只是沿着"活儿"的边缘慢慢撺下，使"活儿"具有凸起的视觉效果。"活儿"的表面可凿出一定的凹凸起伏变化。"浅

图 6-2-1 石影壁雕刻

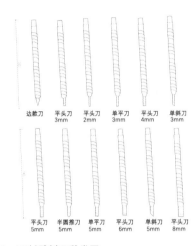

图 6-2-2 石材雕刻刀种类图

活"即沿浅浮雕，"深活"即深浮雕。它们都是"活儿"高于"地儿"，即花纹凸起的一类凿活。

"透活"是指透雕，是比凿活更真实、立体感更强的具有通透效果的一类石雕。"透活"如仅适用于"凿活"的局部（一般为"深活"的局部），则成为一种单独的手法，这种手法叫作"过真手法"，如把龙的犄角或龙须掏挖成空透的，甚至是真实的样子，但整件作品的类别仍然属于"凿活"范畴。

"圆身"即立体雕刻，是指作品从前后左右几个角度都可以进行欣赏。

此外，在民居建筑装饰技术中还有镂雕这一形式，镂雕最初是一种雕塑形式，也称为镂空雕，即把石材中没有表现物像的部分掏空，把能表现物像的部分留下来。镂雕是从圆雕中发展出来的技法，它是表现物像立体空间层次的寿山石雕刻技法，是从传统中国石雕工艺中发展而来的。古代石匠常常雕刻口含石滚珠的龙。龙珠剥离于原石材，比龙口要大，在龙嘴中滚动而不滑出。这种在龙钮石章中活动的"珠"就是最简单的镂空雕实例。

上述几种石雕类别之间没有严格的界限，在同一种作品中，也往往会同时出现，构成传统石砌民居中丰富的石雕技艺。

二、石雕技术工具

石雕技术所需要的常用主要工具有：石雕刀、石雕凿、石雕锤、弓把等工具，其中，石雕刀主要用于雕刻花纹（图 6-2-2），用于雕刻曲线的叫作圆头刀子；石雕凿亦称"錾子"，为一种铁质杆形，其下端为楔形或椎形，是一种端末有刃口的凿子，专用于刻石，使用时以锤敲击上端，从而使得下端刃部受力以雕凿石材，按刃部形式的不同可分尖凿、平凿、半圆凿和齿凿，尖凿是开荒凿（图 6-2-3），有大、中、小号的相互区分，分别可开大、中、小不同大小的荒（表 6-2-1），具体来说，大平凿可以用以打平面，中小号平凿用以打光做细部，小平凿主要用于细部进一步的修饰之用，厚刃半圆凿可用于较硬的石材开中荒，薄刃的雕衣纹和细部，齿凿用以整理粗坯成大型，按材质可分普通淬火凿和硬质合金凿两种类型；石雕锤专用以敲击錾子，或者雕凿石料（也可用于木雕），两端锤头的尺寸大小稍有差别，硬木作的把长约 20cm，安置位置一般不在正中，稍远于大的一端，以适应打击不同粗

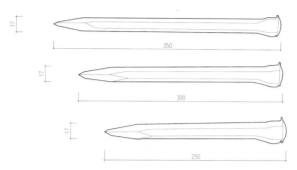

图 6-2-3　尖凿示意图

尖凿型号规格表　　　　　　　　　　　　　　　　表 6-2-1

尖凿规格型号			
规格	总长（mm）	粗度（mm）	重量（g）
17mm 粗	250	250	17	450
	300	300	17	570
	350	350	17	650
19mm 粗	250	250	19	580
	300	300	19	700
	350	350	19	800

细质量的錾子用，通常也分为大、中、小三种型号，大号重 1.4kg 左右，为石雕开荒锤，中号 0.8kg，也可用于木雕开荒，小号 0.6kg，主要用于雕刻细部之用，锤身略有弯度成弧形，锤面向下稍作收分约 10 度角，表面淬硬；弓把为雕塑用的量具，系卡钳一类的工具，有两个可开合的象牙形卡脚，一般用低碳钢锻制而成，以便在需要时，可用铁锤随时改变卡脚的弯度，具体的测量方法是：用两个卡脚对准物体上需测部位的两点，之后将其取下，其两卡脚尖间的所形成距离就是所测物体两点之间的距离，弓把类工具在石雕的技术流程上主要可以用来检查雕塑的形体尺寸与实物的误差，纠正视觉偏差。

三、石雕的技术流程

石雕在具体的技术流程方面，不同种类的石雕是不完全一致的，具有各自的相应操作流程，其中，对于平活类石雕，图案简单的，可直接把花纹画在经过一般加工的石料表面上，图案复杂的，可使用"谱子"。在画出纹样后，用錾子和锤子沿着图案线稿凿出浅沟，这道工序叫作"穿"。如果为阴纹雕刻，则要用錾子顺着"穿"出的纹样进一步把图案雕刻清楚、美观。如果是阳活类的平活，应把"穿"出的线条以外的部分（即"地儿"）落下去，并用扁子把"地儿"遍光。再把"活儿"的边缘修整好，逐渐完成平活石

雕的操作过程（图 6-2-4、图 6-2-5）。

四、不同地域的石雕特色

在石块上雕刻各种图案和形象的石雕艺术，通常也包括用石块雕刻成的雕塑工艺品。中国石雕按石料分有青石雕刻、大理石雕刻、汉白玉雕刻、滑石雕刻、墨晶石雕刻、彩石雕刻、卵石雕刻等。若按地域进行划分，则不同地域的石雕也具有互不相同的特色，其中福建惠安的青石雕刻以建筑装饰和石狮而闻名，其中石狮口中含有滚动自如的石珠，享誉东南亚。云南的大理石雕刻以点苍山的大理石为原料，其花纹犹如着色山水，或危峰断壑，或飞瀑随云，镶嵌家具别具一格。河北曲阳、北京房山等地的汉白玉雕刻，在明清两代主要用于宫廷建筑装饰，如华表、石狮、栏杆等。而辽宁海城、山东莱州的滑石石雕刻则以小巧可爱的小动物为传统品种。湖南洞口、湖北利川的墨晶石雕刻，石质漆黑而光亮。彩石雕刻以浙江青田、福州寿山、湖南浏阳为主要产地。卵石雕刻主要产于兰州、沈阳等地。石雕技法有阴刻（刻划轮廓）、影雕、浮雕、圆雕（不附任何背景的完全立体雕法）、镂雕（又称透雕）等。影雕是福建惠安青石雕刻的独特技法，系用大小不同的钢钻在青石上凿錾，凭借钻点的大小、深浅和疏密来表现山水、鸟兽、人物、花卉等形象。

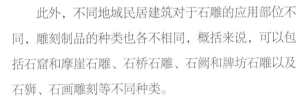

图 6-2-4　起"谱子"1

图 6-2-5　起"谱子"2

此外，不同地域民居建筑对于石雕的应用部位不同，雕刻制品的种类也各不相同，概括来说，可以包括石窟和摩崖石雕、石桥石雕、石阙和牌坊石雕以及石狮、石画雕刻等不同种类。

石窟和摩崖石雕始于汉末时期，兴于魏、晋、南北朝，盛于隋、唐，一直延续至宋、元、明、清各时代。其发展与佛教文化关系密切，石刻人物造像主要取决于佛图。在各石窟中成千上万的石刻雕像，形态、服饰千姿百态，在文化艺术史上占有重要地位。在各石窟中还有石雕的殿、塔、棱、阁、梁枋、斗栱、藻井等丰富多彩的建筑形象，反映了历代的建筑风貌。石窟摩崖石雕一般是在砂岩或石灰岩的岩壁上雕凿的。

对于民间的石桥石雕，中国以石造桥的历史悠久，有许多是代表性的建桥史碑，在国际建桥史上具有重要地位。在石桥建造中，从古至今应用石雕刻艺术进行装饰的方法很普遍。如河南省临颍县小商桥，建于隋代（公元 584 年），略早于著名的河北赵州安济大石桥，虽经一千多年风风雨雨，但桥面的人与物雕工精巧别致，至今没有变形，保存完好。桥主孔中间石雕刻的吸水兽、桥墩最上层条石的力士雕、桥拱上雕刻的"飞马踏云"、桥主孔与腹孔之间连接处雕刻的龙头等实属国内罕见的石雕刻艺术精品。石桥石

雕多以龙、狮、吸水兽和力士造型为主，常见于桥墩和桥栏部位，制作选材的石料有砂岩、大理石、花岗石等不同种类。

石阙和牌坊石雕的建造历史较长，并且量大面广，有不少是珍贵的文物古迹，如汉代的石阙有很多，太室、少室、启母、冯焕、高颐、樊敏、沈府君、平阳府君等石阙都相当著名，其石刻艺术精致，内容丰富。而石牌坊的数量更大、分布更广，石牌坊的雕刻装饰艺术在全国到处可见，它们又可大致分为宫殿坊、官第坊、寺观坊、功德坊、陵园坊、园林坊、贞洁坊、忠孝坊和各种纪念坊等诸多类型，制作的石料以砂岩和大理石为主，很多石牌坊都是石雕艺术珍品和著名古建筑，如明代许国石坊和"治世玄岳"牌坊，孔陵与孔庙石牌坊，健为贞节牌坊等，不胜枚举。

在中国的传统石兽雕刻中，以石狮雕刻最为别具一格，制作量无计其数，装饰用途广泛，如皇宫、民间宅院、官衙、庙宇、陵墓乃至现代的大型商厦、宾馆、酒楼大门两侧的石狮雕刻和桥梁、碑、坊的石狮装饰雕刻等均有涉及。石狮体态造型变化多姿多样，如站、蹲、卧等，千姿百态，且常有地域性差异。此外，雕刻的石狮取材广泛，多用砂岩、大理石和花岗石雕成，是我国传统石砌雕刻技术的重要代表。

第七章

石材打制技术

>>

第一节　石材的基本特征

石砌民居中所用的石材最初是由自然界的岩石之中开采出来的，不同种类的岩石使得对应的石材具有不同的物理、化学特征，对应于民居建筑中不同构造部位的建造，进而可以取得不同的建造效果，因而，石材所处的岩石间接影响着石砌民居的最终建造结果。

一、岩石的分类

岩石是天然产出的具有较为稳定外形的矿物或者玻璃集合体，石料由内部物质按照一定的方式结合而成。岩石是构成地壳和上地幔的物质基础，按成因分类可以分为岩浆岩、沉积岩和变质岩三种。其中，岩浆岩是由高温熔融的岩浆在地表或地下冷凝所形成的岩石，也被称为火成岩，若进一步对岩浆岩进行种类上的划分，则喷出地表的岩浆岩被普遍称为喷出岩或火山岩，而在地下冷凝岩石的则通常被称为侵入岩。沉积岩是在地表条件下由风化作用、生物作用和火山作用的产物经水、空气和冰川等外力的搬运、沉积和成岩固结而形成的岩石；变质岩是由先成的岩浆岩、沉积岩或变质岩，由于其所处地质环境的改变经变质作用而形成的岩石。

岩石尽管有不同种类或分类方法，但均是由造岩矿物组成的，不同的造岩矿物在不同的地质条件与时间影响下，经过自然作用逐渐形成不同性能的岩石，从而用于人们不同类型的建造过程之中。

（一）造岩矿物

矿物是对具有一定化学成分以及一定结构特征的天然化合物和单质的概括与总称。由于岩石是矿物的集合体，因而组成岩石的矿物被普遍称为造岩矿物。自然界中的矿物种类极多，但造岩矿物种类却较少，仅有20～30种。其中最重要的有七种造岩矿物，分别是正长石、斜长石（二者又统称长石类矿物）、石英、角闪石类矿物（主要是普通角闪石）、辉石类矿物（主要是普通辉石）、橄榄石、方解石。甚至可以说，地球的整个地壳几乎就是由上述七种矿物构成的。人类已发现的矿物有3000多种，以硅酸盐类矿物为最多，约占矿物总量的50%，其中最常见的矿物约有20～30种，例如：正长石、斜长石、黑云母、白云母、辉石等。在火成岩中造岩矿物又可根据其在岩石中的含量和在火成岩的分类、命名中所起的作用，分为主要矿物、次要矿物和副矿物。造岩矿物中也有一些可成为宝石，如橄榄石、长石类宝石、石榴石等。

岩石种类繁多，若按照内部的构成物质种类来划分类别，则由单种矿物组成的岩石普遍称为单矿岩，如白色大理石，其内部是由方解石或白云石组成，由两种或两种以上的矿物组成的岩石普遍叫作多矿岩（又称复矿岩），如花岗岩，其内部是由长石、石英、云母及某些暗色矿物组成。自然界中的岩石大多以多矿岩的形式存在。岩石的性质由组成岩石的各矿物的特性、结构、构造等因素决定，由此可知，岩石并无确定的化学成分和物理性能，同种岩石，若各自的产地不同，则其内部的矿物组成和物质结构也均会存在有相互的差异，因而最终会导致岩石的颜色、强度等性能也各不相同。

（二）岩石的分类和性质

由于岩石是由内部的造岩矿物组合而成的，因此岩石的性质是由其内部的矿物组成部分的特性、结构、构造等因素决定的，岩石的结构是指岩石的原子、分子、离子层次的微观构成形式。根据微观粒子在空间分布状态的不同，岩石可以细分为结晶质结构和玻璃质结构两种，组成岩石的各种矿物结晶越完善，其强度、硬度、韧性越好，化学性质也就越稳定。岩石构造是指用放大镜或肉眼宏观可分辨的岩石构成形式，通常根据岩石的孔隙特征和构成形态分为致密状、多孔状、片状、斑状、砾状等不同形式。当岩石的孔隙率比较大，并且同时还含有黏土质矿物等杂质时，其强度、硬度和耐水性、耐冻性等耐久性指标明显就要明显偏低（表7-1-1）。

岩石按地质形成条件不同，它们之间具有显著不同的结构、构造和性质。

1. 岩浆岩

岩浆岩又称火成岩，是由岩浆喷出地表或侵入地壳冷却凝固所形成的岩石，有明显的矿物晶体颗粒或气孔，约占地壳总体积的65%，总质量的95%。岩浆是在地壳深处或上地幔产生的高温炽热、黏稠、含有挥发分的硅酸盐熔融体，是形成各种岩浆岩和岩浆矿床的母体。岩浆的发生、运移、聚集、变化及冷凝成岩的全部过程，称为岩浆作用。

岩浆岩主要有侵入和喷出两种产出情况。侵入在地壳一定深度上的岩浆经缓慢冷却而形成的岩石，称为侵入岩。侵入岩固结成岩需要的时间很长。地质学家们曾做过估算，一个2000m厚的花岗岩体完全结晶大约需要64000年；岩浆喷出或者溢流到地表，冷凝形成的岩石称为喷出岩。喷出岩由于岩浆温度急剧降低，固结成岩时间相对较短。1m厚的玄武岩全部结晶，需要12天，10m厚需要3年，700m厚需要9000年，可见，侵入岩固结所需要的时间比喷出岩要长得多。

岩浆岩根据岩浆冷却条件的不同，又可以分为深成岩、浅成岩、喷出岩和火山岩四种。

主要造岩矿物的组成与特征   表7-1-1

矿物	组成	密度（g/cm³）	莫氏硬度	颜色	其他特性
石英	结晶 SiO_2	2.65	7	无色透明至乳白等色	坚硬、耐久，具有贝状断口，玻璃光泽
长石	铝硅酸盐	2.5~2.7	6	白、灰、红、青等色	耐久性不如石英，在大气中长期风化后成为高岭土，整理完全，性脆
云母	含水的钾镁镁铝硅酸盐	2.7~3.1	2~3	无色透明至黑色	解理极完全，易分裂成薄片，影响岩石的耐久性和磨光性，黑云母风化后形成蛭石
角闪石辉石橄榄石	铁镁硅酸盐	3~4	5~7	色暗，统称暗色矿物	坚硬，强度高，韧性大，耐久
方解石	结晶 $CaCO_3$	2.7	3	通常呈白色	硬度不大，强度高，遇酸分解，晶形菱面体，解理完全
白云石	$CaCO_3$，$MaCO_3$	2.9	4	通常呈白色至灰色	与方解石相似，预热酸分解
黄铁矿	FeS_2	5	6~6.5	黄	条痕呈黑色，无解理，在空气中氧化铁和硫酸污染岩石中的有害物质

1）深成岩

它是岩浆在地壳深处（3km 深度及以下），在很大的覆盖压力下缓慢冷却而成的岩石，其特性是石质结构质密、密度大、晶粒大、抗压强度高、吸水率小、抗冻性好、耐磨性和耐久性好，例如，花岗岩、正长岩、辉长石、闪长石、橄榄岩等，均是深成岩类型岩石。

2）浅成岩

它是岩浆在地表浅处较冷却结晶而成的岩石，与深成岩相似，但晶粒相对较小，如辉绿岩；强度高但硬度低，锯成板材和异型材，经表面磨光，光泽明亮，常用铺砌地面或者镶砌柱面等。

3）喷出岩

喷出岩是熔融的岩浆流出地表后，与空气相遇后急速冷却凝固而形成的岩石，属于内部隐晶质结构和玻璃质结构，如建筑上使用的玄武岩、安山岩等，均为此类岩石。喷出岩抗压强度高、硬度大，但韧性较差，呈现较强的脆性特征。当喷出岩形成较厚的岩层时，其结构致密近似深成岩，若形成的岩层较薄时，形成的岩石常呈多孔结构，又近于火山岩。

4）火山岩

火山岩又称火山碎屑岩。火山岩是火山爆发时，岩浆被喷到空中，经急速冷却落下而形成的碎屑岩石，如火山灰、浮石等。火山岩大多都是轻质多孔结构的材料，强度、硬度和耐水性、耐冻性等耐久性指标都较低，保温性能较好。其中火山灰部分被大量用作水泥的混合材，乳石则作为轻质骨料，以配制轻骨料混凝土用作墙体材料。

2. 沉积岩

沉积岩又称水成岩，沉积岩是由原来的母岩风化后，经过搬运、沉积等作用形成的岩石。在内部构造方面，沉积岩大多为层状构造，其各层的成分、结构、颜色、层厚等均不相同。与火成岩相比，沉积岩的特性是：结构致密性较差，密度较小，孔隙率及吸水率均较大，强度较低，耐久性也较差。沉积岩虽然在总量上仅占到地壳总质量的 5%，但是它在地球上分布极广，约占地壳表面积的 75%，加之藏于地表不太深处，故相当易于开采。

沉积岩是由风化的碎屑物和溶解的物质经过搬运作用、沉积作用和成岩作用而形成的。形成过程受到地理环境和大地构造格局的制约。古地理对沉积岩形成的影响是多方面的，最明显的是陆地和海洋，盆地外和盆地内的古地理影响。陆地沉积岩的分布范围比海洋沉积岩的分布范围小；盆地外沉积岩的分布范围或能保存下来的范围，比盆地内沉积岩的分布或能保存下来的范围要小一些。

根据生成条件，沉积岩又可以细分为以下三类：

第一种是机械沉积岩，又称为碎屑沉积岩，它是经自然风化而逐渐破碎松散，以后经风、雨及冰川等搬运、沉积、重新压实或胶结而成的岩石，如砂岩、页岩、火山凝灰岩等。砂岩强度可达 300MPa，坚硬耐久，性能类似于花岗岩；在建筑中砂岩可用于民居建筑的基础、墙身、踏步、门面、人行道、纪念碑等构件的建造，在现代建筑技术中也可用作混凝土的骨料以及装饰材料。

第二种是化学沉积岩，化学沉积岩是指由母岩风化产物中的溶解物质通过化学作用沉积而成的岩石，其中以纯化学方式从真溶液中沉淀而成的有石膏、岩盐等，以胶体化学方式从胶体溶液中沉淀而成的有铝土岩以及某些铁质岩、锰质岩等。

第三种是生物沉积岩，生物沉积岩主要是指各种有机体死亡后的残骸沉积岩而成的岩石，如石灰岩、硅藻土等。石灰岩俗称"灰岩"或"青石"，广泛用于建筑工程中，用作砌筑基础、桥墩、墙身、阶石及路面以及作粉刷材料的原料，其碎石是常用的混凝土骨料。石灰岩除用作建筑石材外，也是生产水泥与石灰的主要原料。

3. 变质岩

变质岩是在地球内力作用，引起的岩石构造的变化和改造产生的新型岩石，是由原生的岩浆岩或沉积岩，经过地壳内部高温、高压等变化作用后而形成的岩石，这些力量或者作用包括温度、压力、应力的变化、化学成分。固态的岩石在地球内部的压力和温度作用下，发生物质成分的迁移和重结晶，形成新的矿物组合。如普通石灰石由于重结晶变成大理石。

变质岩是组成地壳的主要成分，一般变质岩是在地下深处的高温（要大于150℃）高压下产生的，后来由于地壳运动而出露地表。

一般变质岩分为两大类：一类是变质作用作用于岩浆岩（火成岩），形成的变质岩成为正变质岩；另一类是作用于沉积岩（水成岩），生成的变质岩为副变质岩，其中沉积岩变质后，性能变好，结构变得致密，坚实耐久，如石灰岩变质为大理石，硅质至少变为石英岩；而岩浆岩变质后，性质反而变差，如花岗岩变质的片麻岩，易产生分层剥落，使耐久性变差。耐久性强，故常用作重要建筑物的贴面石，在工业上石英岩可作为耐磨及耐酸的贴面材料。其碎块可用于道路或作混凝土的骨料。

变质岩是由变质作用所形成的岩。它的岩性特征，一方面受原岩的控制，具有一定的继承性；另一方面，由于经受了不同的变质作用，在矿物成分和结构构造上具有其自身的特征性（如含有变质矿物和定向构造等）。变质岩在我国和世界各地分布很广。前寒武纪的地层绝大部分由变质岩组成；古生代以后，在各个地质时期的地壳活动带（板块缝合带、如地槽

区），在一些侵入体的周围以及断裂带内，均有变质岩的分布。与变质岩有关的金属和非金属矿产非常丰富，例如，我国和世界上的前寒武纪变质铁矿均占铁矿总储量的一半以上。

二、岩石的性质与特征

在建筑装饰材料中，一般把天然岩石经过加工制成块状或板状、粒状的材料，统称为天然石材，其相关性质特点有以下几类。

（一）表观密度

表观密度是指材料在自然状态下，单位体积所具有的质量。天然石材按其表观密度大小通常可以分为重石和轻石两类，其中，石材的表观密度大于$1800kg/m^2$称为重石，主要用于建筑的基础、贴面、地面、路面、房屋外墙、挡土墙、桥梁以及水工构筑物等的建造；而表观密度小于$1800kg/m^2$的则称为轻石，主要用作墙体材料，如采暖房屋外墙等构件的建造之中。

（二）抗压强度

抗压强度是指外力施压力时的强度极限，天然岩石普遍是以$10cm×10cm×10cm$尺寸的正方体作为试件，用标准试验方法测得的抗压强度值作为评定石材强度等级标准。根据《砌体结构设计》（GBJ3）规定，天然石材的强度等级为MU100、MU80、MU60、MU50、MU40、MU30、MU20、MU15和MU10九个等级。

（三）吸水性

石材吸水性的大小用吸水率表示，吸水率是表示物体在正常大气压下吸水程度的物理量，用百分率来表示，其大小主要与石材的化学成分、孔隙率大小、孔隙特征等因素有关。常用岩石的吸水率如花岗岩小于0.5%；致密石灰岩一般小于1%；贝壳石灰岩约为

15%。石材吸水后，降低了矿物的粘结力，破坏了岩石的结构，从而降低石材的强度和耐水性。

（四）抗冻性

石材的抗冻性用冻融循环次数表示，一般有 F10、F15、F25、F100、F200 这几个等级。致密石材的吸水率小、抗冻性好，吸水率小于 0.5% 的石材，认为是抗冻的，可不进行抗冻试验。

（五）耐水性

石材的耐水性用软化系数 K 表示。按 K 值的大小，石材的耐水性可分为高、中、低三等，K 大于 0.90 的石材为高耐水性石材，K 值处于 0.70 ~ 0.90 之间的石材为中耐水性石材，K 值处于 0.60 ~ 0.70 之间的石材为低耐水性石材。一般 K 小于 0.80 的石材，是不允许用在重要建筑中的。此外，石材的耐水性、耐磨性及冲击韧性，根据用途不同，也有相应不同的要求。

三、不同石材的性质与特征

传统石砌民居中基本常用的天然石材有花岗岩石材、石灰岩石材、砂岩石材、片麻岩石材、大理岩石材、辉绿岩石材、玄武岩石材以及凝灰岩石材等，这些石材的主要技术性能分述如下。

（一）花岗岩石材

花岗岩石材的主要技术性能决定于造岩矿物的成分和结构。它的造岩矿物以石英、正长石、斜长石为主，有少量云母，有的花岗岩还含有少量角闪石、辉石等。

质地优良的花岗岩石材内部所含的杂质很少，不含黄铁矿的花岗岩石材是优良的品种。花岗岩石材内部呈致密的结晶质结构，晶粒规则、均匀、粗大，有明显的解理，耐酸、碱性能良好，它属脆性材料，但有一定弹性，加荷载之后有挠度，卸荷后能回弹复

原，石材表面颜色有淡灰、淡红、肉红、青灰、灰黑等几种。花岗岩从其晶粒大小和组成来分，有"伟晶"、"粗晶"、"细晶"三种类型，其中，"伟晶"类型花岗岩的晶粒特别粗大，结构不均匀，质地较脆，变异性大，可作民居建筑的基础、墙体、地面、散水坡、水沟等构件材料。"粗晶"花岗岩也叫"粗花"石，内部晶粒粗大，分布均匀，排列比较规则，抗压强度和抗弯曲强度均比较高，且有一定弹性，可用于传统石砌民居建筑的墙体、基础，又可用于梁、柱、板和其他构配件。经过磨光的花岗石，是良好的饰面板材。"细晶"花岗岩也叫"细花"石，内部晶粒细小而均匀，抗压强度高，抗弯曲强度低，可作为建筑中基础、墙体等材料（图 7-1-1 ~ 图 7-1-3）。

经验指出，花岗岩石材在生成过程中形成了较有

图 7-1-1　花岗岩石材 1

图 7-1-2　花岗岩石材 2

图 7-1-3　花岗岩石材 3

规则的水平断面、纵断面、横断面各不同的三向断面，而且三向断面的材性各异。花岗岩石材三向断面与冷凝前的岩浆流向有一定关系。三向断面在形态上近似木材的纹理，水平断面叫作"劈面"或"小流"，纵断面叫"涩面"或"大流"，横断面叫"截面"或"截头"。正确鉴别三向断面，对开采、加工、应用部有密切关系。三向断面与岩浆的流向有关，而且有明显的特点。劈面（小流）与岩浆流向一致的水平断面。它的晶体明显，晶粒平铺，分布均匀。开采时容易分割，表面较平整，加工不易失误，用手抚摸有光滑感；平行于"劈面"边沿敲打，多劈裂出较规则的刀状石片。

涩面（大流）与岩浆流向一致的纵断面，它的晶粒多呈竖直，晶体分布较不规则，开采时较难分割，表面不很平整，加工较易掉棱缺角；用手抚摸有粗涩感，若平行于"涩面"边沿敲打，则多劈裂出上厚下薄的斧状石片。

截面（截头）与岩浆流向相垂直的横断面，其内部的晶粒更加竖直，分布疏密不均匀，晶体不规则。开采时难以分割，表面多呈锯齿状，加工容易失误，用手抚摸有明显的粗糙感；若平行于截面边沿敲打，则多劈裂出或大或小、厚薄不一的石片。

花岗岩石材内三向断面材料性能差异较大，以"截面"最为脆弱，如作为板材的板面，有一击即断的可能，涩面也较脆弱，但比截面好，比较更好的是劈面，"截面"作为轴心承压面最适当。要开采完好的花岗岩料石，就必须沿劈面分割，作为石材的大面，既容易分割，又为加工创造良好条件，应用时也有按照需要选材的根据。

（二）石灰岩石材

石灰岩石材主要是在浅海的环境下形成的，按其成因可划分为粒屑石灰岩（流水搬运、沉积形成）、生物骨架石灰岩和化学、生物化学石灰岩。按结构构造可细分为竹叶状灰岩、鲕粒状灰岩、豹皮灰岩、团块状灰岩等。

石灰岩石材结构较为复杂，有碎屑结构和晶粒结构两种。碎屑结构多由颗粒、泥晶基质和亮晶胶结物构成。颗粒又称粒屑，主要有内碎屑、生物碎屑和鲕粒等，泥晶基质是由碳酸钙细屑或晶体组成的灰泥，质点大多小于 0.05mm，亮晶胶结物是充填于岩石颗粒之间孔隙中的化学沉淀物，是直径大于 0.01mm 的方解石晶体颗粒；晶粒结构是由化学及生物化学作用沉淀而成的晶体颗粒。石灰岩石材内部晶粒致密，呈层状解理，没有明显的断面，难于开采为规格料石，硬度低，易于劈裂，具有导热性、坚固性、吸水性、不透气性、隔声性、磨光性、很好的胶结性能以及可加工性等优良的性能，既可直接利用原矿，也可深加工应用。多应用为基础、墙体材料。

（三）辉绿岩石材

辉绿岩石材是由斜长石、辉石等造岩矿物组成的深色岩石石材。该类岩石石材内部的结晶颗粒细密、均匀，成柱状解理形态，没有明显的断面，质脆、易于分割，但不呈完整的石料。该类石材抗冻性能良好，硬度低。辉绿岩石材可锯解成板材，经过表面磨光，光泽明亮，与花岗岩磨光板材衬托，铺砌于地面、柱面，或安装在柱座柱帽等部位，庄重美观。辉绿岩石材是生产铸石的良好材料，不易腐蚀，经久耐用。因此，对辉绿岩的资源要妥善保护，为发展新兴的铸石工业提供原料，为特殊要求的工业设备提供配件，为手工艺品提供板材，在基本建设工程上可适当使用。

（四）玄武岩石材

玄武岩石材是由斜长石、辉石等造岩矿物组成的深色岩石石材，呈玻璃状或隐晶状结晶，柱状、板状、球状节理，没有明显的断面，质脆，易于分割，其物理性能与辉绿岩相近，硬度大，抗风化能力强，也是生产铸石的主要原料。

由于玄武岩浆黏度小，流动性大，喷溢地表易形成大规模熔岩流和熔岩被，但也有呈层状侵入体的，如岩床等。在高原地区常形成面积达数千至数十万平方千米的熔岩台地，有人称其为高原玄武岩，如印度的德干高原玄武岩，在海洋则构成海岭和火山岛，与之有关的矿产有铜、钴、硫黄、冰洲石、宝石等，其本身亦可作耐酸铸石原料。玄武岩中的柱状节理在玄武岩熔岩流中，垂直冷凝面常发育成规则的六方柱状节理。玄武岩结晶程度和晶粒的大小，主要取决于岩浆冷却速度。缓慢冷却（如每天降温几度）可生成几毫米大小、等大的晶体；迅速冷却（如每分钟降温100℃），则可生成细小的针状、板状晶体或非晶质玻璃。因此，在地表条件下，玄武岩通常呈细粒至隐晶质或玻璃质结构，少数为中粒结构。常含橄榄石、辉石和斜长石斑晶，构成斑状结构。斑晶在流动的岩浆中可以聚集，称聚斑结构。这些斑晶在玄武岩浆通过地壳上升的过程中形成（历时几个月至几小时），也可在喷发前巨大的岩浆储源中形成。基质结构变化大，随岩流的厚薄、降温的快慢和挥发组分的多寡，

在全晶质至玻璃质之间存在各种过渡类型，但主要是间粒结构、填间结构、间隐结构，较少次辉绿结构和辉绿结构。

（五）大理岩石材

大理岩石材是由石灰岩、白云岩等变质而成，它的造岩矿物比较复杂，含有多种成分（主要由方解石和白云石组成，此外含有硅灰石、滑石、透闪石、透辉石、斜长石、石英、方镁石等），没有明显的断面，呈板状结构，易于分割，质脆、硬度低，多建造成板材，表面磨光、光亮美观。

大理岩石材除纯白色外，有的还具有各种美丽的颜色和花纹，常见的颜色有浅灰、浅红、浅黄、绿色、褐色、黑色等，产生不同颜色和花纹的主要原因是大理岩中含有少量的有色矿物和杂质，如含锰方解石组成的大理岩为粉红色，大理岩中含石墨为灰色，含蛇纹石为黄绿色，含绿泥石、阳起石和透辉石为绿色，含金云母和粒硅镁石为黄色，含符山石和钙铝榴石为褐色等。由于大理岩多呈白、灰、红、绿、黑等多种混合色，多为云霞状的彩色花纹，是优良的饰面材料，多应用于大型公共建筑和高标准民用建筑的饰面工程。

大理岩石材主要用作雕刻和建筑材料，雕刻用的主要是纯白色细均粒透光性强的大理岩，透光性强可以提高大理岩的光泽。常用于建造纪念碑、铺砌地面、墙面以及雕刻栏杆等。也用作桌面、石屏或其他装饰，这类用途根据不同的需要可以用纯白色结构均匀的大理岩，也可以用具有各种颜色和花纹的大理岩。

（六）砂岩石材

砂岩石材是由石英砂或石灰岩等不同造岩矿物沉积后重新胶结而成。该类石材是一种沉积岩，是由石粒经过水冲蚀沉淀于河床上，经千百年的堆积变得

坚固而成（图 7-1-4、图 7-1-5）。后因地球地壳运动，而形成今日的矿山。虽然中国的砂岩的品种非常的多，但是主是集中在四川、云南和山东，这是中国砂岩的三大产区，同时河北，河南，山西，陕西等也有，但是产品知名度不高，影响力较小。

四川地区的砂岩在类型上属于泥砂岩，其颗粒普遍相对细腻，质地较软，因而较为适合作为建筑装饰用材，特别是用作雕刻装饰用石材料。另外，因为四川的地域地质比较复杂，所以四川的砂岩品种非常的多。四川砂岩的颜色可以说是全中国境内最为丰富的，有红色、绿色、灰色、白色、玄色、紫色、黄色、青色等等，多种多样，其材质质地相对较软。云

南地区的砂岩同四川地区砂岩一样，在类型方面同属于泥砂岩，并且同样是具有颗粒细腻，质地较软的特征。但是因为形成的地质地域环境不同，云南砂岩相对四川砂岩而言，纹理会更漂亮，有自己的风格特点，云南地区砂岩的颜色也很丰富，常见的有黄木纹砂岩、山水纹砂岩、红砂岩、黄砂岩、白砂岩和青砂岩。山东地区的砂岩在类型方面属于海砂岩，其内部的结构颗粒相对而言比较粗，硬度较大较脆，而颜色相对较少，主要有红色、黄色、绿色、紫色、咖啡色、白色。但是山东地区的砂岩表面基本都是带纹路的，就连所谓的白砂岩和紫砂岩也并非全是纯色，白砂岩带有暗纹，紫砂岩有白点。

由于胶结矿物的成分、比例不同，砂岩的品种也多样，以氧化硅矿物为主的硅质砂岩，质地较坚硬，色淡白，开采、加工都较难，以碳酸钙矿物为主的石灰质砂岩，材性和石灰岩相近，呈白色或灰色，易于分割，以氧化铁矿物为主的铁质砂岩，易于分割，抗压强度较低，抗冻性能差，质地松软，呈红、黄、褐色等。

（七）凝灰岩石材

凝灰岩石材是火成岩中质地较差的一种岩石材料种类，普遍没有一定的肌理和断面，因而相对容易分割。在实际建造时，可开采成方整的料石，应用于建筑中的基础、墙体和短跨距的过梁、柱以及地面等部位的建造。

四、石砌建筑装饰石材

饰面石材是指用于建筑物表面装饰的石材，饰面板材则是指饰面石材加工成的板材，用作建筑物的内外墙面、地面、柱面、台面等，主要有大理石、花岗石、青石以及页岩石这几种，饰面石材以其强度大、装饰性好、耐腐蚀、耐污染、便于施工、价格低等优

图 7-1-4　砂岩石材 1

图 7-1-5　砂岩石材 2

点，得到我国传统石砌民居建造者的广泛应用。

（一）大理石

大理石是地壳中原有的岩石经过地壳内不断的高温高压作用，所形成的变质岩，地壳的内力作用促使原来的各类岩石发生质的变化的过程。质的变化是指原来岩石的结构、构造和矿物成分的改变，经过质变形成的新的岩石类型称为变质岩。大理石主要由方解石、石灰石、蛇纹石和白云石组成，其主要化学物质成分以碳酸钙为主，约占50%以上。其他还有碳酸镁、氧化钙、氧化锰及二氧化硅等。大理石一般性质比较软，这是相对于花岗石而言的。

大理石磨光后非常美观，主要用于加工成各种形材、板材，以用作建筑物的墙面、地面、台、柱，还常用于纪念性建筑物如碑、塔、雕像等的材料。根据大理石的品种划分，命名原则不一，有的以产地和颜色命名，如丹东绿、铁岭红等；有的以花纹和颜色命名，如雪花白、艾叶青；有的以花纹形象命名，如秋景、海浪；有的是传统名称，如汉白玉、晶墨玉等。因此，因产地不同常有同类异名或异岩同名现象出现。

1. 天然大理石的主要化学成分

天然大理石主要化学成分氧化钙和氧化镁，其含量占总量的50%，属酸性石材（表7-1-2、表7-1-3）。

2. 天然大理石的性能与特点

此外，大理石通常具有以下特性，即不变形、硬度高，以及使用寿命较长。岩石组织结构相对较为均匀，线胀系数极小，内应力完全消失，不变形；石料刚性好，硬度高，耐磨性强，温度变形小；不会出现划痕，不受恒温条件限制，在常温下也能保持其原有物理性能，不必涂油，不易粘微尘，维护、保养方便简单，使用寿命长。

天然大理石化学成分　　　　　　　　　　　　　　　　　　　　　　　　表 7-1-2

化学成分	CaO	MgO	SiO_2	Al_2O_3	Fe_2O_3	SO_3	其他（Mn、K、Na）
含量（%）	28~54	3~22	0.5~23	0.1~2.5	0~3	0~3	微量

天然大理石的性能　　　　　　　　　　　　　　　　　　　　　　　　　表 7-1-3

项目		指标
体积密度（kg/m^3）		2500~2700
强度（MPa）	抗压	70.0~110.0
	抗折	6.0~16.0
	抗剪	7.0~12.0
平均韧性（cm）		10
平均质量磨耗率（%）		12
吸水率（%）		<1
膨胀系数（$10^{-6}/℃$）		6.5~10.12
耐用年限（年）		40~100

天然大理石石材的优点主要有三个：首先，其结构致密、抗压强度高、加工性好，不变形，天然大理石质地致密而硬度不大，其莫氏硬度在50左右，故大理石较易进行锯解、磨光等加工；其次，该类石材的装饰性好，纯大理石为雪白色，当含有氧化铁、石墨、锰等杂质时，可呈米黄、玫瑰红、浅绿、灰、黑等色调，磨光后，光泽柔润，绚丽多彩，浅色天然大理石板的装饰效果为庄重而清雅，深色大理石板的装饰效果为华丽而高贵；第三，吸水率小、耐腐蚀、耐久性好。

同时，天然大理石板的缺点有以下两点：第一，硬度较低，如在地面上使用，磨光面易损坏，其耐用年限一般在30～80年；第二，抗风化能力差，除个别品种的大理石，如汉白玉、艾叶草（因其具有质纯、纹理细密、吸水率小、比较稳定等性能）等可用于室外，其他都不宜用于建筑物外墙面和其他露天部位的装饰。因为城市工业中所产生的二氧化硫与空气中的水分接触产生亚硫酸、硫酸等所谓酸雨，与大理石中的碳酸钙反应，生成二水石膏，发生局部体积膨胀，从而造成大理石表面强度降低，变色掉粉，很快失去表面光泽甚至出现斑点等现象而影响其装饰性能。

总之，大理石因为其内部物质构成的优越特性，有着很好的装饰效果，在我国石砌传统民居中有着部分的应用，丰富着传统民居的建筑风貌。

（二）花岗石

花岗石是一种由火山爆发的熔岩在受到相当的压力的熔融状态下隆起至地壳表层，岩浆不喷出地面，而在地底下慢慢冷却凝固后形成的构造岩，是一种深成酸性火成岩，在类型上属于岩浆岩（火成岩）类。花岗石以石英、长石和云母为主要成分。其中长石含量为40%～60%，石英含量为20%～40%，其颜色决定于所含成分的种类和数量。

花岗岩由火成岩形成，是一种钢硬的晶状体石材，最初由长石、石英而形成且夹杂着一种或多种黑色矿物质，在结构上都是平整排列的。花岗石以石英、长石和云母为主要成分，为全结晶结构的岩石，优质花岗石晶粒细而均匀、构造紧密、石英含量多、长石光泽明亮。花岗石的二氧化硅含量较高，属于酸性岩石。某些花岗石含有微量放射性元素，这类花岗石应避免用于室内。花岗石结构致密、质地坚硬、耐酸碱、耐气候性好，可以在室外长期使用。

花岗石因经常含有其他矿物质，如角闪石和云母，而呈现各种颜色，包括褐色、绿色、红色和常见的黑色等。因为它结晶过程很慢，它的晶体像魔方一样一个个地交织在一起，所以它很坚硬。它同房子一样耐久，不掉碎屑，不易刮伤，不怕高温，不论颜色或亮光，只要有一些养护的常识，都不会褪色或变暗，他几乎不受污染，抛光后表面光泽度很高，各种天气带来的杂质几乎都不能粘附。

基于上述特征，花岗石是一种装饰效果丰富且较容易保养的石材，故而广泛地应用于我国传统石砌民居的外部装饰中。

（三）青石

青石是地壳中分布最广的一种在海湖盆地生成的灰色或灰白色沉积岩（约占岩石圈的15%），是碳酸盐岩中最重要的组成岩石。青石主要成分是豹皮灰岩，颜色呈浅灰或者灰黄色，新鲜面的颜色呈棕黄色及灰色，局部褐红色，基质为灰色，多是细粉径晶方解石，此外，青石是各种石材中最环保的石材，因其取材方便，自然存量巨大，耐磨，耐风化，无辐射，常用于现代的家具家装及户外建筑中，也是传统石砌民居装饰与建造过程中的重要石材种类之一。

第二节　石材打制加工技术

一、石料的各面名称

在传统的石材与石料加工过程中，不同位置的石料表面有着不同的专属称谓，其中，石料的大面叫作"面"，两侧的小面叫作"肋"，两端的小面叫"头"，不露明的大面叫作"底面"或者"大底"。加工时，露明部分统称为"看面"或者"好面"，其中面积大的一面叫作"大面"，面积小的叫作"小面"。如果石料的"头"不露明，通常是叫作"空头"，如果"头"是露明的，则通常会叫作"好头"，如果石材有一头为"好头"，则整块石料也会往往被称作"好头石"（图7-2-1）。

石料与石材在进行安装过程中，各边又有着不同的叫法，如果石活为重叠垒砌而成，那么上、下石料之间的接缝就叫作"卧缝"，左、右石料之间的接缝则叫为"立缝"，同一个平面上的石料，大面上的"头"与"头"之间的缝隙叫作"头缝"，大面上的长边与石料或者砖的接缝叫作"并缝"（图7-2-2）。如果平卧砌筑的石料四周都不露明（如海墁地面），则上述的"并缝"和"头缝"又可以统称为"围缝"。

二、石材打制加工的各种手法

对于石材打制加工过程的名称，具体在建造时以哪种手法作为最后一道工序，通常就会以该种做法的名称作为整个打制加工过程的名称，如以剁斧做法交活的，则叫剁斧做法，如果在剁斧后还进行了磨光处理的，则会称为磨光做法。常见的石材打制加工手法如下文所述。

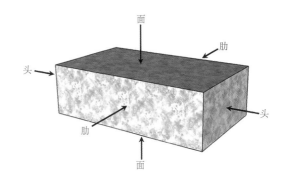

图7-2-1　石材各面名称

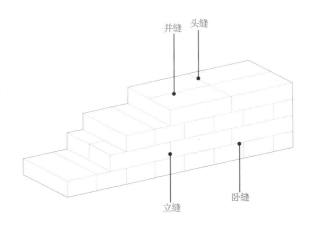

图7-2-2　石料与石材安装中各边叫法示意图

（一）劈

用大锤和楔子工具，将石料劈开的操作步骤就叫作"劈"。在劈大块石块时，通常是先用錾子凿出若干楔窝，间距一般控制在8~12cm之间，窝深普遍在4~5cm之间。楔窝与铁楔应做到：下空，前、后空，左、右紧，这样才能把石料挤开。然后在每个楔窝处安好楔子，再用大锤轮番击打，第一次击打时要较轻，以后逐渐加重，直至劈开。上述方法叫作"死楔"法。也可以只用一个楔子（蹦楔），从第一个楔窝开始用力敲打，要将楔子打蹦出来，然后再放到第二个楔窝里，如此循环，直至将石料劈开。死楔法适用于容易断裂和崩裂的石料。蹦楔法的力量大、速度快，适用于坚硬的石料（如花岗石）。如果石料较软（如沙石）或有特殊要求，如劈成三角形或劈成薄石板时，应先在石面上按形状规格要求弹好线，然后沿着墨线将石料表面凿出一道沟，此步骤也叫作"挖沟"。对于石料的两个侧面，也要进行"挖沟"处理，然后再下楔进行敲打，或用錾子由一端逐渐向前"蹾"，第一遍用力要轻，之后逐渐加重，直至将石料蹾开。

（二）截

把长形石料截去一段的步骤就叫作"截"。截取石料的方法通常有两种。传统方法是将剁斧对准石料上弹出的墨线放好，然后用大锤猛砸斧顶，沿着墨线逐渐推进，反复进行，直至将石料完全截断开来。据认为，由于剁斧的"刃"是平的，石料上又没有挖出沟道，所以此种方法不会对石料造成内伤。但这种方法对少数石料难以奏效。近代也有使用另外一种方法的，即先用錾子沿着石料表面上的墨线打出沟道，然后用剁子和大锤沿着沟道依次用力敲击，直至将石料裁断。这种方法效率较高，但是据认为会对一些石料造成内伤，在一定程度会对石料的质地造成影响，因此，"截"的两种做法各有优劣，在建造时通常会是具体情况而决定加工方式的采用。

（三）凿

用锤子和錾子工具将石材中多余的部分打掉的操作步骤就叫作"凿"。在特指对荒料进行凿打时，也可叫作"打荒"；特指对底部进行凿打时，可叫"打大底"；在用于石料表面加工时，有时可以按工序而直接叫作"打糙"或者"见细"。

（四）扁光

用锤子和扁子工具将石料表面打平剔光的操作步骤叫作"扁光"。经扁光处理后的石料，普遍是表面平整光顺，没有斧迹凿痕。由于扁光处理后的石材，通常具有光面、麻面或者带纹理的效果，因而该处里常用于传统石砌建筑的不同装饰做法。

（五）打道

用锤子和錾子工具在基本凿平的石面上打出平顺、深浅均匀的沟道的步骤就叫作"打道"。打道可以细分为"打糙道"和"打细道"两种方式，其中，打糙道又叫作"创道"，打很宽的道叫作"打瓦垄"，而打细道又叫作"刷道"。在操作目的方面，打糙道一般是为了找平处理，而打细道则是为了美观或者进一步找平，此外，对于软石料（如汉白玉）的打道处理，应尽量轻打，錾子应向上反飘，以免崩裂石面或者留下錾影，影响石材的打制效果。

（六）刺点

刺点是凿的一种手法，操作时錾子应立直。刺点凿法适用于花岗石等坚硬石料，对于汉白玉等软石料及需磨光的石料均不可进行刺点打制处理，以免留下錾影，影响打制质量。

（七）砸花锤

砸花锤是指在刺点或打糙道的基础上，用花锤在石面上进行锤打的步骤，从而使得石面更加平整（图7-2-3）。需磨光的石料不宜砸花锤，以免留下"印影"。砸花锤既可作为剁斧处理前的一道工序，也可作为石面处理中的最后一道工序。

（八）剁斧

剁斧又叫"占斧"（图7-2-4）（表7-2-1），它是在砸花锤之后的一种精加工，一根斧迹一根斧迹紧连着占剁，是用斧子（硬石料可用哈子）剁打石面的操作步骤，剁斧的遍数应达到2~3遍，两遍斧交活为糙活，三通斧为细活。第一遍斧主要目

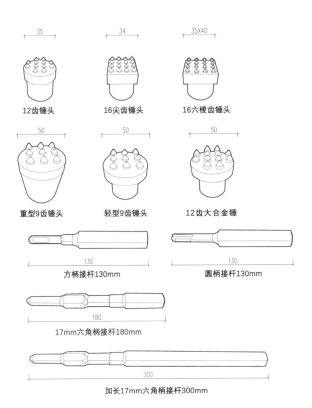

图 7-2-3　砸花锤尺寸类型示意图

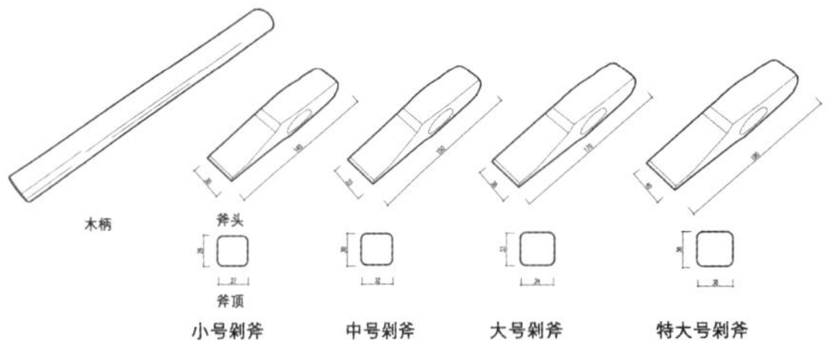

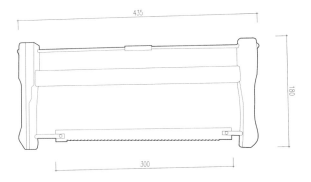

图 7-2-4　剁斧规格示意图

剁斧规格型号			表 7-2-1
规格	重量（g）	长度（mm）	垛口（mm）
小号剁斧	550	145	30
中号剁斧	750	150	33
大号剁斧	1000	170	36
特大号剁斧	1650	190	40

的是找平，第三遍斧既可作为最后一遍工序；也可为打细道或磨光做准备，对于石料表面处理中以剁斧为最后一道工序的，最后一遍斧应轻细、直顺，匀密。使用哈子虽比斧子省力，但不宜在第三遍时使用，也不宜用于软石料。

（九）锯

是指用锯和"宝砂"（金刚砂）工具等（图7-2-5）（表 7-2-2），将石料锯开的加工步骤，这种方法普遍适用于制作薄石板。

图 7-2-5　锯示意图

锯规格型号					表 7-2-2
产品名称	总长（mm）	宽度（mm）	锯条长（mm）	锯条宽（mm）	握把长（mm）
小号手工具	435	180	300	20	80
中号手工具	500	262	350	20	120
大号手工具	605	315	450	20	130

（十）磨光

是指用磨头（一般为砂轮、油石或硬石）沾水将石面磨光的处理步骤（图7-2-6）（表7-2-3）。磨光时，通常要分几次来磨，开始时用较为粗糙的磨头（如砂轮）进行磨光，最后要用较细的磨头（如油石、细石）进行磨光。磨光后可做擦酸和打蜡处理。根据石料表面磨光程度的不同，磨光又可以分为"水光"和"旱光"两种，其中，"水光"是指光洁度较高，而"旱光"是指光洁度要求不太高，即现代所称的"亚光"。

三、石材表面的打制加工要求

不同的建筑形式或不同的使用部位，对石料表面往往有着不同的加工要求。石活中，对于常见的几种打制加工技术要求如下：

（一）打道

打道通常可以细分为打糙道和打细道两种做法。

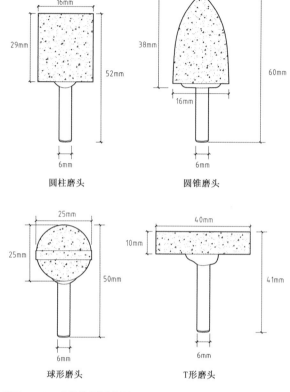

图7-2-6　磨头类型示意图

磨头规格型号　　　　　　　　　　　　　　　　　　　　　表7-2-3

规格	磨头直径	磨头长度	柄径	总长度
圆柱形 16×6mm	16mm	29mm	6mm	52~57mm
圆柱形 20×6mm	20mm	29mm	6mm	52~57mm
圆柱形 25×6mm	25mm	29mm	6mm	52~57mm
圆柱形 30×6mm	30mm	29mm	6mm	52~57mm
圆柱形 16×6mm	16mm	38mm	6mm	60~65mm
圆柱形 20×6mm	20mm	38mm	6mm	60~65mm
圆柱形 25×6mm	25mm	38mm	6mm	60~65mm
圆柱形 30×6mm	30mm	38mm	6mm	60~65mm
球形磨头	25mm	25mm	6mm	50-52mm
T形磨头	40mm	10mm	6mm	41~43mm

打细道又可叫作"刷道"，同为打道做法，糙、细两种做法的效果却差异很大。打糙道做法是石料表面各种处理手法中最为粗糙的一种，多用于井台、路面等需要防滑部位的处理。而刷细道做法是非常讲究的做法，通常会较讲究打制效果精细度。所谓的糙、细道之分，主要是由道的密度来决定。例如，在一寸长的宽度内，打三道叫作"一寸三"，打五道叫"一寸五"……以此类推，则有"一寸七"、"一寸九"和"十一道"。"一寸三"和"一寸五"做法属糙道做法，多用于道路等需要防滑的石面，"一寸七"和"一寸九"做法则又属于细道做法，多用于挑檐石、阶条石、腰线石的侧面，地方建筑的石活则经常使用，为保证效果，刷细道应在剁斧后进行。一寸之内刷十一道以上的做法则已经属于非常讲究的做法，仅用于高级的石活制品，如讲究的须弥座、陈设座，或者要求较高的建筑石雕等。无论是糙道还是细道，打出的效果都应该保持深浅一致，宽度也应该相同，道应直顺通畅，不可以出现断道现象。道的方向一般应与条石方向相垂直，有时为了美观，也可打成斜道、"勾尺道"、"人字道"以及"菱形道"等不同形式。

（二）砸花锤

砸花锤这种处理手法是在经凿打已基本平整的石面上，用花锤进一步将石面砸平。经砸花锤处理的石料大多用于铺墁地面，也常见于地方建筑中。对于该步骤，打制加工的要求就是尽量保证打制后的石材的表面平整性。

（三）剁斧

剁斧又叫"占斧"，是石材打制技术中一种比较讲究的做法，也是官式建筑或者高等级民居建筑石活中最常使用的做法。在工序流程方面，剁斧步骤应该在砸花锤之后进行。在打制效果的要求上，剁出的斧印应该密匀直顺，深浅应基本一致，不应留有錾点、錾影及上遍斧印，刮边宽度也应该基本保持一致。剁斧按遍数分为一遍剁斧、二遍剁斧、三遍剁斧，在加工要求上，第一遍为粗剁，只要产生大体的打制效果即可；第二遍追求细剁，即在第一遍跺斧的基础之上进行更精细一部的跺斧；而第三遍则追求精剁，既追求跺斧处理的精细工艺。

（四）磨光

通常来讲，对于民居中某些极讲究的建筑构件，如须弥座、陈设座等的打制过程中，会涉及磨光步骤，对于该步骤，要求打制精细、平整、光滑，以保证打制加工的工艺质量。

（五）做细

指应将石料加工至表面平整、规格准确。露明面应外观细致、美观。不露明的面也应较平整，安装时不但没有多出的部分，且接触面较大。剁斧、砸花锤、打细道、扁光和磨光都属于"做细"的范围。

（六）做糙

指石料加工得较粗糙，规格基本准确。露明面的外观基本平整，但风格疏朗粗犷。用于不露明的面时，可以很粗糙，但也应符合安装要求。打道、刺点和一般的凿打都属于做糙的范围。

四、石料打制加工的一般程序

在各种形状的石料中，长方形形态的石料数量最多，其他形状的石料，如三角形和曲线形石料的加工也往往是在方形石料的加工基础上，再做进一步的加工，因此，下面以长方形石料为例，梳理石料打制加工的一般程序。

石料加工的基本程序是：确定荒料、打荒、扎打齐边线、小面弹线、大面装线抄平、砍口、齐边、刺点或打道、打扎线、打小面、截头、砸花锤、剁斧、刷细道或磨光。这些打制加工程序通常并不是固定不变的，在实际操作中，某些工序也常常是反复进行。当石料表面要求出现不同时，某些工序也可省略不用，如表面要求砸花锤的石料，则不必剁斧和刷细道了。

（一）确定荒料

确定荒料是指根据石料在建筑中所处的位置，确定所需石料的质量和荒料的尺寸，并确定石料的看面和纹路，其中，水平石纹（称卧碴）一般用于做压面石、阶条石、踏跺石、拱石、栏板等，垂直纹（称立碴）用于做望柱、柱子等，斜石纹不得用来做石构件。荒料的尺寸应大于加工后的石料尺寸，称为"加荒"，以保证石料的用料充分。加荒的尺寸因不同的构件而不同，但最少不应小于2cm，如荒料尺寸过大，宜将多余部分凿掉。

（二）打荒

打荒程序是指在石料看面上抄平放线（具体方法参见装线工序），然后用錾子凿去石面上高出部分的步骤，打荒的目的是为进一步的石材打制加工打好基础。

（三）扎打齐边线

指在规格尺寸以外1~2cm弹出需要加工的墨线。打线即将扎线以外的多余石料打掉。先在任意一个小面上，靠近大面之处弹一道水平线，此线不要超过大面的最凹处。然后依此线弹出其他各小面的水平线，即为大面装线抄平。之后，将小面线以上的部分凿去，再用扁子沿着水平线将大面四周扁光出棱，使周边整齐，即"刮边"，刮边宽度约2cm（称为金边）。

（四）小面弹线

先在任意一个小面上、靠近大面的地方弹一道通

长的直线，如果小面高低不平，则不宜弹线，可先用錾子在小面上打荒找平后再弹线，弹线时应注意，墨线不应超过大面最凹处。在石料加工过程中，往往需要进行几次装线找平。

（五）砍口、刮边

沿着小丽上的墨线用錾子将墨线以上的多余部分凿去，然后用扁子沿着墨线将石面"扁光"，即"刮边"，刮出的金边宽度约为2cm。实际操作中，往往在剁斧工序完成后再刮一次金边。如果石料较软（如汉白玉）就分几次加工，以防止石料崩裂。

（六）刺点或打道

以找平为目的打道又称为"创道"。刺点或打道的主要目的都是将石面找平，除汉白玉等软石料外，一般应以刺点操作为主，在刺点后应再行打道，为保证打出的道直顺均匀，在打制时可以按一寸间距在石面上弹出若干条直线，按线打道。

刺点或创道应以刮出的金边为标准，如石面较大，可先在中间冲出相互垂直的十字线来，十字线的高度与金边高度相同，然后以十字线和金边为标准进行刺点或创道。石料的纹理有逆、顺之分。顺槎叫"呛碴"、"开碴"或"顺碴"。逆槎叫"背碴"或"掏碴"。打"背碴"进度慢，道子也不易打直，打"呛碴"效率高，打出的道子也容易直顺，但有些石料打"呛碴"容易出现坑洼。因此打道时应根据具体石性，找好呛（背）碴再开始凿打。

（七）扎线，打小面

在大面上按规格尺寸要求弹出线来，以扎线为准在小面上加工，加工的方法可与大面相同，也可略简。一般情况下，小面应与大面互相垂直。但要求做泛水的石活，如阶条石等，小面与大面的夹角应大于90度。

（八）截头

截头又叫"退头"或"割头"。以打好的两个小

面为准，在大面的两头扎线，并打出头上的两个小面，实际操作时，截头常与打扎线打小面同时进行。为能保证安装时尺寸合适，石活中的某些构件如阶条石等，常留下一个头不截，待安装时再按实际尺寸截头。

（九）砸花锤

经过上述几道工序，石料的形状已经制成，石面经刺点或打糙道，已基本平整，如表面要求砸花锤交活，就可以进行最后一道工序了，如要求剁斧或刷细道，在砸花锤以后，还应继续加工。如石料表面要求磨光者，应免去砸花锤这道工序。

砸花锤时不应用力过猛，举锤高度一般不超过胸部，落锤要富于弹性，锤面下落时应与石面平行。砸完花锤后，平面凹凸不应超过 0.4cm。

（十）剁斧

剁斧应在砸花锤步骤之前进行，剁斧一般应按"三遍斧"做法。建筑不甚讲究者，也可按"两遍斧"做法。"三遍斧"做法的，常在建筑即将竣工时才剁第三遍，这样可以保证石面的干净。

第一遍斧只剁一次。剁斧时应较用力，举斧高度应与胸平齐，斧印应均匀、直顺，不得留有花锤印或者錾印，平面凹凸不超过 0.4cm。第二遍斧剁两次，第一次要斜剁，第二次要直剁，每次用力均应比第一遍斧稍轻，举斧高度应距石面 20cm 左右，斧印应均匀、直顺，深浅应一致，不得留有第一遍斧印；石面凹凸不超过 0.3cm。第三遍斧剁三次，第一次向右上方斜剁，第二次向左上方斜剁，第三次直剁，第三遍斧所用斧子应较锋利，用力应较轻，举斧高度距石面约 15cm 左右，剁出的斧印应细密、均匀、直顺，不得留有二遍斧的斧印，石面凹凸上下不超过 0.2cm。如果以剁斧交活者（剁斧后不再刷道），为保证斧印美观，可以在最后一次剁斧之前先弹上若干道线，然后顺线用快斧细剁。

（十一）打细道

石面经过剁斧处理之后，表面通常已经很平整，所以打细道的目的基本是为了美观。为了保证质量，可先弹线再刷道。如果石面很宽，较难把握时，可顺着石料的纵向在中间刷两道鼓线（阳线），然后在两旁分别刷道，刷道一般应直刷（与石料的纵向相垂直），但也可以斜刷、左右互斜、刷成人字、菱形等。道子密度可有"一寸七"、"一寸九"、"一寸十一"不同做法。刷出的道子应直顺、均匀、深浅一致，道深不超过 0.3cm，不应出现乱道、断道等不美观现象。

实际操作中，可在建筑快竣工时，再刷细道。对于表面要求磨光的石料，应免去打细道这道工序。

（十二）磨光

磨光应在剁斧的基础上进行。要求磨光的石料，荒料找平时不宜刺点。刷道时，应尽量使錾子平凿，以免石面受力过重。石面也不宜砸花锤。上述三点注意事项，都是为了避免在石面上留下錾影和印痕，否则磨光时无法去掉。磨光时先用粗糙的金刚石沾水磨几遍，磨的时候可在石面洒一些"宝砂"即金刚砂，然后用细石沾水再磨数遍，石面磨光后，要用清水冲净石面，待石面干燥后可进行擦蜡，所需之蜡须为白蜡，且最好为四川白蜡，将蜡熔化后兑入稀料制成，放凉后用布沾蜡在石面上反复擦磨，直至蹭亮。

五、石料的传统加工工具

石料的传统打制加工工具可以大体分为两类，即加工工具与划线工具。

（一）加工工具

传统的石料加工工具包括錾子、楔子、扁子、刀子、锤子以及斧子等不同类型。

1. 錾子

錾子是通过凿、刻、旋、削进行石材料加工的工具，具有短金属杆，在一端有锐刃，是打荒料和打糙时所用到的主要工具之一。普通的錾子直径可为 0.8~1cm，粗錾子的直径可达到 1~2.5cm，尖錾子的直径可为 0.6~0.8cm。在材质构成方面，錾子一般是用优质钢、弹簧钢或者碳素工具钢制成的，它是凿打楔眼或加工石料制品的工具，其长短、大小通常根据需要得以具体确定。若按形状和用途之分，錾子一般又可以分为尖錾、鸭嘴錾、扁錾以及錾把錾四种类型。

1）尖錾

尖錾是开采石料时用于打楔眼、加工石料的必需工具。为了与断槽錾矛进行区别，业内普遍把它叫作普通尖錾。它的尖部是一个等腰三角体，这个三角体的顶角是由四个 20 度角的斜面相交组成的，四周有四个棱子。由于錾子尖端角度小，较容易搽进石头。使得錾子在受到打击的力量时，尖部就沿着打击力的方向移动，向石头里钻进去。由于去挤开石头，四个棱子能使较大片石渣自然飞出。使用尖錾时一般以左手握錾，右手拿手锤打击。在石面上，经过錾尖凿成的直线痕迹，通常称为錾路。

2）扁錾

扁錾的尖部是扁平的，无尖端，在尺寸上一般以宽约 2cm、长约 3cm、厚约 0.1cm 为宜（图 7-2-7）（表 7-2-4）。它是用来制作石料平面和铲光石料制作的专门工具，所以又叫作"平錾"。在使用方面，握扁錾的具体方法与尖錾略有不同，它是以左手的四指握錾，利用大拇指竖着紧靠錾头，使用扁錾时是用手锤轻轻敲击錾子，使扁錾在石面上略为呈水平状前进，在扁錾向前平进，手锤提起的同时，将扁錾

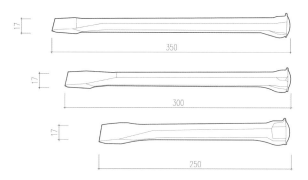

图 7-2-7 扁錾规格示意图

磨錾规格型号   表 7-2-4

规格	总长（mm）	粗度（mm）	刃宽（mm）	重量（g）
17mm 粗	250	17	28	500
	300	17	28	570
	350	17	28	680
19mm 粗	250	19	31	650
	300	19	31	760
	350	19	28	850

几乎拖回到原来开始平进的位置上，再用手锤轻轻敲击，这样的往返平进，使石面成为平整、光滑的平面。

3）鸭嘴錾

鸭嘴錾的尖部也是扁平的，但是没有扁錾的尖部宽，它的一组夹角仍为 20 度角，另一组对面则约为 0.3~0.6cm 宽的斜直相交的平面。凿去毛包时，錾子的握法和使用方法与尖錾的方法相同。

4）錾把錾

錾把錾是一种相对古老传统的采石工具，它由龙箍、木柄、皮箍和錾矛四部分组成，其制作过程比较复杂，现分别叙述如后：

首先，对于龙箍，龙箍是用铁材制成的作为錾把

的工具，它有木仓和子眼两个组成部分，木仓里侧是一个倒置的圆锥形体，子眼是一个端正的圆柱形小孔。

其次，对于錾矛，这里指的是断槽錾矛，断槽錾矛是普通尖錾的变形，其头部是一个圆柱形，以易于投进龙箍子眼，这个圆柱形的大小、长短，视其龙箍子眼的大小和深度而确定。断槽錾矛的尖端不是笔直的，而是偏向一个侧面，石工工匠们通常把它叫作"偏头锋"或者"半边锋"。在深而狭窄的断槽中，只有偏头锋的断槽錾矛，才能独特地完成相应工作，普通尖錾则完全不起作用。断槽錾矛通常应该有长有短，以便视其断槽的深浅和便于操作而随时换取使用。

再次，对于皮箍，制作皮箍前应预备一个木圆锥。把未经硝过、未干的生水牯牛皮，用小刀切划成2~3cm宽的皮条，上端固定，下端加以重物垂吊，使其逐渐拉长。再用较为锋利的小刀将皮条表面的牛毛逐渐剃去，并将其修理成厚薄、宽窄均匀的皮条。干后的皮条通常质地较硬，在制作皮箍前，将其浅埋入比较湿润的泥土中，几天之后，待其柔软而再次取出，然后在木圆锥上结扎成五瓣或六瓣的皮箍，并使其箍紧，放置阴凉干燥处，晾干之后即成为需用的皮箍。皮箍一般以一对为宜，在称谓上，上面的一个通常叫"天箍"，下面的一个通常叫"地箍"。

此外，因为在使用錾把操作时，手锤要打击其木柄，因此，为了防止木柄消耗过快，通常用皮箍将木柄紧紧地箍制着，以减少木柄的损耗，延长其使用寿命。另外，在雨天不宜使用錾把錾操作，主要是因为雨水容易将皮箍浸湿，如果皮箍被雨水浸湿，它将明显地失去箍制木柄的能力。

最后，对于錾把木柄：木柄应用优质、坚硬的干

杂木进行制作。一般常用的种类有：枇杷树（蔷薇科枇杷属植物枇杷）、柞木（俗称蒙子树、牛錾树，为大风子科柞木属植物柞木）、乌冈栎（又名青枫树，为壳斗科麻栎属植物乌冈栎）、水金京树（茜草科水锦属植物水金京）、茶条树（又名黄茶条，为槭树科槭树属植物茶条）、木帚子（蔷薇科铺地蜈蚣属植物木帚子）以及茅铁香（又名磨铁消）等。对于木柄的大小和长短，可以根据实际需要和树材的长短、大小以及龙箍的大小而确定。它的中部是较两端略大的圆柱体形，树心应尽可能留在圆柱的正中。木柄一般以小圆木制成为佳，因为经过锯割的树材，其内部纤维组织已经被割裂断，在经受打击的过程中会出现弊病。

为了使木柄易于投上皮箍和投入龙箍的木仓里，其两端可做成圆锥形。一端投入龙箍的木仓，另一端投上皮箍（从木圆锥取下）。将投有皮箍的尖端，放入大锤的龙眼里，使龙箍的子眼向上，用手锤着力捶打龙箍子眼的顶端，使皮箍紧贴木柄。为了使龙箍子眼不受损坏，可在子眼处放上木屑，再用手锤打击，然后用锯将露在皮箍外面的锥形木柄锯掉，錾把就算制成功了，投上錾矛就可以使用。

錾把可以根据需要投上錾子，也就是说，可以投上普通尖錾、扁錾、鸭嘴錾或断槽錾矛。

錾把经过长时间使用，因为某些原因需要将皮箍取下来时，应用小刀或木工凿，将皮箍外面翻卷的木纤维削（凿）去，然后将錾把（取下錾矛）平放在地面上，用两个楔子组成约60度的夹角，以其楔嘴抵住皮箍两侧，再用一个硬杂木制的平顶的圆锥，放置在皮箍前面，抵住木柄的中心，并使这个平顶的木圆锥和錾把在同一条直线上，操作的人分开两脚站立皮箍的两侧，用双手握住手锤，弯腰

用力打击木圆锥，如是反复打击，就可以使皮箍完整无缺地脱离下来。

另外，对于錾矛的取出，投入龙箍子眼里的錾矛在需要取出时，可用左手拿住錾把，右手握手锤，用力敲击龙箍子眼处的外缘，龙箍子眼里的錾矛就会慢慢地脱离出来，也可以采取敲击木仓外缘的办法，将木柄取出来。如果行之有效，可以将龙箍放在烘炉边加热，龙箍受热膨胀，木柄受热收缩，然后再用手锤稍为敲击龙箍，木柄就会脱离下来。錾把的使用方法：一般是以左手握住皮箍下面木柄处，右手执手锤打击皮箍箍着的木柄顶端。

2. 楔子

楔子主要用于劈开石料，通常也叫"石尖"，是用铁质材料制成的用来搣开石头的工具（图7-2-8）。楔子是一种简单的机械工具，其力学原理主要是将楔子向下的力量转化成对物件水平的力量。短小而阔角度的楔子能较快分开相应物体，比较长而窄角度的楔子则需要更大的力量，以实现物料的分离。

一般说来，楔子可以分成楔头和楔嘴两个部位。楔头基本上是一个八棱柱体；楔嘴由两个斜直相交的平面组成。从楔嘴的横截面进行观察，楔子是一个等腰三角形。楔子之所以能够搣开石头，主要靠楔嘴的机械作用。当楔子插入楔眼里，用大锤打击的时候，楔子就沿着大锤打击的方向移动，这时，楔子两侧的斜面上，同时获得了垂直于斜面的力，这个力推压石料，把它分开，所以，在选择楔子的时候，不应当是采用曲凸或曲凹特征的平面。另外，楔子除挤开石料之外，在撬动石料时，还经常用它用作砧子，也就是作为钢钎的支点。

3. 扁子

扁子又叫"卡扁"或"扁錾"，主要用于石料齐边或雕刻时的扁光，分为两种规格，其中宽度为 1.5~2.6cm 的为大卡扁，宽度为 1~1.5cm 的为小卡扁。

4. 刀子

刀子用于雕刻石料的表面花纹与细部精细加工，其中用于雕刻曲线的刀子叫作圆头刀子。

5. 锤子

锤子是一种传统的石料打击工具（图7-2-9），具体可以分为大锤和手锤两种类型，其中，对于大锤，根据地区的不同，其锤的具体形状也互不相同，一般看来，有"冬瓜大锤"（即两端与中部的大小

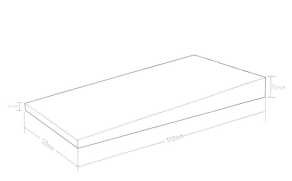

图 7-2-8　楔子示意图

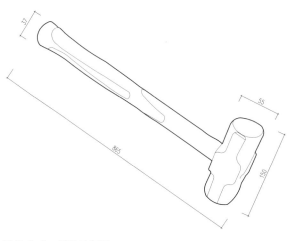

图 7-2-9　锤子示意图

一样）和"千担大锤"（即两端小，中间大）两种。大锤是开采石料时打击楔子的工具，一般重量以15~20kg为宜，锤身长约50cm，锤身中央有一个口径约为3cm的圆柱形小孔，垂直贯通两面，称为"龙眼"。锤两端的钢面，要求用进行过良好热处理的钢材材料制成。锤身中央部分稍大，与两端分别形成流线型体。两端钢面面积约为4cm×4cm。"千担大锤"两端钢面的面积较小，操作时挥动阻力小，使用方便，打击碰撞时接触面小，因而使得打击力量集中、力量效果较为明显。所以，传统石工工匠们常选择使用这种形式的大锤。对于龙眼，它主要是用来投固木把的，要求其端正，也就是说，必须垂直于它所贯通的两个平面。

大锤木把通常采用未干的优质硬杂木小树制成。砍下的小树，剃去桠枝，不剥皮，将根部部分投入龙眼里。大锤把切不能将树皮剥去，因为树皮里贮存着大量的水分。如果将树皮剥去，因为树皮里贮存着大量的水分，小树中的水分就会马上大量地渗透出来，会使小树表面溜滑，操作时难以捏紧，给使用造成很大困难。对于已干的小树，也不宜用作大锤把，因为小树中的水分消失，变得干而性脆，使用时容易断裂。

小树在自然生长过程之中，由于受自然条件的不断影响，形体通常不是笔直而上的，而是有不同程度的弯曲的，所以，在木把投入龙眼后，还应作校正的工作。使木把弯曲的方向尽可能地顺着两端钢面，以便利操作。为了牢固，还必须在投入龙眼的木把的顶端，加入小木楔或小铁楔（最好是小铁楔），使锤把牢固。

手锤：手锤是用于打击錾子的传统工具，打楔眼和加工石料都要用到该种工具。根据地区的不同，手锤的形状和种类也多种多样，以四川省的情况为例，成都一带多用砣砣手锤，梁平一带多用窑斧手锤，目前石工最为普遍采用的莫过于扇形手锤，因为这种手锤操作舞动时阻力小，灵活轻便，其钢面与錾子碰撞时，通过扇面的共鸣，还会发出铿锵、悦耳、和谐的声音。

手锤重量以2kg左右为宜。投固木柄龙眼的长方形斜孔，应与其钢面互成约20度角。在钢面面积方面，以顺着龙眼的一组对边长约6cm，另一组对边长约3.5cm为宜。木柄用干的优质硬杂木制成，其长度一般以33cm左右为宜。

锤子用于打击錾子或扁子等，具体来说，锤子可以分为普通锤子、花锤、双面锤和两用锤等几种类型。花锤的锤顶会带有网络状尖棱，主要用于敲打不平整的石料，从而使其逐渐平整（这一工序称为砸花锤）。双面锤是指一面是花锤，一面是普通锤。而两用锤则一面是普通锤，一面可安刃子，因此两用锤既可以当锤子用，也可当斧子用。

6. 斧子

斧子在石材加工过程中主要用于石料表面的剁斧（占斧）工序的操作，斧子的大小规格不一，较大斧子的重量约1~1.5kg，较小规格斧子的重量约0.8~1kg，具体来说，该工具主要用于表面要求较为精细的剁斧处理操作。

7. 剁斧

剁斧是一种打制加工工具，其形状与普通的锤子相仿，但是其下端的形状则介于斧子与锤子之间，专门用于横断石料的操作之用。

8. 哈子

哈子是一种特殊的斧子，专门用于花岗岩表面的剁斧，它与普通斧子的区别是，斧子的斧刃与斧柄的方向是一致的，而哈子的斧刃与斧柄互为横竖方向，此外，普通斧子上的"仓眼"（安装斧柄的孔洞）是与斧刃平行的，而哈子上的仓眼却是前低后高，安装斧柄后，哈子下端微向外张，这样就可使剁出的石碴向外侧溅，而不致伤人面部。

9. 剁子

剁子是指主要用于截取石料之用的錾子。早期的剁子下端为一方柱体，后来也有将下端做成直角三角形的剁子出现。

10. 无齿锯

无齿锯是主要用于薄石板的制作加工用的工具，出现在近代时期（图7-2-10）。无齿锯就是没有齿的可以实现"锯"的功能的设备，实质上是一种简单的机械，主体是由一台电动机和一个砂轮片组成。切削过程是通过砂轮片的高速旋转，利用砂轮微粒的尖角切削物体，同时磨损的微粒掉下去，新的锋利的微粒露出来，利用砂轮自身的磨损进行切削，达到类似锯的效果。

11. 磨头

磨头是一种小型带柄磨削工具的总称，其种类很多，主要有陶瓷磨头、橡胶磨头、金刚石磨头、砂布磨头等，该类工具主要用于石料的磨光加工操作。

12. 钢钎

钢钎是用来撬动石头的工具，它是用钢材制成的条形物体，所以又叫作撬棍（图7-2-11）（表7-2-5）。它的粗细、长短并不固定统一，一般的长度以150cm左右为宜。

钢钎的一端做成扁平的形状，以易于插入石头的缝隙，另一端除成扁平状外，还弯曲成150度角，俗称"抓山"。这种有抓山的钢钎，本身就是一个省力的简单机械，在撬动石料时，钢钎就成为一个杠杆。抓山的拐弯处，就成为杠杆原理中的支点，抓山的顶端为重点，另一端就成为力点，重点

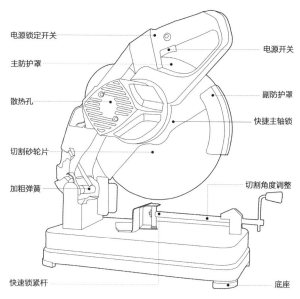

电源锁定开关
主防护罩
散热孔
切割砂轮片
加粗弹簧
快速锁紧杆

电源开关
副防护罩
快捷主轴锁
切割角度调整
底座

图 7-2-10　无齿锯示意图

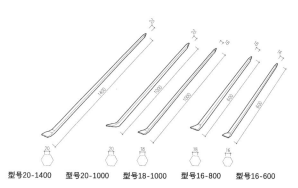

型号20-1400　型号20-1000　型号18-1000　型号18-800　型号16-600

图 7-2-11　钢钎规格示意图

到支点的距离为重臂，力点到支点的距离为力臂。力臂长，重臂短，这种杠杆的使用是省力的。石工们常说："巧四两要拨千斤重"，也就是利用这种杠杆的道理。利用这种有抓山的钢钎撬动石头，除了比较省力之外，还有一个附着在钢钎上的支点。撬动石头时，是利用抓山的顶端紧抓住要撬动的石料，抓山的拐弯处紧靠不动的石料，用力掰动扁平状一端。

13. 其他用具

除了上述主要加工工具之外，传统石工工匠们还

钢钎规格型号　表 7-2-5

规格型号	总长度（mm）	棱对棱粗度（mm）	材质	重量（kg）
16-500	600	16		0.55
18-600	600	18		1
18-800	800	18		1.2
18-1000	1000	18		1.6
20-1000	1000	20		2
20-1200	1200	20		2.5
20-1400	1400	20		2.9
23-1000	1000	23	优质高碳钢表面喷漆	2.75
23-1200	1200	23		3.4
23-1500	1500	23		4.3
25-1000	1000	25		3.6
25-1200	1200	25		4.4
25-1500	1500	25		5.5
25-1700	1700	25		6.3
28-1200	1200	28		5.0
28-1500	1500	28		6.4
28-1700	1700	28		7.4

钳子规格表　表 7-2-6

规格	总长	钳头宽	钳头长	手柄宽	材质
6"	160mm	23mm	45mm	50mm	铬钒钢
最大剪切能力（mm）：铜丝 φ3.0　铁丝 φ2.2					
7"	188mm	25mm	50mm	50mm	铬钒钢
最大剪切能力（mm）：铜丝 φ3.5　铁丝 φ3.0					
8"	215mm	30mm	60mm	50mm	铬钒钢
最大剪切能力（mm）：铜丝 φ4.0　铁丝 φ3.4					

· 钳体采用 Cr-V 铬钒钢锻造刃口高频处理
· TPR 双色手柄，耐油防滑，握持舒适
· 适用于铁丝、钢丝等进行夹扭、绞线、剪切

会采用其他一些工具进行辅助配合操作，如钳子、冲头、掏槽棍以及风箱等。

1）钳子

钳子是在煅烧捶打錾子时，在烘炉里钳住和取出錾子的工具（图 7-2-12）（表 7-2-6）。钳子的特点是钳口有凹纹，以便钳紧錾子，使之不易摆动，保证操作的准确完成。

2）冲头

冲头是用比大锤龙眼稍小的圆柱体形小铁棒制成，当大锤把断在龙眼里时，可以用它作冲出断锤把的工具（图 7-2-13）（表 7-2-7）。实践证明，要冲出断在大锤龙眼里的木把，利用冲头比用石渣省力、省时。此外，冲头一般不宜过长，以 15~20cm 为宜。

3）掏槽棍

掏槽棍是掏出断槽中石渣的工具，它是用竹竿或小树条做成的，下端劈尖，以便插入断槽。

4）风箱

风箱是供给烘炉里燃烧时所需要氧气的工具（图 7-2-14），一般常用木材制成方形或圆形的箱体样式，近年来，多有采用摇喷粉器来代替传统风箱的做法。

（二）划线工具

传统石材加工工具中，常用的划线工具主要由尺子、弯尺、墨斗、平尺、大锤、画签、线坠等工具组成。

1. 直尺

直尺是量度长短尺寸和划线工序的主要工具，它是用不易变形的木材或竹材制成的。直尺长度一般以 100~150cm 为宜。

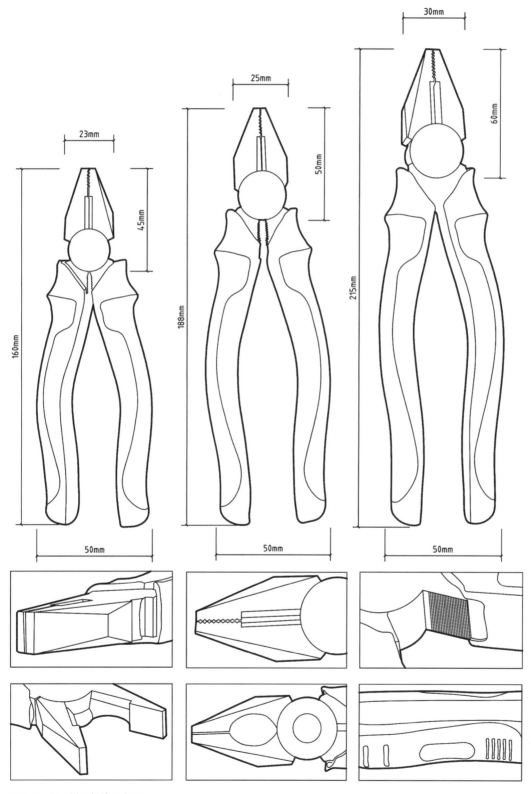

图 7-2-12 钳子规格示意图

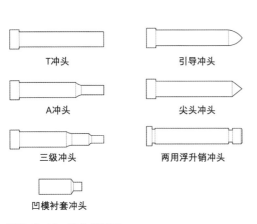

图 7-2-13　冲头类型图

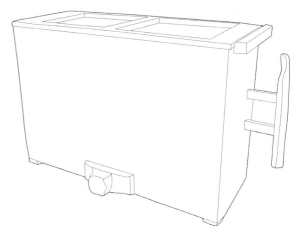

图 7-2-14　风箱示意图

T 冲头规格型号表
　　　　　　　　　　　　　　　　　　　　　　　　　　　　　　　　　　表 7-2-7

长度（mm） 直径（mm）	40	45	50	55	60	65	70	75	80	90	100
1	√	√	√	√	√	√	√	√	√	–	–
1.5	√	√	√	√	√	√	√	√	√	–	–
2	√	√	√	√	√	√	√	√	√	–	–
2.5	√	√	√	√	√	√	√	√	√	–	–
3	√	√	√	√	√	√	√	√	√	–	–
3.5	√	√	√	√	√	√	√	√	√	–	–
4	√	√	√	√	√	√	√	√	√	–	–
4.5	√	√	√	√	√	√	√	√	√	–	–
5	√	√	√	√	√	√	√	√	√	√	√
5.5	√	√	√	√	√	√	√	√	√	√	√
6	√	√	√	√	√	√	√	√	√	√	√
6.5	√	√	√	√	√	√	√	√	√	√	√
7	√	√	√	√	√	√	√	√	√	√	√
7.5	√	√	√	√	√	√	√	√	√	√	√
8	√	√	√	√	√	√	√	√	√	√	√
8.5	√	√	√	√	√	√	√	√	√	√	√
9	√	√	√	√	√	√	√	√	√	√	√
9.5	√	√	√	√	√	√	√	√	√	√	√
10	√	√	√	√	√	√	√	√	√	√	√
11	√	√	√	√	√	√	√	√	√	√	√
12	√	√	√	√	√	√	√	√	√	√	√

2. 弯尺

弯尺是指用铁质材料制成的直角尺（图7-2-15），主要在石工工匠进行划线或者校验石料之间是否呈直角时使用。它可以分为尺墩和尺梢两个组成部分，且相互构成直角。尺墩的一面有刻度，较尺梢稍厚而短，长约30cm，尺梢长约40cm（表7-2-8）。

校验尺墩和尺梢是否成直角时，可在一石面上划定一条直线，将尺墩边缘与这条直线的一段全部重叠，用尖錾沿尺梢划出第一条直线，然后将尺墩翻倒过来，全部重叠在这条直线的另一段，并把尺梢移近刚才划出的直线，如果这两条直线重叠或平行，就表示弯尺是准确的，否则，就应当进行修理，使之准确。

3. 活动尺

活动尺是用于在石面上划圆形的主要工具，普遍是长约60cm、宽约2cm、厚约2cm（图7-2-16）（表7-2-9），且应用不易变形的硬杂木制成的，中间装有一个可以自由伸展的活动短柱，短柱下端有钉尖，使用时作为圆心点进行支撑。

4. 墨斗

墨斗一般用木材或竹材制成，内部主要由墨筒、县轮、吊墨锤和墨签四部分组成（图7-2-17）。墨筒内盛浸有墨汁的棉丝，其壁上钻有两个相对小的圆孔，线轮上的墨线从墨筒一侧的小孔进入筒内，在棉丝中吸上墨汁，再由另一侧的小孔拉出，其端头系在吊墨锤上。使用墨汁弹墨线时，由一人拿住

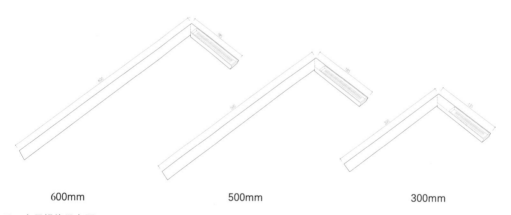

600mm   500mm   300mm

图7-2-15　弯尺规格示意图

弯尺尺寸规格表　　　　　　　　　　　　　　　　　　　　　　　　　　　　　　表7-2-8

名称	规格（mm）	尺身宽度（mm）	尺身厚度（mm）	底座长度（mm）	底座宽度（mm）	材质	重量（g）
弯尺300mm	300	29	1.3	135	13	不锈钢	140
弯尺500mm	500	29	1.3	185	13	不锈钢	230
弯尺600mm	600	29	1.3	185	13	不锈钢	260

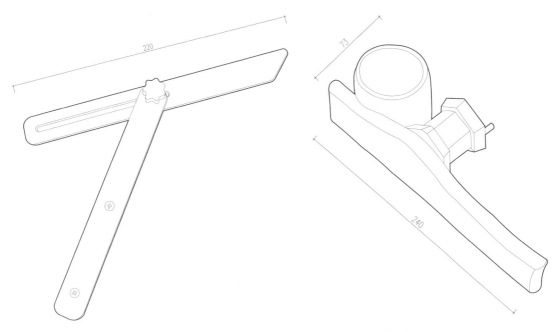

图 7-2-16 活动尺示意图　　　　　　　　　　　图 7-2-17 墨斗示意图

墨斗，另一人捏住吊墨锤，拉出墨线，找准位置；拿墨斗的人也找准位置，两人把墨线拉紧并压住，一人用手将墨线中部提起，而后脱手，利用墨线的弹力和所吸饱的墨汁，使其垂直地将墨痕弹印在石面上，弹完之后再将墨线绕回在线轮上。墨签部分是用竹材劈成约 20cm 长的竹片，它的一端削成扁形丝帚，以便吸存墨汁和划线。

活动尺尺寸规格表　　　　　　　　　　　　　　　　　　　　　　　　　表 7-2-9

规格	折叠长度（mm）	展开最大长度（mm）	尺长 × 宽 × 厚（mm）	木柄长 × 宽 × 厚（mm）	净重约（g）
小号	280	405	250×25×1	180×25×19	130
大号	350	495	300×25×1	215×25×19	150

第八章

石质构筑物
建造技术

◉　传统石砌民居建造技术中，石质构筑物建造主要包括牌楼石活、夹杆石石活以及杂项石活等内容。

第一节　牌楼石活

牌楼，有时也称为牌坊。牌楼起源于建筑的院门。从建造的材料来看，大致上分为木牌楼、砖牌楼、石牌楼。从所起的作用来看，分为标志性牌楼、纪念性牌楼、大门式牌楼、装饰性牌楼。其实牌坊与牌楼是有显著区别的，牌坊没有"楼"的构造，即没有斗栱和屋顶，而牌楼有屋顶，它有更大的烘托气氛。但是由于它们都是我国古代用于表彰、纪念、装饰、标识和导向的一种建筑物，而且又多建于宫苑、寺观、陵墓、祠堂、衙署和街道路口等地方，再加上长期以来老百姓对"坊"、"楼"的概念不清，所以到最后两者成为一个互通的称谓。

牌楼是中国建筑文化的独特景观，是由汉族文化诞生的特色建筑，又是中国特有的建筑艺术和文化载体，如文化迎宾门。一般来说，牌楼的作用主要是：作为装饰性建筑，增加主体建筑的气势，表彰、纪念某人或某事，作为街巷区域的分界标志等（图 8-1-1）。

从形式上分，牌楼只有两类：一类叫"冲天式"，也叫"柱出头"式，顾名思义，这类牌楼的间柱是高

图 8-1-1　牌楼石活

出明楼楼顶的；另一类是"不出头"式，这类牌楼的最高峰是明楼的正脊。若分得再细一些，可根据每座牌楼的间数和楼数为依据，无论柱出头或不出头，均有"一间二柱"、"三间四柱"、"五间六柱"等形式。顶上的楼数，则有一楼、三楼、五楼、七楼、九楼等形式。在北京的牌楼中，规模最大的是"五间六柱十一楼"。宫苑之内的牌楼大都是不出头式，而街道上的牌楼则大都是冲天式。

牌楼的结构形式虽然有木牌楼、砖牌楼和石牌楼等不同类型，但砖牌楼和石牌楼的外观多参照木牌楼的形式。对于石牌楼，以用于景园、街道、陵墓前为多。从结构上看，我国的传统石牌楼繁简不一，有的极简单，只有一间二柱，无明楼，而复杂的有五间六柱十一楼者。由于本身的结构特点，有的虽为三间四柱式，却只有花板而无明楼。石坊的明楼比较复杂，浮雕镂刻亦极有特色。如果石质坚细，不仅浮雕生动，而且其精细的图案历经数百年也不泯没。这里介绍的牌楼石活是指木牌楼上的石活，主要包括月台上的石活、夹杆石及其相关的石活。月台是牌楼的台基，月台石活主要包括阶条石、阶条里口海墁条石、嚼口、月台外海墁牙子石、礓磙石活等（表8-1-1）。

牌楼石活尺寸表格   表8-1-1

	宽	长、高、厚
夹杆石	见方等于或者略大于2份柱径	露明高：2份或者略小于2份夹杆石宽，一般为5～6尺； 埋深：不小于8/10露明高，一等于或者大于露明高为宜； 每块厚：1/2本身宽，但是太厚不易制作时，可以另加厢杆石； 花饰所占高度：3/10～6/10露明高，以5/10露明高为宜
套顶石	见方，1.25份夹杆石宽	厚：1/2本身宽
底垫石（管脚顶）	同套顶石	同套顶石
裝板石	见方，2份套顶石宽，再按照路数核定	厚：1/2套顶石厚
嚼口	10/6夹杆石宽，或者按照4份柱径加4寸，见方	厚：1/4本身宽
阶条石	不小于3份本身厚，以月台外皮至嚼口的尺寸为宜	厚：1/4柱径，但是不小于4寸； 每块长：通面阔减二块好头石长，明间一块长度须同明间面阔，余均分
好头石	同阶条石	长：月台外皮至嚼口里端； 厚：同阶条石
月台外海墁牙子石	同海墁砖宽	高：按城砖"一平一立"（砖厚加砖宽）尺寸
阶条里口海墁条石	不大于阶条宽，路数要单数，均分核定	厚：同阶条石
礓磙垂带	略小于柱径	厚：同阶条石

第二节　夹杆石石活

夹杆石是对"夹杆"和"厢杆"的通称，夹杆石的露明部分常有雕刻图案。

在古代建筑中，夹杆石是保护楼柱用来增加风荷载的，是牌楼所特有的重要构件。它和石牌楼的抱鼓石一样，主要是起稳固楼柱作用的。建筑大都四平八稳，而木牌楼是个孤零零的单片建筑，风荷载较大，所以对夹杆石的要求也很严格。尤其像大高殿没有戗杆的牌楼，夹杆石要比普通的更长些。由于其他建筑都没有夹杆石，所以说它是木牌楼很重要部件。当柱子较粗壮时，为节省石料，常在两块"夹杆"之间再用两块石料，这两块石料叫作"厢杆"，其做法与夹杆相同。夹杆石随柱子埋入地下，在地下承托柱子和夹杆石的是套顶石和底垫石，底垫石之下还可放板石。

为加强木牌楼的稳定性，在每根木柱的前后位置常斜向放置两根木杆，撑顶着木柱的上端，叫作"戗杆"。戗杆的下端被一块石活托顶，这块石活叫作"戗石"。讲究者将戗石做成异兽形象，称为"戗兽"。

第三节　杂项石活

一、石窗

石窗是一种石制的窗构件，通常情况下是不能开启的，而仅作为装饰构件之一。因多用于窗，且多为券洞形式，故又称为"券窗"。窗格纹样多以菱花和球纹为主，按照寓意的不同，石窗也有多种类型，可以分为几何形纹饰类、便化纹饰类以及吉祥纹饰类三种，主题不一、各具特色（图8-3-1～图8-3-5）。

制作石窗可以分为两个阶段，即设计阶段与雕凿阶段。在民间工艺中，制作、设计与雕凿总是由工匠一人完成，或者由师傅设计、徒弟雕凿，普遍以前者为主。在建造上，制作石窗采用的是以沙夹石为原料，该类石材质细柔软，色泽朴素、雅观，易于精、粗雕凿与磨制。沙夹石内含有一些较大的沙粒般的石粒，色多较基石浅或者深些，呈浅褐色，也有呈浅灰色、白色、青灰色等。但因为这些粒子在石面上分布均匀，比例较小，性质又与基石相似，色度基本相同，不仅不影响雕凿，还增加了石质的姿色。故而沙夹石是制作石门窗的理想材料，历代应用不衰，在我

图 8-3-1　石门窗 1

图 8-3-2　石门窗 2

图 8-3-3　石门窗 3

图 8-3-4　石门窗 4

图 8-3-5　石门窗 5

图 8-3-6　挑头沟嘴 1

图 8-3-7　挑头沟嘴 2

国石砌民居中有着大量的应用。

二、挑头沟嘴

墙上排水的孔洞叫作"沟嘴子"或"沟眼"（图 8-3-6、图 8-3-7）。沟嘴子多位于院墙的下部，但有时也在其他部位（图 8-3-8、图 8-3-9），如四合院的排水沟眼往往做在门楼的台明下部，又如，当平台房顶无法正常排水时，往往要通过管沟从山墙墀头上排水。此时，墀头上身部位也应做沟嘴子。当沟嘴子用石料制成，并伸挑出墙外时，叫作"挑头沟嘴"，俗称"水簸箕"。挑头沟嘴的作用在于避免雨水侵蚀墙面，故多用于高处，如城墙上的女儿墙，高

台上的四周围护墙等。挑头沟嘴做成龙头式样的，则称为"龙头沟嘴"，俗称"喷水兽"。

三、水簸箕滴水石

水簸箕滴水石是承接水簸箕（"挑头沟嘴"）排出冲下的雨水，用以保护地面的石沟件，主要位于挑头沟嘴下方的散水位置。

四、沟门

沟门通常位于沟眼的外端，是排水沟表面的围合构件。在功能方面，沟门既不影响沟眼的排水，又能使该部位变得美观。

图 8-3-8　挑头沟嘴 3

图 8-3-9　挑头沟嘴 4

图 8-3-10　沟筒

图 8-3-11　拴马石

五、沟漏

沟漏主要位于排水暗沟的地面入水口处，与地面基本相平，是装饰性的排水构件。

六、沟筒、沟盖

沟筒、沟盖又叫"龙须沟"。沟筒可由沟底和沟帮组成，也可用一块石料凿成（图 8-3-10）。

七、拴马石、拴马桩

拴马石与拴马桩主要位于铺面房前或讲究的宅院门口，用于居民日常拴马之用（图 8-3-11）。

就拴马桩的构成而言，它主要由基柱、台座和柱首这三部分组合而成，其中基柱大多高 2m 有余，有些柱身通体阴刻斜纹，台座多为鼓、方台等单独或组合造型，台座四面有的以浅浮雕的形式刻有花草、八宝等吉祥图案；桩首一般为圆雕，分为球形、动物型、人物型和人物与动物组合型四种类型，拴马桩的材料多为砂石和青石，前者较粗糙，不宜精雕细琢，后者石质细腻，易发挥雕刻造型的表现力。总体来看拴马桩的造型，团块关系把握得生动巧妙，当时的民间艺人在处理石材的空间表现上有很强的创造性。就狮子形拴马桩而言，为强调头部雕刻，将立方体从对角线上凿开，既增大了头部的比例，同时也造成了一种头部扭转的动势，夸张而生动，与上层阶级正统呆板的石狮造型产生了鲜明的对比。由于拴马桩出自民间艺人之手，他们将质朴的生活态度也寄托于拴马桩之上，没有过分的雕琢，有的仅仅是写意般的随性打造，表达出百姓人家纯朴粗犷的审美情趣，它们与民居建筑相映成辉，平凡中显露出劳动人民对于美好生活的向往。

就拴马桩的分布情况而言，拴马桩主要分布在甘肃、陕西、山西、内蒙古、河北、河南的部分地区，同时在东北的辽河流域也有遗存，其中，在陕西地区发现的拴马桩数目较为庞大，主要集中于澄城、合阳、蒲城等地。从西到东，虽然还不能确定拴马桩究竟始于何处，但就分布地区来看，基本上都是与内蒙古相邻的省份，而在南方地区却没有存在迹象。根据大部分拴马桩桩首人物的样貌、服饰等特征，表明拴马桩人物形象的刻画受西北草原文化影响的可能性较大。

八、上马石

第一步台阶高约 30cm，第二步台阶高约 60cm。石重 1000kg 以上。石质为青石，并经精细雕琢。小型的上马石，侧面呈长方形，稍大的，侧面呈 L 形。

住宅门前有没有上下马石也是宅第等级一个划分标准。古代的大户人家，在宅门前常设置两块巨石，一块为上马石，一块为下马石，下马石因语言禁忌，故统称上马石（图 8-3-12、图 8-3-13）。上马石多采用汉白玉或大青石质地，侧面呈 "L" 形，长约四尺半（约 150cm），宽约二尺（约 66.667cm），高近二尺（约 66.667cm）。一石分两级踏步，底为须弥座，边框饰祥云纹饰；一级踏台长方形，朴素无华，长约二尺半（约 83.333cm）；二级踏台比一级高约一尺（约 32.332cm），平面二尺正方（约

6944.389cm^2），周边雕塑出繁缛精美的纹饰的锦缎和金钱，寓意"锦绣前程"、"福在马前（钱）"或"马上前（钱）程"。

上马石起于秦汉时期，相传西汉的王莽个子矮

图 8-3-12　上马石 1

图 8-3-13　上马石 2

小，不易上马和下马，开始竖立上马石，以后就成为风尚。特别是清代最为流行，成为一道风景。宋朝的《营造法式·石作制度·马台》记载："造马台之制：高二尺二寸，长三尺八寸，广二尺二寸。其面方，外余一尺六寸，下面作两踏。身内或通素，或迭涩造；随宜雕镌华文。"由此可知，全国各地众多的马台地名，都应该与上马石的历史有关联。辽代智化和尚曾有诗论述上马台曰："见说曾为上马台，堪嗟当日太轻哉。固将积岁旧凡石，又向斯辰刻圣胎。月面浑从毗首出，出仪俨以补陀来。愿同无用恒有用，不譬庄言木雁才。"在以马为主要交通工具的时代，讲究的宅门前往往设有上马石，便利蹬鞍上马与下马。

九、泰山石

泰山石，又称泰山石敢当，旧时汉族宅院外或街衢巷口建筑的小石碑。因碑上刻石敢当字样，故名之。设置"石敢当"是用来化煞，凡是宅第路冲、水冲，屋主为求平安，于是在道路旁或墙上置"石敢当"。作为汉族民间驱邪、禳解方法之一，此风俗始盛于唐代。

关于石敢当的来历，有很多不同的传说。石敢当，又称泰山"石敢当"的文字记载最早见于西汉史游的《急就章》："师猛虎，石敢当，所不侵，龙未央"。元代陶宗仪《南村辍耕录》中记载"今人家正门适当巷陌桥道之冲，则立一小石将军，或植一小石碑，镌其上曰石敢当，以厌禳之"。

石敢当在不同的地方也有不同的样式，有浅浮雕的，有圆雕的，有的刻有八卦图案，有的什么装饰也没有，只刻有"石敢当"或"泰山石敢当"。泰山石立于街巷之中，特别是丁字路口等路冲处的墙上。泰山石敢当习俗从内涵上体现的是"保平安"，据考证来源自泰安市泰山区邱家店镇前旧县村，现已遍布全

图 8-3-14 井口石

国，远播海外。传播过程中逐渐形成了丰富多彩的"泰山石敢当"故事群，在汉族民间广为流传。

十、井口石

井口石位于井口上方，讲究者多做成鼎状形式。井口石的主要功能是用于围护井口，避免孩童跌入井中（图 8-3-14）。

十一、花坛、树坛

花坛、树坛是花丛、树丛的围座（图 8-3-15、图 8-3-16），多用于民居街巷入口或者街巷内部，以及讲究的大户人家的庭院或私家园林之中。

十二、兀脊石

兀脊石位于宇墙、女儿墙、护身墙等矮小墙体的墙帽部位，是兀脊墙帽的石制品（图 8-3-17）。

十三、石碑

石碑的式样很多，但大多数石碑都可分成碑身和碑座两部分（图 8-3-18～图 8-3-20）。石碑的碑身上端一般为三种形式：第一种是平头形式，无任何装饰，叫作头品碑或笏头碑；第二种是雕刻蟠龙形式，

图 8-3-15　树坛 1

图 8-3-16　树坛 2

图 8-3-17　兀脊石

图 8-3-18　石碑 1

图 8-3-19　石碑 2

图 8-3-20　石碑 3

图 8-3-21　陈设座

图 8-3-22　石绣墩象棋棋盘

叫作龙蝠碑（龙趺碑）；第三种是做冰盘檐形式，冰盘檐以上为屋顶形式。碑座也有三种常见形式：第一种是方形或长方形圭角碑座；第二种是须弥座形式；第三种是做成龟身、龙头形象。

十四、陈设座

　　陈设座是指置于庭院，用来摆放盆景、奇石或其他陈设之用的单独石座，又可称为陈设墩（图 8-3-21）。陈设座的造型多种多样，从平面上来看可以分为方形、圆形、六角形或者八棱形。立面造型多为方形、圆形或者各种须弥座的组合形体。雕刻内容常见的有自然花草、锦纹，偶尔也有动物、人物等，是一种适用性与观赏性均较强的石质构件。

十五、石绣墩

　　石绣墩是指置于民居庭院之中的，主要用来供人休憩小坐，偶尔也用来摆放陈设、花盆等之用的石墩构件，其造型多类似鼓形，鼓棒表面雕刻着各种花卉、寿面、吉祥图案等内容，也有象棋棋盘内容等（图 8-3-22），主要采用的雕刻技法则为圆雕与透雕（图 8-3-23）。

十六、石磨盘

　　石磨坊下部是用大块的石料叠砌砌筑，缝隙处

图 8-3-23　石绣墩

图 8-3-24　石磨盘 1

有进行抹灰或勾缝处理做法的，上部则用较平整的石板作为磨盘（图 8-3-24、图 8-3-25）。整个构件的平面形态大多为圆形，此类构件在传统聚落中较为常见，多见于家庭内部庭院之中（图 8-3-26、图 8-3-27）。

十七、石供台

石供台是指由石材通过打制雕刻而成，设置在民居厢房山墙面的杂项石活，通常用于供奉财神等，虽规模不大，但往往做工精致（图 8-3-28~图 8-3-31）。

除了上述提到的附件石活之外，在我国不同地区的传统石砌民居建造中，还有着多种其他类型的石活，如民居院落中的石质打水井构件（图 8-3-32），以及街巷界面中建造在建筑外墙上部的台阶、步道等防洪石活等，不一而足，丰富多彩（图 8-3-33、图 8-3-34）。

图 8-3-25　石磨盘 2

图 8-3-26　石磨盘 3

图 8-3-27　石磨盘 4

图 8-3-28　石供台 1

图 8-3-29　石供台 2

图 8-3-30　石供台 3

图 8-3-31　石供台 4

图 8-3-32　石质打水井构件

图 8-3-33　室外台阶石活　　　　　　　　　　　图 8-3-34　墙身台阶石活

第九章

传统民居石料
砌筑技术

>>

第一节　石料墙基砌筑

石料墙基是石砌民居建筑最基层的承重结构，它将房屋的全部荷载和基础的自重均衡地传递到地基上（图9-1-1~图9-1-3）。

前面按照材料的不同，已将石材与土、木、砖等其他材料做了组合建构的分类归纳，在这些不同类型的组合建构中，石料均可以作为民居建筑的墙体基础部分，即石料墙基（图9-1-4~图9-1-6）。

与部分建构类或者石墙的砌筑方法类似，当石料仅用于墙体基础部分时，也可以分为石料、石材以及石料石材混合建造这几种不同的类型。当用石料作为墙基部分的主要材料时，普遍采用体块较大者，以确保足够的荷载承受能力，在石料的组合方式上，为了保证墙基的稳定性能与建造时的便利，通常遵循"上小下大"的原则，进行码砌砌筑，在石料的缝隙处大多进行抹灰勾缝处理，以保证石料之间的稳固粘连，在墙体转角处，与墙体的转角或者留槎做法相似，墙基部分也通常不再采用普通的石料进行建造，而是采用石材或者体块更大的石料，以层叠码砌的方式进行转角墙基的砌筑，并适当进行向内的收分处理，以保持墙基的稳定性。而若是采用石材作为墙体基础部分的建造材料，则在石材规格上基本一致、统一，在砌筑方式上有水平砌筑与斜向的"人"字形砌筑方式等不同类型，从而可以营造出不同图案肌理的石质墙基，作为建筑装饰的一部分而美化建筑的立面形态。

图 9-1-1　石料墙基砌筑 1

图 9-1-2　石料墙基砌筑 2

图 9-1-4　石料墙基砌筑 4

图 9-1-3　石料墙基砌筑 3

图 9-1-5　石料墙基砌筑 5

图 9-1-6　石料墙基砌筑 6

例如，在浙江南部景宁大漈乡的时思寺建筑中，其大部分的围墙或外墙均采用石、土材料的混合建构形式进行建造，其中，石材作为基础部分，换言之，这些外墙均为石料墙基砌筑类型。在建造时，普遍采用较为方整、规格也较为统一的石料或者石材进行建造砌筑，在墙基中部，石料采用"人"字形斜向组合砌筑手法，形成了斜向的砌筑纹理，并在缝隙处填充较小体块的石料，或者抹灰勾缝处理以增强石料之间的粘连稳定性能，形成了"下大上小"的图案肌理；而在墙基转角部位，建造者则是采用的较大体块的方整石材石料，进行简单的水平码砌处理，其体块普遍比墙基中部的石料大 2~3 倍，从而有着更优良的荷载承重能力，石材石料的缝隙处同样进行小石块填充或者抹灰勾缝处理。整体来看，时思寺的石土组合建构墙体中，墙基部分的中部与角部不同部位采用着不同类型、大小的石质建造材料进行砌筑，形成了砌筑手法的不同，并在墙基的立面造型上也形成了中部斜向纹理与两端角部规整水平的砌筑纹理的对比，丰富了墙基立面造型，并且整体做了适当收分，使得墙基有足够的

承重能力以支撑上部的土质墙身重量。

再比如，在山西王化沟村民居中，墙体普遍为石材与木材共同建造而成的，也就是上面提到的石木组合建构类型，其中，石材同样用于墙体基础部分的建造中，因此，王化沟村民居建筑的墙体同样属于石料墙基砌筑类型。在墙基部位，同样是用规格、大小以及形态较为相似的石料，在角部的墙基也是用体块更大的方整石材码砌砌筑形成。与时思寺的墙基建造不同，由于王化沟村所在地区交通较为不便，石材也并不规整，当地居民的建造技艺也有局限，因而王化沟村民居的墙基中部只是采用石料的水平简单干摆码砌砌筑而成，而并没有进行斜向的"人"字形砌筑，此外，石料之间的缝隙也不如时思寺墙基部分那般整齐，而是更多的进行了小体块石料的填充处理，从而使得王化沟村民居墙基立面更为质朴，不如时思寺墙基那般整齐与多样。

在具体建造时，各种石料墙基在砌筑前，均要首先做好地基的检查和处理工作。即在基坑开挖后，要检查地基的土壤质量是否符合建造的要求。如果地基土壤不合要求，或发现有局部不良地基，通常会配合不同工匠，共同进行及时的处理，以保证后续建造工艺的顺利进行以及建筑墙基的稳定性。

对于采用乱毛石以及河卵石等石料建造的墙基，其第一皮（底皮）石材，宜选用块体较大的，砌筑时应把大面朝下、小面朝上；最上一皮（顶皮）石材，宜选用块体较为直长的，用为顶砌块。各种基础的顶面一皮，要用水泥砂浆找平。在基础砌筑完成后，即应及时进行回填土。回填时普遍是在基础的两旁同时进行，逐层夯实。及时回填土除了可以便利墙体的其他砌筑工作外，更重要的是可以防止雨水流入基坑，影响墙基稳定性。

第二节　石料墙身砌筑

石料墙身指的是对不同类型的石料，采用各种组砌形式砌筑而成的墙身，以别于石板墙体。

建造时根据设计指定的用材种类和墙体厚度，决定采用墙体砌筑的组砌方式，例如设计用材种类是条石石料，墙体厚度360mm，就会采用顶顺组砌的双轨砌筑方式，用材规定为乱毛石，厚度400mm，则会分别墙体部分采用交错组砌，而墙角部分采用顶顺叠砌的砌筑方式；规定为180mm或200mm的条石墙体，则采顺叠组砌的方式最为合适等。组砌方式决定后，建造者们还会结合工程的具体情况，提出适应砌筑工作的具体措施，如墙体和墙角采用不同的组砌方式，墙角的宽度、墙角与墙体的搭接、门窗间墙的砌筑的具体操作方法等。

不论是哪种墙体组砌方式，砌筑灰缝均是会饱满密实。而砌缝灰浆要达到饱满密实，砂浆的黏稠度和铺灰的厚度就要认真掌握。因为石材的吸水率小，而砌缝厚大，砂浆的水量过多，不但容易流淌，砌缝难以均匀，而且容易沉实干缩，造成同砌块部分脱离；水分干了砂浆里留下空隙，又容易导致渗漏；而铺灰不满叠砌块、厚度过大或过薄，都会造成砌缝大小不均，或砂浆的胶结功能，也就影响砌筑的质量。所以砂浆要拌和均匀，水量应少用，以半干硬的为合宜；在普惠是应铺足叠砌面，厚度略大于砌缝3~5mm，使砌块砌上后，砂浆得到压实，砌缝保持大小适当。

石料砌块的搭接，直接影响到墙体的强度与刚度。各种墙体和各种组砌方法，对搭接要求是基本一致的，搭接的基本要求是：搭接的部位和搭接长度，要根据不同石材的搭接要求进行，如乱毛石搭接的长度，不要少于石材长度的1/3或宽度的1/2，条石不能少于200mm，最好的搭接长度是1/2；接

砌缝应与上下皮的垂直缝错开，有里外皮的砌体，中间不能有通缝；搭接面应坐满砂浆，砌筑稳定，砌缝平直。

石砌墙体的外墙面一般都采用勾缝处理。勾缝一般分为平缝、凹缝、凸缝三种（图9-2-1），其中，平缝即与砌缝外沿平整，由于其墙面平整，所以不易剥落和积污，防雨水渗透作用较好，但墙面较为单调。凹缝嵌入砌缝内约5mm，有平凹缝、斜凹缝两种。平凹缝即勾缝表面平整，斜凹缝是缝的下口与墙面基本相平，上口约有30度倾斜，形成斜面。勾凹缝的墙体立面较有变化，但容易导致雨水渗漏。凸缝有矩形、半圆形两种，凸出墙面5mm左右。墙面线条明显，较为美观，但较费砂浆，墙面也容易渗水。

勾缝操作顺序是：首先清扫墙面、清除灰缝，即把墙面及灰缝的多余砂浆清扫干净。检查缝内砂浆是

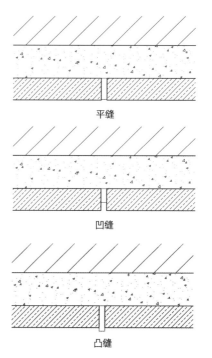

平缝

凹缝

凸缝

图9-2-1　勾缝类型示意图

否饱满，垫片是否松垫、漏垫现象，如果这种情况应及时填补；其次就要喷水润湿灰缝，以增强勾缝砂浆的粘结，进行勾缝操作时，应从上到小，自左至右，先勾水平缝，再勾垂直缝，并做到横平竖直，压紧压实，使灰缝表面光洁。

第三节 板材墙体砌筑

在石材来源充足的地区，采用竖砌筑或横砌筑的形式，作为一般房屋的非承重的墙体，是比较经济和普遍的做法。

板材墙体的石板厚度普遍为 100~120mm 左右，石板的宽度即墙体的厚度，石板的宽度一般为 240~360mm，竖砌的石板长度为 3~4m。墙体以石板下端埋入基坑，两旁用沙土和碎石筑实或上端用带凹槽的圈梁，下端用两块石板作栏板，以镶嵌饰板。石板竖直平整，板缝用砂浆、石板填塞，连成整体。横砌的石板墙体长度为 2~3m，已有凹槽的柱墩为支点，支点的间隔为石板长度，石板从柱墩的凹槽嵌进横砌，板缝坐浆砌筑，勾缝抹平，板面粉刷（图 9-3-1）。

图 9-3-1　板材墙体砌筑

第四节 壁柱砌筑

壁柱是承重结构，也是增强墙体稳定的重要结构，使用材料和墙体相同，多用条石、方整石或块石砌筑，其加工要求和砌筑方法、砌缝大小，亦多与墙体一致。壁柱必须与墙体结合，与墙体同时砌筑。砌筑时，壁柱部分采用顶顺叠砌，壁柱的顶砌皮，嵌入墙体，与墙体的顺砌皮满墙交搭，即在墙体部分的这一皮，也成为顶顺叠砌，其顺砌皮则与墙体的顺砌皮平行。这样砌筑，每隔一皮即有壁柱与墙体拉接，使壁柱与墙体结合为一整体（图 9-4-1~图 9-4-3）。

图 9-4-1　石壁柱 1

图 9-4-2 石壁柱 2

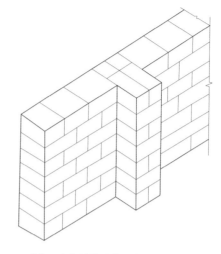

图 9-4-3 壁柱丁顺与墙体连接示意图

第五节 石拱砌筑

石拱结构是我国的传统建筑结构。在天然石料资源丰富的地区，石拱屋架、石拱梁已广泛采用，石拱楼盖、屋盖也有应用。石拱楼架的跨度有达 18m，石拱梁跨度达 8m 的，石砌筒拱的楼、屋盖也达 4m。在水利建设和桥梁工程中石拱施工跨度可达几十米甚至近百米。这充分说明了石拱建筑的优越性。

施工结构的施工技术要求比较严格，在基础条件适宜、材料和施工条件具备情况下，应做好抗推结构的施工和拱体的砌筑。

一、石拱抗推结构的石拱

石拱的抗推结构主要是拱座和拉杆。拱座是承受施工水平推力的主要构件，一般都用钢筋混凝土制作，与钢筋混凝土圈梁在一起，并同时浇灌。施工时，拱座与拱券的接触面要平整，使受力均衡。

对跨度小于 5m 的石拱梁，拱座可用整石加工用高标号砂浆和墙体一起砌筑。整石拱座的断面与石拱券的断面一致，接触面应做细加工。一般不可

设钢拉杆。

拉杆也是石券结构的重要抗推构件，以圆钢制作。钢拉杆要穿过拱座，在浇灌混凝土拱座时预先留好拉杆孔位，当混凝土达到设计强度，开始砌筑石拱前，再装上钢拉杆，拧紧端头螺帽然后砌筑拱券。端头的螺帽应刷防锈油漆，外加保护铁罩，以防锈蚀。

二、拱体的砌筑

砌筑石拱券，有石材加工、拱模安装、砌筑操作和养护几个方面的工作。

石拱券一般应用方块石，每一个块石的长度为 300～500mm，断面尺寸则按设计规定。石材表面的露明部分，可按使用要求做各种加工，也可以保持自然面而不加工；对砌筑面的加工，则有一定的要求，即它两端砌筑面，必须同拱体的长向呈垂直，尺寸符合规定；粗加工的石材，其凹凸处不能超过 2mm，并须依据拱体的弧度，把顶底两面加工成上大下小金丝梯形的形状，以适合密缝的砌筑。最好在加工前，先做足尺样板，依据样板加工。加工后，在地面先行试组砌一次。

石拱屋架、石拱梁和筒拱楼、屋盖，在进行砌筑前，都要按照拱的跨度和矢高，做好拱模和托架，以便在架模上进行砌筑。拱模和托架可用木材或钢材制作。拱模在制作和安装时，要认真做到轴线准确，矢高和弧度符合设计要求，拱架的垂直和水平方向平整，没有偏差现象。拱架的支撑系统不仅要牢固，稳定，受荷时不变形，还要便于拆除。筒拱的模架由于拱跨较短，又是连续多跨的，所以拱架应制作成移动式的。一般拱模纵向宽度为1m，拱脚支座处用竹片作导轨，用对拔木楔支垫，以便调整高低和拆除，当筒拱在一个拱模内砌筑完成后，即可移动拱模托架，接续进行砌筑。

石拱屋架、石拱梁、石筒拱楼、屋盖，都要用坐浆法砌筑，不得使用垫片。砌筑时，要从两端拱座开始，向拱冠合拢，拱冠石需用整石，拱顶中点不得有缝隙。粗加工的石材，砌缝允许上宽下窄，一般石拱屋架，石拱梁的砌筑，上扣不能超过25mm，下口不能少于15mm。筒拱楼、无盖的砌缝由于跨度较小，石料块体不大，所以砌缝上口不宜超过30mm，下口不宜少于15mm。但各个砌缝大小要均匀。细加工时采用水泥浆砌筑，砌缝不大于5mm石拱屋顶、石拱梁，在砌筑过程中应力求一次连续砌筑完毕，不要留施工缝。筒拱楼、屋盖砌筑时，要求拱的纵向砌缝于拱相垂直，横向砌缝则应相互错开，使砌缝互有搭接，搭接长度为石料块体的1/2。当一天不能砌完一个筒拱时，应砌完一个拱带，留好搓口。接砌时，将接搓处多余灰浆清除干净，浇水湿润，再进行砌筑。

作为坡形屋面的石拱梁，应按照屋面的坡度，在拱顶和拱脚用石料补砌成坡面，以搁置屋面构建。筒拱楼、屋盖可采用炉渣等轻质材料填铺两筒拱间的凹槽部分。

石拱结构在砌筑完成后，应加养护，使砂浆与石材紧密粘结。在砂浆未达到龄期前，拱上部不宜继续施工或堆放重物，也不能提前拆除模架。

砌筑过程中，应保护模架不被碰撞，以保持拱体的稳定。拆模时，要先松动支撑拱座的对拔楔，使拱模与拱体略微脱开，检验拱体没有变形、下垂等现象后，再全部拆除。

第十章

传统建筑石雕
技术工艺

第一节 石雕介绍

一、石雕与石雕部位

所谓石雕，就是在石活的表面上用平雕、浮雕或透雕等手法雕刻出各种花饰图案，通称"剔凿花活"，广泛用于我国传统民居建筑装饰之中。在石雕部位方面，一般民居建筑中常见的石雕构件有券脸（图10-1-1、图10-1-2）、门鼓（图10-1-3、图10-1-4）、抱鼓石（图10-1-5～图10-1-7）、柱顶石等，在室外的街巷或者外部空间也有石雕夹杆石、石栏杆、石狮子、石碑、石牌楼、石影壁（图10-1-8、图10-1-9）等构件。

图 10-1-1 券脸石雕 1

图 10-1-2 券脸石雕 2

图 10-1-3 门鼓石石雕 1

图 10-1-4 门鼓石石雕 2

图 10-1-5 抱鼓石石雕 1

图 10-1-6　抱鼓石石雕 2　　　　　　　　　图 10-1-7　抱鼓石石雕 3　　图 10-1-8　石影壁雕刻

图 10-1-9　石狮子

二、常用图案

　　我国传统建筑中的石雕装饰题材十分广泛，大都有着丰富的内涵和深刻的寓意，所雕纹样包括卍纹、回纹、牡丹、西番莲、水浪、云头、走狮、化生等（图 10-1-10、图 10-1-11）。人们将自己的希冀与愿望融入石雕艺术之中，通过借助比拟、隐喻、谐音、双关等手法，将求仕、求禄、希求延年益寿、家族兴旺、平安富贵、淡泊宁静之类的美好愿望与个人理想，通过雕绘图案形象而表达出来（图 10-1-12～图 10-1-16）。

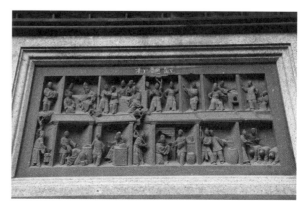

图 10-1-10　石雕图案 1　　　　图 10-1-11　石雕图案 2　　　　图 10-1-12　雕刻图案 1

图 10-1-13 雕刻图案 2

图 10-1-14 雕刻图案 3

图 10-1-15 雕刻图案 4

图 10-1-16 雕刻图案 5

整体而言，中国传统民居中，石雕石刻艺术的装饰题材十分丰富，而且不同地区拥有各不相同的形象、图案、纹饰，在此只选取几个风格独特的地区石雕作为案例介绍。

（一）京津地区

京津地区民居建筑在建造时主要使用砖木材料，

石材的应用范围相对并不广泛，它们多集中在建筑的基础部分，而一般使用石雕技艺的部位多集中于构件上，多为门墩、抱鼓石、上马石、柱角石等，例如，抱鼓石的主体一般刻有松竹、荷花、兰等植物，蝙蝠、狮子、鹤、鹿等动物小型浮雕图案，而顶部则多采用狮子等较为复杂的透雕图案；有时石材构件上还会配以简单的线雕如意图案或阴刻简短的吉词祥句。

（二）关中地区

关中地区位于秦岭与陕北高原之间的渭河流域，民居建筑中使用的石材较多，因此雕刻题材也十分丰富。关中地区的石雕艺术除麒麟、狮子、人物、文房四宝、石榴、葡萄、蝙蝠、寿桃等基本题材之外，还有雕刻复杂的情景故事，如长寿万年、连年有余、福寿三多、封侯挂印、六合同春、岁岁平安等。

（三）苏杭地区

苏杭地区中的石雕装饰题材十分广泛，在家族宗祠中，会选用与其性质相对应的图案，来增强装饰效果；而在民居建筑上所用的雕饰图案内容大致有山水、人物、花卉、鸟兽、器物、吉祥图案等，其中有象征福禄寿喜、大吉大利的"八宝图"，有寓意为书香门第的"文房四宝"，有意示致仕归隐的"渔樵耕读"，有意为"喜得连科"的喜鹊莲蓬，有花瓶中插有三戟表达"平升三级"的，有公鸡配牡丹表示"功名富贵"的，一头鹿身侧旁有一位官人意为"加官受禄"，有用菊花配鹌鹑表达"安居乐业"的，还有以牡丹配白头翁表意当地"长寿富贵"这种寓意吉祥的图案不胜枚举。

（四）福建、广东地区

福建、广东地区民居建筑的石雕图案与以上地区的较为相似，雕刻图案一般有如梅、兰、竹、菊、松荷等的植物图案，飞鸟走兽、龙、麒麟等动物图案，文房四宝、暗八仙图、文字词语等人文图案；相对比较复杂的图案一般是从儒家典籍、传说故事、戏曲戏剧中浓缩得来的，如二十四孝、福禄寿三星、刘海戏金蟾等。

第二节　石雕的类别

一、按石雕形态分类

《营造法式》中的第三卷提出的"石作制度"对宋代的石雕技法做出了以下总结："造作次序，其雕镌制度分为四等，一为剔地起突，二为压地隐起华，三为减地平钑，四为素平。"按石雕形态分类一般分为线雕、浮雕、圆雕、透雕、影雕五种。

（一）线雕

线雕，又称"平花"，对应为《营造法式》中的"减地平钑"，技法简单，历史悠久，是首先选择于平滑光洁的石料上刻画粗细深浅程度不同的线条，之后按照所描线条，用雕刻的技法在平面石料上刻绘图形或文字，最后将图案以外的底子很浅地打凹一层。线雕多采用阴线刻的方式，线型较为流畅，深浅宽窄不一，格调俊秀细腻，图案清晰，效果显著，极富装饰性，宜于写实也宜于写意，主要用于主题花纹以外的"空地"上，起到衬托纹饰的作用，以增加整个雕刻画面的层次感，便于人们远近耐看（图10-2-1～图10-2-4）。有时也单独采用线雕表现主题，其吸收国画白描造型和散点透视等传统技法，在抛光后的石料上，用不同深浅宽窄的线条，以及相应的光影效果体现画面，有较强的艺术感染力。在建筑上，线雕这种雕刻形式多用于建筑外墙面的局部装饰处理，如民居建筑的窗框、腰线石、楹联、匾额与牌坊等。

（二）浮雕

浮雕，即"沉雕"或"突雕"，对应于《营造法式》中的"压地隐起华"和"剔地起突"。这种半立体雕刻方式介于线雕和圆雕之间，其形体有体积感，起伏程度被压缩，有很强的绘画性。浮雕又可以分为浅浮雕和高浮雕两类：浅浮雕是一种单层次造像的雕

图 10-2-1　线雕 1

图 10-2-3　线雕 3

图 10-2-2　线雕 2

图 10-2-4　线雕 4

图 10-2-5　浮雕 1

刻方式，其内容通常比较单一，平面性强，较为依赖于光线的辅助；而高浮雕是一种有镂空的多层次造像的雕刻方式，其内容比较繁复，立体感强，从远距离即可观看到。

　　浮雕直接依附于一定的体面，没有圆雕那样强烈的起伏，常需要借助侧光或者顶光来表现其形体（图 10-2-5 ~ 图 10-2-7），其中惠安石雕较多使用浮雕，有些浅浮雕图像起伏很小，微微高出底面，仅

靠轮廓显露其形象，从而有利于保持墙面的平整；而高浮雕则富有立体感和表现力。在建筑方面，浮雕被广泛应用于传统建筑的室内外墙面、基座、花窗、柱体、门槛等许多部位的装饰上，该类雕刻形式流行于东南沿海地区。

　　（三）圆雕

　　圆雕又称"四面雕"，对应《营造法式》中提到的"混作"。圆雕工艺以镂空技法和精细剁斧见长，

图 10-2-6　浮雕 2

图 10-2-7　浮雕 3

有着较高的技艺要求，多出现在较为重要的家族宗祠或公共建筑之中。圆雕的空间性、立体性较强，普遍既有主要观看角度，也有前后左右全方位观看角度，可以产生变化丰富的光影效果。

　　圆雕不仅有以单一石块整体雕塑而成的，也有由多块石料组合雕刻而成的。它适合放在需要独立占领空间的位置，在传统民居建筑中，常见的有石狮、龙柱、石将军、抱鼓石、各种人物造像、飞禽走兽等。

图 10-2-8　透雕 1

（四）透雕

　　透雕又称"镂空雕"，是对浮雕进一步加工而派生出来的一种特殊雕刻工艺，即在浮雕画面上保留有形象的部分，挖去衬底部分，将石材镂空的雕刻技法，形成虚实相间的透雕，从而达到多层次表现（图 10-2-8、图 10-2-9）。透雕没有一般浮雕的沉闷，相反更加立体灵动，光影变化更为丰富，形象更为清晰。由于透雕的雕刻空间很小，雕镂工艺复杂，技艺要求很高，在一般民居建筑上较少使用，多用于较为讲究的大户人家民居、家财殷实的乡绅府邸或者规格较高的家族宗祠中，如这些建筑的漏窗、雀替和牌坊等构件上。

图 10-2-9　透雕 2

（五）影雕

影雕，又称"针黑白"，是在传统石雕工艺的基础上创新发展起来的独特的石雕工艺技法，它以经过磨光的厚度为 12cm 的黑色花岗岩石板为材料，利用磨光后的青石上的黑白点，根据图形的需要，通过针状的合金钢钎的凿击，让白点、黑点形成面的对比和层次的变化，产生西方素描般的光影效果，立体感十足，质感细腻。

二、按所用石料分类

若以石料种类进行划分，传统民居中的石雕可分为青石雕刻、大理石雕刻和花岗石雕刻三种。青石雕刻流行于福建惠安地区，以建筑装饰和石狮而闻名。大理石雕刻主要应用于云南地区，以点苍山的大理石为原料，其花纹犹如着色山水，或危峰断壑，或飞瀑随云。花岗石雕刻则广泛使用于河北曲阳、北京房山等地，在明清两代主要用于北京城内的府邸与一般民居构件中，如抱鼓石、柱础。

第三节　石雕工具

传统民居的石雕制作工具，根据主要特点与功能的不同，可以大致分为粗打工具、雕刻工具以及辅助工具三种。

一、粗打工具

（一）斧子

斧子也叫剁斧，其中的斧头一端与锤顶相似，另一端是由两个斜面相交而形成的刃面。平齐的斧刃用于对石面打道、砸花锤后的剁平加工处理，分为一遍、两遍以及三遍剁斧不同工序。

（二）哈子

哈子是一种特殊斧子，专门用于花岗石表面的剁斧加工处理。与普通斧子不同，哈子的斧刃与斧柄互为横竖方向。普通斧子上的"仓眼"（安装斧柄的孔洞）是与斧刃平行的，而哈子上的仓眼却是前低后高，安装斧柄后，哈子下端微向外张，这样就可使剁出的石渣向外侧溅，而不至于伤人面部。

（三）锤子

锤子是一种敲打石料表面的粗打工具，主要有花锤、双面锤以及两用锤等几种，其中，花锤的顶面带有网格状的四面体尖棱，用于敲打不平整的石料表面，使其平整；双面锤不同表面的用途各异，一面作花锤，另一面作普通锤；两用锤一面作普通锤，另一面可安装刃子，既可以当作锤又可作斧子之用。

（四）錾子

錾子包含錾缠、錾仔两种工具，其中，錾缠的前端为方形，通常会配合锤子使用，用于剔除石料表面大块的边角斜料；而錾仔的前端则为尖嘴，是打荒料和打糙的主要工具。

二、雕刻工具

（一）石雕凿

石雕凿，又称"錾子"，是一种铁质杆形工具，其下端为楔形或椎形，端末有刃口（图 10-3-1、图 10-3-2）。石雕凿专用于刻石，使用时以锤敲击上端，从而使下端刃部受力以雕凿石材。按刃部形式的不同，石雕凿可以分为尖凿、平凿、半圆凿和齿凿（图 10-3-3），其中，尖凿是开荒凿，有大、中、小号，分别可开大、中、小荒，开荒大凿的硬度略低而抗弯强度较高；平凿同样有大、中、小不同型号的划分，其中大平凿用以打平面，中、小号平凿则用以打光做细部；对于半圆凿，厚刃的半圆凿可用于较硬的石材开中荒，薄刃的则用于雕衣纹和细部；齿凿用以整理粗坯成大形，按材质可分普通淬火凿和硬质合金凿。前者可雕凿花岗石或大理石，适应范围广，缺点

是淬火难度大，易磨损；后者凿身用材的淬火凿相同，其质地坚硬且较为锋利，不易磨损，但抗弯强度较低，不耐冲击，因此不适合用于雕凿花岗石。

（二）石雕锤

石雕锤是石雕加工过程中，专用以敲击石雕凿的锤子，既可用于雕凿石料，同样也适用于木雕（图 10-3-4～图 10-3-6）。石雕锤两端锤头的尺寸通常稍有差别，硬木手把长度约为 20cm，手把一般不安置在正中，而是安置在稍远于锤头大的一端，以适应打击不同粗细质量的錾子。石雕锤通常分大、中、小三号，大号石雕锤重量约为 1.4kg，主要用来对石雕开荒；中号石雕锤重量约为 0.8kg，也可用于木雕

图 10-3-1　石雕凿 1

图 10-3-2　石雕凿 2

图 10-3-4　石雕锤 1

图 10-3-3　尖凿

图 10-3-5　石雕锤 2

图 10-3-6 石雕锤与石雕凿

开荒；小号石雕锤重约 0.6kg，用于雕刻细部，锤身略有弯度，成弧形，锤面向下稍作约 10 度角的收分，表面淬硬。

（三）雕刻刀

雕刻刀主要用于石雕的细部加工，其刀杆粗细一般在 0.5cm～1cm 左右，刀面宽度根据需要而定（图 10-3-7）。刀头有方形、圆形两种，其中方刀子的刀面有两个 80 多度的刀角，用于剔光、刻线、刻字、开脸、丝发等；圆刀子的刀面形如指甲，没有刀角，用于雕刻弧面，如衣纹的起伏凹凸部位及面部、颈部和圆底字体的底部等。

三、辅助工具

（一）弓把

弓把是雕刻时所用的测量工具，主要用来检查石雕形体尺寸中的细微误差，从而纠正视觉偏差（图 10-3-8）。系卡钳状的弓把身上有两个可开合的象牙形卡脚，一般是用低碳钢锻造而成，以便需要时使用铁锤随时改变卡脚的弯度。利用弓把进行测量时，先用其两个卡脚对准物体上需测部位的两点，然后从测量物体上取下，两个卡脚尖之间的距离就是所测的距离。

（二）石雕锯

石雕锯的形制与一般锯子并无二致，只是锯条由金刚砂制成，主要用于去除石材上多余的部分，并切割质地较软的石材。

（三）锉刀

锉刀，又称曲锉，主要用于打磨石材。按照齿的大小不同而分为不同目数与等级，等级越低的锉身越粗糙、齿也越大。坚硬石头在初步光滑时可选择中粗锉，而软性石头可用更精细等级的锉刀。

图 10-3-7 石雕刀

图 10-3-8 弓把

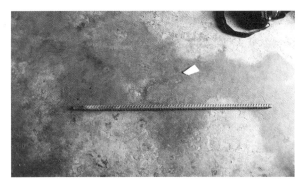

图 10-3-9　石雕其他工具 1

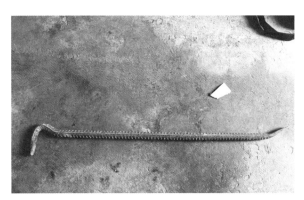

图 10-3-10　石雕其他工具 2

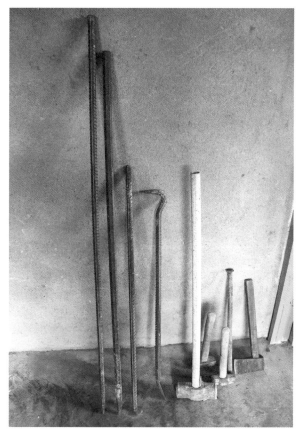

图 10-3-12　石雕其他工具 4

图 10-3-11　石雕其他工具 3

除以上工具外，石雕还需要用于石料磨光的磨头、白蜡，用于拓印图案纹样的纸笔，用于描画图案的画笔、墨汁，以及需要用到的弯尺、直尺、小线、线坠、墨斗、直角尺、钢撬棍等不同辅助工具（图 10-3-9～图 10-3-12）。

第四节　石雕工艺流程

传统建筑石雕一般分为四道工序，即捏、镂、摘、雕。

一、捏

"捏"，是一道打坯样的工序，是一个创造、设计的过程，是一件建筑石雕构件形成的关键。具体的做法是先在石块上绘出一些线条，有些雕作还需画平面草图或者捏泥坯和石膏模型，之后，在这个基础上对石块进行雕凿，使画像的大体轮廓显露出来。对于大型的雕件和人物造像，多数是由多块石料组合，在打坯样时就要依石膏模型的切割块为依据进行放大。

二、镂

"镂"，是坯样捏成后，根据石材上勾画的线条图形把内部无用的石料挖掉的工序。对于有镂空要求的石雕制作，此道工序必须高质量地完成，是体现石雕工匠基本功的重要环节。因为镂空操作极易损伤一些该保留的细小部分，所以在镂空时要求工匠的细致和耐心，如小石狮子口中滚动的小圆球的雕凿，对工匠的镂空技艺有很高的要求。

三、摘

"摘"，是按图样剔除雕件外部多余的石料，对坯样进行精细加工的工序。在剔除的面积和深浅程度上都要求工匠对图样造型特点的理解，同时，工匠操作工具要轻巧、熟练。与镂空相比，这个工序相对容易。

四、雕

"雕"，是进行最后的琢剁加工，使石雕构件形体定型的工序，是体现一件石雕作品艺术水平高低的关键工序。

传统建筑石雕工艺的传承方式都是师徒相传。传统石雕工序中，"捏"和"雕"这两个创作性的工序都是师傅操作，而且技艺一般只传给儿子或勤快聪颖的学徒，至今个别地区还遵循这一传统，如福建惠安。随着现代科技的发展，现代化石雕雕刻工艺传承了传统雕刻工艺的工序流程，同样分为四道工序，但在每道工序上增加了更为具体的分工，一件石雕作品往往有数个工匠同时制作。这不仅提高了石雕工匠工作效率，同时也减轻了工匠的劳动强度。

第五节　石雕工艺范例

一、平活

在雕刻图案相对简单的石雕构件时，工匠可直接把花纹描摹在经过一般加工的石材表面。对于雕刻图案相对复杂的石雕构件，可以使用"谱子"，即在画出大体的纹样之后，以石雕凿与石雕锤沿着图案线凿出浅沟，此道工序叫作"穿"；若石雕作品为阴纹雕刻时，要用石雕凿顺着"穿"出的纹样进一步把图案刻画清晰、美观，如果石雕作品是阳活类的平活，应把"穿"出的线条以外的石材表面削去一层，并用其他工具将石材表面打光，再把石雕构件的边缘修饰整齐。

传统刻字线雕

传统的刻字一般是把石料加工成石板或碑面，将字体书写在碑面上，有时也在山崖之上就势而刻（图10-5-1、图10-5-2）。传统刻字应充分体现真迹原有的精神风貌。线雕刻字的字迹应边棱干净利落、平滑顺笔；轮廓应明晰清秀，绝不能刻成锯牙状，也不能有惊活棱和掉棱粘补。在石材上刻字前，工匠仔细研究理解用笔起落，笔画关系，字体排列等因素；若是名家书写的作品，则会与作者共同商定布局上的取舍分并。

石刻字体主要有阴体字与阳体字两种，石刻低于石料平面的是阴体字，高于石料平面的是阳体字。阴体字按字底可划分为尖底、圆底、平底、含阳四类；阳体字以字面分类有平面和圆面两类。

1. 阴体尖底字

字底为"v"字形，刻字时使用平刀子，开始下刀留半线逐步加深，两坡坡度与尖底位置，根据字体灵活掌握，深度为笔画宽度的1/2。

图 10-5-1 线雕刻字 1

图 10-5-2 线雕刻字 2

2. 阴体圆底字

字底是半圆弧形，弧底居中左右对称，深度为笔画宽度的 1/2。用大小合适的扁尖钎子刻字沟，用大小合适的圆刀子刻字底，弧底要圆滑一致，不能留有刀痕，字体古朴雅气。

3. 阴体含阳字

用大小合适的平刀子按外线轮廓稍有斜度地刻出字口，雕刻深度根据字体大小灵活掌握，再用平刀子顺着刻出的字底将笔画中间刻成凸起弧状，凸起弧状的顶部高度与石料平面高度相同，形成笔画中间凸起两棱有沟的字底，使字体雍容贵气。

4. 阴体平底字

从字口边棱进行垂直下挖，下挖深度根据字体大小灵活掌握，达到底平壁直，字体挺拔正气。

二、凿活

（一）画

"画"是凿活的第一道工序，石雕工匠一般都比较重视该步骤精细程度。该步骤一般有四步：第一步是"起谱子"，在雕刻较为复杂的图案时，工匠先把图案勾画在较厚的纸上；第二步是"扎谱子"，是指用针顺着花纹在纸上扎出许多针眼来；第三步是"拍谱子"，即把纸贴在石面上，用棉花团等物沾红土粉在针眼位置不断拍打，经过拍谱子，花纹的痕迹就留在石面上了，为能使痕迹明显，可预先将石面用水洇湿；第四步是"过谱子"，是指拍完谱子后，再用笔将花纹描画清楚。过完谱子后，石雕工匠会用石雕凿沿描画的线条"穿"一遍，之后再进行雕刻。

此外，简单的图案也可以直接在石材表面上勾画，无论采用哪种画法，往往都要分步进行，如果图案表面高低相差较大，低处图案应留待下一步再描绘，图案中的细部完成主体后进一步加深。将最先描画出的图案以外多余的部分凿去，并用工具修平扁光；低处图案也是先用笔勾画清楚，再将多余的部分凿去并用工具修平扁光，然后用石雕凿进一步把图案的轮廓雕凿清楚。在雕刻过程中经常会将图案的笔迹凿掉，或最初的轮廓线需进一步加深时，可以随时补画。

（二）打糙

"打糙"是凿活的第二道工序，即根据"穿"出的图案把石雕的基本形状雕凿出来。

（三）见细

"见细"是凿活的第三道工序，在"出糙"工序的基础上，工匠用笔将图案中的某些局部（如人物、动物的）画出来，并用石雕凿雕刻出来。图案的细部（如动物的毛发、鳞甲）也应在这时描画出来并"剔撕"出来，"见细"这道工序还包括将雕刻出来的形象的边缘用工具打光修净。实际操作中，以上这三道工序不可能截然分清，常常是交叉进行，故而在雕刻过程中，工匠通常是随画随雕。

三、透活

透活的工艺程序与凿活较为相似，但对于石材表面的切削更深，雕刻凹凸起伏的立体感更强。石材上的许多表面部位需要掏空挖透，花草图案要穿枝过梗。由于透活的层次性很强，因此"画"、"穿"、"凿"等程序应分层进行、反复操作。为加强透活的真实感，工匠对于构件细部的雕刻应该更加深入、细致。

四、圆身

因为使用圆身工艺的石雕作品数量众多、各有差异，手法和工序难以统一。此处只以石狮雕刻为例，概述一下圆身做法的工艺流程。

第一道工序：出石料坯子，根据设计要求选择石料（包括石料的品种、质量、规格）。石狮子分为四个部分，下部是须弥座，上部是蹲坐的狮子。一般来说，石须弥座高与狮子高之比约 5：14，须弥座的长宽高之比约为 12：7：5，狮子的长宽高之比约为

12：7：14，与上述比例不符的多余部分劈去。在传统雕刻中，石狮子等圆雕制品最初往往不经过详细描画，一般只简单确定一下比例关系就开始雕凿，石雕作品的具体形象按工匠内心描绘去雕琢。细部图案等待开凿出现大致轮廓后才描绘上去。因此画与凿的相互关系是"基本不画，随画随凿"。

第二道工序：凿荒，也称"出份儿"，根据上述各部比例关系，工匠在石料上弹划出须弥座和石狮大体的轮廓，然后将线外多余的部分凿去。

第三道工序：打糙，画出狮子和须弥座的两次轮廓线，并画出狮子的腿跨（即骨架）；然后，沿着侧面轮廓线把外形打凿出来，并凿出腿跨的基本轮廓。待侧面轮廓完成后，画出前后的轮廓线，接着按勾线凿出头脸、眉眼、身腿、肢股、脊骨、牙爪、绣带、铃铛、尾巴及须弥座的基本轮廓。与此同时，还要"出凿"、"崽子"（小狮子），"滚凿"绣球，凿作袱子（即包袱）。

完成出坯子、凿荒和打糙这 3 道工序时，石匠一般由上至下开凿，以免凿石碴将下部碰伤。

第四道工序：掏挖空挡，进一步画出前、后腿（包括小狮子和绣球）的线条，并将前、后腿之间及腹部以下的空当掏挖出来，嘴部的空当也会在此时勾画和掏挖。

第五道工序：打细，在打糙的基础上将细部线条全部勾画出来，如腹背、眉眼、口齿、舌头、毛发、胡须、铃铛、绣带、绣带扣、爪子、小狮子、绣球、尾巴、包袱上"做锦"以及须弥座上的花饰等，然后将这些细部雕凿清楚，若不能一次画出雕好的，可分次进行。

最后用磨头、剁斧等将需要修理的地方整修干净。

五、民居石雕运用案例

（一）湘南民居石雕

湘南地区所产石材主要是石灰石和花岗石，俗称青石。因湘南地区山高、雨多，易犯洪灾，湘南民居石雕深受当地地理环境影响。在湘南民居中，常见的有门槛石石雕、门边石石雕和泰山石石雕。总体风格与北方石雕的气势磅礴相比，显得清新、秀气；与岭南地区和江浙地区的繁复艳丽相比，显得朴素、自然。

在建筑中，承重受力或易磨损的基础部位通常不做复杂的雕饰，如泰山石、石门槛、石门梁以及石柱等，多以浅浮雕为主，以线造型。既能达到装饰的目的，又可以保证足够的承重能力，还能抵抗雨水的侵蚀。在房屋结构处理上，大门两边约1m以外的墙面通常整体凸出去，使大门处形成一块避雨遮阳的空间。厅屋屋顶中央大多还开有一孔面积较大的采光天井，地面用石条砌成与房顶空洞长宽相当的盛雨水池，大的厅屋还会有石柱或石墩木柱，居民大多在这两处交流与休息。与地理环境的和谐统一，铸就了湘南民居石雕独特的艺术形式。

正如以上所述，湘南民间石雕结构形态一般随形就势、随需造型。在图案含义上，湖南民居的石雕装饰多以写实手法进行表现。石雕的题材多种多样，以祥禽瑞兽、花鸟虫鱼、寻断司专说、历史典故、生活场景为主，并且运用谐音、引申等手法赋予装饰图案更多的含义，如石榴寓意多子、牡丹寓意富贵、麒麟寓意贤德有才等。另外还有一种常见的手法，就是直观地把几种物象组合在一起，表达特殊的含义，如"摇钱树"、"聚宝盆"等。

湘南地区的民居石雕中神话故事题材运用较少，多以"八仙过海"或者"暗八仙"法器为主，少数公共建筑上刻有"降龙、伏虎、修行、得道"的相关内容。生活场景在湘南民居石雕装饰中很常见，反映出湘南先民崇尚耕读、师法自然的生活观念。"渔、耕、读"表现的生活场景来源于生活，又高于生活。例如庙下村的朝门泰山石上雕刻的就是普通的采集场景：一个人站在石阶上，正伸手采集书上一串串的铜钱；另一个人则在地上将铜钱收集到一起，人物形态生动，表情自然朴实。

在满足实用和寓意的功能同时，湖南地区民居的石雕艺术也满足了人们的审美需求，朴素自然的审美观在湘南地区民居的石雕中表现得淋漓尽致，摒弃繁复的装饰，力求简洁、生动。无论人物、动物，还是花草，均用线条重点强化轮廓特征，用线简洁有力，刻画生动形象。与此同时注重装饰效果，用有序的波浪表示水纹，体现节奏和韵律；龙的鳞片概括成弧形的括号，狮子、麒麟等的毛发用细密的线条进行表达，并通过疏密、虚实的对比，以强化装饰效果。具体而言，湘南民居的石雕艺术主要运用在以下几个部位的构件之中：

1. 角石

在砖结构为主的湘南民居中，通常用加固房屋四角和主门两边凸出墙角（图10-5-3）。角石普遍安放在建筑基础的条石之上。为了扩大墙体和角石的接触面积，牵引角石使之固定不移动，一般会在其上方放置一块或者两块相互交叉的牵引石。角石一般是对称出现，在建筑物中因所处部位的不同而存在着等级之分，位于大门入口两侧转角处的角石等级最高。角石的规模、雕刻题材、手法通常是由其所处位置以及房屋主人的经济状况和其社会地位等因素共同决定的。条件较差的，角石体量较小，基本不设置图案，只是凿成较细的线条进行装饰；条件较好的角石体量相对较大，设有精美的雕刻。每块角石可以看见两个

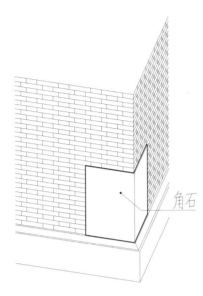

图 10-5-3　角石轴侧线示意图

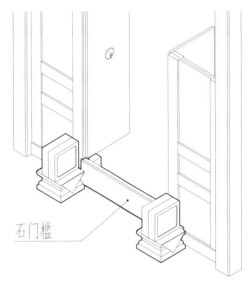

图 10-5-4　石门槛示意图

面，每个面一般分为三部分，刻有三组内容，也有的是一个整版，雕刻一组内容，角石的选材多选用质地较为良好的青石制成，虽历经了几百年的风雨考验，而依然平稳如故。

2. 石门槛和抱鼓石

石门槛是门的一部分，也随着门的等级而变化，级别最高的是大门的门槛（图10-5-4）。湘南地区普遍认为门槛可以守住运气、财气的同时还象征着地位高低，因此民居非常注重门槛的形象，石门槛的高度一般都比较高。石门槛左右两边各有一个石墩，并且留有榫插入石墩凹槽，更为牢固。石门槛的正前面十分注重装饰，多有精美雕刻，以浅浮雕为主，因为门槛是出入的主要通道，浅浮雕可以防止磕碰。以门框为界，室内部分石墩凿有石巢，供门轴下端插入使用。室外部分石墩上设有抱鼓石一对，具有镇邪避妖和装饰作用。

抱鼓石因其上部形状如鼓而得名，其装饰丰富多彩，既有龙、凤、狮子等形象，也有以荷花、水鸟等形象进行装饰的浅浮雕。鼓边刻有鼓钉，有的还有兽

面鼓柄，鼓的下端融合在一整石块里面，形成"抱"的形状，多刻有祥云图案，增加石鼓的神圣气氛。

3. 石柱础构件

石柱础在湘南地区非常普遍，形式多样，品种繁多。石柱础作为木柱的基础，使得木柱或者石柱不直接与地面接触，可以保护木柱免遭潮气的侵蚀。由于湘南地区的湿气较重，柱础普遍比北方要高得多，但是比岭南地区要矮一些。石柱础通常分为上端的石鼓和下端的基座两个部分，石鼓和基座还会细分成很多层，基座多为正八边形，鼓面是柱子放置的位置，多不作雕饰，少量的还凿有槽，使柱子插入更为牢固。鼓面刻有鼓钉，鼓身则装饰有图案，多为二方连续的卷草纹。鼓周有莲花座形式，也有覆盆形式。基座的各个面均有雕饰，多为浅浮雕团，相邻的两个面的交界位置保留较为厚实，形成柱状，以保护柱础不被碰掉的同时形成了一个支撑石鼓的支架。基座最下端一个部分通常为正四边形，高约50～100cm，因为长时间承重，有相当一部分会陷在地下，所以通常不作任何雕饰。

（二）惠安民居石雕

自明清时期以来，石雕在惠安地区的民居建筑中的应用非常广泛，主要应用于大门、外墙体、柱础、排水口、天井、井圈等部位和构件的装饰，其中不乏有流传至今的优秀作品，如泉州鲤城区江南街道亭店社区的杨阿苗故居，泉州南安官桥镇的清末蔡氏古民居等，故而，惠安民居也是石雕运用的代表案例之一。

民居建筑大门正立面往往是惠安地区民居的石雕装饰重点（图10-5-5、图10-5-6）。与湘南地区一样，惠安民居的建造者们普遍重视对门户的营造与装饰，以此来标志和象征户主的社会、经济、政治地位等。其雕饰构图具有规律性：大门墙面的装饰在构图上与清式板门的构图相似，仅有材质不同之分。惠安民居材质均用石，有别于后者全用木。

具体而言，惠安民居的石雕艺术主要运用在以下几个部位的构件之中：

1. 门

1）门楣构件

即门框上沿，其正中设有一块与门洞同宽的石匾，早期石匾大都采用线雕，现常出现影雕石匾。石匾刻有与户主身份相应的文字，石匾两侧有走马板，走马板为石雕，内容多为人物故事（图10-5-7）。

2）门簪构件

即"刀挂簪"，就是在门楣上凸出的两个雕刻，平面圆形，有如印章或龙头，后尾穿过门楣不仅可以锁住门臼，还具有一定的象征意义。

此外，门框两侧余塞板位置自上而下，通常分三段进行雕刻，并结合图框的长短不同，选用适合的题材，如上段最长，一般雕刻对联，中段接近方形，多以单个动物为雕刻内容，下段矩形框较短，以雕刻花瓶和植物为多。

3）门枕石构件

通常是指立于大门门框两侧的巨大石块，从形制上可分为上马石和抱鼓石两种。门枕石实际上是门轴的支点，粗壮的门轴带着巨大的门扇，整个重心都落在门枕石上，并绕其自如旋转，平衡门扇重量，防止门框摇动，同时门枕石又夹住门槛，成为门槛的支撑体，而门槛在将门枕石分隔成内外两部分的时候，也为匠人们留下了充分展示其技艺的空间，往往成为装饰的重点。惠安民居中，宅第一般兼用这两种形制的门枕石。在大门置高大的抱鼓石，抱鼓石上外观饱满圆润，并常雕螺旋纹；在院门、侧门置低矮的方形上

图 10-5-5　惠安民居石门 1

图 10-5-6　惠安民居石门 2

图 10-5-7　民居门楣

图 10-5-8　民居外墙 1

图 10-5-9　惠安民居外墙 2

马石，有些上马石无雕饰，有雕饰的上马石多是把顶部做成拱券形，正面分别雕刻松、鹤和竹、鹿等，寓"福禄双全"、"平安长寿"之意。

2. 外墙体

对于外墙体，惠安石雕常应用于民居外墙体中的门堵、地栿、石阶、石窗等构件部位。

1）门堵构件

即墙上的石块，又称石堵（图 10-5-8～图 10-5-10），一般将其分为顶垛、垛仁、腰垛、下裙垛及座脚五个部分。门堵有正面门堵和侧面门堵。正面门堵的装饰构图类似于隔扇门的构图，自上而下分为五段，依次为：顶垛（横长矩形，整块石雕占满空间，不留边框，多做成高浮雕）；垛仁（纵长矩形，做出较宽的边框，内嵌整块石雕，内外分别用不同颜色的

图 10-5-10　惠安民居外墙 3

石材制作，以明确界定区分边框和图面），垛仁的高度等于人眼高度，可雕空成为窗子；腰垛（构图同顶垛，技法多用浅浮雕或线刻）；裙垛（接近方形，整块石作，隐出图框，内雕图案）；座脚（即石制地栿或勒脚，中央向前突出适当宽度，做成如同柱础的雕刻，与墙面转角处的柱珠雕刻相呼应）。侧面门堵的装饰构图基本与正立面石门堵相同，不同之处主要有两点，其一，是垛仁部位的雕刻内容不同，侧立面的一般以诗句或对联为内容，而正立面的多以人物故事为题材；其二，则是垛仁部位的雕刻材料不尽相同，侧面的视线吸引度低于正面，所以可以是石雕，也可以是砖雕，而正面为了保证门廊材质在视觉感觉上的统一，只能用石雕。

门堵上的石雕题材常用山水、花鸟、楼台、亭阁、博古与人物等形象，用以表达忠孝节义、祥瑞景物、男耕女织、耕读渔樵、鹤鹿同春、麒麟卧松、鸳鸯荷花、博古炉瓶、玉棠富贵等民俗化题材，丰富生动。

除了在民居建筑上运用外，在一些宗祠建筑也经常采用门堵秀面装饰，只是其装饰的形式与内容有所不同，一般采用麒麟、鹿、象、马等大型雕像且较为简洁。

2）地栿

地栿包括地牛和虎脚两部分。地牛是指外墙体最

下层的矮平线脚，有时与虎脚连作。地牛形态单一，只做出简单的素平线脚，有一定的视觉找平作用，给人以平整稳定之感。虎脚，即勒脚又称为大座，一般用整块的白石加工而成，其上砌筑粉堵（即墙裙，用整块大白石板经细加工横竖砌筑而成）。

有的以青石雕刻，和墙身青石腰线、门口嵌砌青石雕件的材料及雕刻手法都相一致；有的以花岗石刻成，色泽、质地与青石雕的腰或门口装饰都不相同，形成材料的质感及色彩上的对比。除此之外，在民居檐口柱与步口柱之间的地袱雕刻，别具一格，主要运用线雕手法，线条清晰而凹凸较小。题材有"连（莲花）生贵子（莲子）"、"喜鹊登梅"、云纹、龙纹，富含吉祥意义，民间装饰色彩浓郁。

在构图方面，虎脚随墙面的横向划分，也做分段处理，与隔墙相对应的虎脚宽度较窄，而在相邻隔墙面之间的虎脚宽度相应拉长，占满整个开间。虎脚的这种分段处理手法，与上部红砖墙身图案变化和墙裙的纵横砌筑上下呼应，和谐统一，如实地反映出内部空间的划分以及墙体的承重与围护分工关系。

由于地牛同虎脚是在同一块石材上雕刻研磨而成，且用作石基的石材往往横向贯通建筑的整一个开间（即开间净宽加一堵隔墙的宽度），地牛的分段少于虎脚，在每块石材上左右连通，并且在整个立面上尽量给人以完整连续的印象。

如果将立面的墙基部位作为一个整体来看，门廊转角部位的础石功能极为特殊，有以下几点值得推敲：第一，从纵向来看，它在整体形态组合、体量大小、装饰特征等方面都取得良好的上下呼应关系，使檐墙与门廊侧墙交角部位的纵向线条更加坚定醒目，构成门厅虚空间与集中装饰的优美边框，符合中国传统建筑惯用的图框手法；第二，从横向来看，它又起到了承上启下，有机过渡的作用，所谓"承上"，础石以迥然不同的高度和方正稳定的形态，形成一连串虎脚强有力的收头，圆满地结束了不断重复的韵律感，所谓"启下"，是指它又成功地引领了门廊虎脚的一系列雕刻，连贯协调，转变自然。

其"一身兼多职"的艺术形式，充分反映出当地匠师对各个建筑细部的严密推敲，对装饰在建筑物上具体观赏条件的周密考虑，不仅符合建筑装饰雕刻的基本原则，而且显示出精妙的构思与勇敢的独创精神。

3）石阶

即台基边缘的石条，因传统观念避讳过多的接缝，石条特别要求整块完整，不能有接缝，所以选用比较大而完整的石板，尤其是踏步，一般是用一块完整的条石雕刻而成，同时，在底层还做出细细的线脚，使踏步产生情趣，具有一定的轻盈感。

4）石窗

或称漏窗，不仅是民居建筑中最重要的构件之一，同时又是惠安石雕主要的装饰部位（图10-5-11～图10-5-13）。石窗类型主要有条枳窗（即直棂窗、石条窗）、竹节枳窗（竹节窗）、螭虎窗等，其中，条枳窗的窗枳用竖向的直棂，棂条数一般为奇数，窗棂断面为正方形或扁方形。有的民居把直棂雕成竹节状，寓意步步高升，竹节上附着花卉、人物、动物

图10-5-11　惠安民居石窗1

图 10-5-12　惠安民居石窗 2

图 10-5-13　惠安民居石窗 3

等，多为透雕形式，如泉州杨阿苗故居中的透雕竹节枨窗，竹节上附着喜鹊、鹿、兔等动物，形象活泼生动，富有情趣。

3. 柱础

柱础是惠安民居中出现石雕装饰机会最多的构件柱础之一。该类构件位于房屋立柱之下，与地面直接接触的石柱础，其最大的功能是抬高柱子，防止雨水与潮气对柱子木材的浸蚀，保持干燥的木柱大大延长了其使用寿命，可以看出，这极微小的一个细节，却对整座房屋起到至关重要的作用，是民居等建筑立柱时不可或缺的基础柱石。柱础包括柱珠与磉石。柱珠，即在柱子下方的石块。磉石，即柱珠下面的正方形石块。柱珠与磉石是传统惠安地区石砌民居中，雕

饰最为集中的建筑部件之一，形式多样，内容丰富，根据其是否独立完整又可以分为用于门廊和用作独立支柱基础两大类型。用于门廊时，柱珠与磉石因为其上的柱子都是倚柱，所以它们只能露出两面或三面；而用作独立支柱基础时，柱珠与磉石造型更为多样。同时，柱珠与磉石连作，衍化出更多形态复杂的多层柱础。在丰富多彩的柱础造型基础上，石匠艺人在础面上还加以各种不同内容的雕饰，题材宽泛，如花草禽兽、琴棋书画、渔樵耕读、文房四宝、双狮戏球、八仙、八宝以及石榴、葡萄、蝙蝠、寿桃、牡丹、万字纹等，不胜枚举。至于外轮廓边饰，则有直线、鼓钉、回纹、云纹、卷草、拐子纹等，具有浓郁的民俗特色，从而显示出更丰富多彩的艺术魅力。

4. 天井

惠安民居中，天井也会有石雕装饰。在较大规模的惠安地区石砌民居中，石雕工匠往往会在天井的前后井壁作些石雕装饰，题材一般有折枝荷花、葫芦飘带和折枝卷草等花卉图案，少量民居还有八卦浮雕图案等。

5. 井圈

惠安当地的石砌民居建筑中，水井井圈一般都以石块雕砌而成（图 10-5-14、图 10-5-15）。宋元以来，许多石井圈都雕有文字、吉祥符号或花卉纹等图案，其中，以莲花纹作为井圈图案的居多。

综上，惠安石雕在民居建筑中的应用，是以缜密推敲的装饰形式，合理安排的装饰内容，取得自身的独立完整和有机和谐，同时，通过色彩的有效对比与良好搭配，恰如其分地反衬出主体墙面的装饰效果，无言地阐释着自己作为基座的身份地位和稳重坚固的性格因子。在"显"与"隐"之间找到了最佳平衡点。

（三）曲阳民居石雕

曲阳民间石雕作为我国北方石雕艺术的发祥地，有着丰富的历史。曲阳民居石雕的特点首先是曲阳当

图 10-5-14　惠安民居井圈石 1　　　　图 10-5-15　惠安民居井圈石 2

地盛产大理石，主要有墨玉、桃花红、孔雀绿、风景绿、豆绿、雪花白和汉白玉等多个品种，其中以雪花白和汉白玉的石质为最佳，是石雕中较好的石料。其次，丰富的民族文化创作底蕴使得曲阳民居石雕的创作题材十分宽泛。在雕刻的作品中圆雕、透雕、浮雕、阴刻、阳刻和镶嵌等技术手法相融合，石雕作品创作艺术表现手法灵活。

在曲阳民居中的石雕作品题材内容比较广泛，一般可以分为以下几个方面：首先是吉祥图案，如"事事如意"、"龙凤呈祥"、"吉庆有余"、"麒麟献瑞"、"天官赐福"、"松鹤延年"、"天马行空"等，再者是吉祥物和具有祥瑞寓意的动物形象，如石狮子、石敢当、辟邪、天禄、麒麟、牛、奔马、象、鹿、仙鹤、龟、十二生肖等。

第六节　石构件的添配和修补

我国各个不同历史时期的民居建筑遗物，代表了不同历史阶段的人民文化艺术和科技技术的发展成果。一方面，由于民居建筑石质遗存构件长年受自然界的侵蚀风化，作为民居建筑中重要的组成部分，石构件应得到必要的保护与修补；另一方面，为了保护古建筑的原有风貌，原有构件又不能轻易更新。在修缮当中应做到在原有构件的基础上进行加固或连接，其中，使用化学材料封护使其不再继续损坏是最为常见的修补方式。下面介绍几种常见石构件的添配与修补工艺。

一、受力构件

（一）柱顶石

添配柱顶石时，通常选择与原构件石质色泽一致的石料。有雕刻纹样的柱顶石，如俯莲等，要在相同柱顶石中选择较典型并且纹样完整的，进行翻模，仿制；无雕饰纹样的柱顶石，有曲线如鼓镜、海棠线等，也应在相同构件中，选择较典型而又完整的做出样板，依照样板边制作边套检。

（二）石过梁

添配石过梁时，一般选配同样色泽，而且是长向水平石纹（俗称"卧碴"）的石料（图 10-6-1）。工

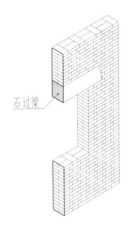

图 10-6-1　石过梁示意图

匠需按照原构件的造型、做法予以仿制新件，如原构件看面是扁光的，即做扁光；是剁斧的，即做剁斧；是有錾纹的，即按錾纹水平距离和深度制作。

二、非受力构件

添配雕刻各种纹样的石构件，有三种方法：

第一种针对雕刻纹样简单的，如荷叶净瓶栏板、石榴头、二十四节气、竹节式的望柱头等，首先要在添配的相同构件中，选择比较典型和雕饰纹样完整的，把雕刻有纹样的部分如荷叶净瓶、望柱柱头等进行翻模，作为进行仿制和验收的依据。至于栏板扶手、望柱柱身和地栿等，应用胶合板或薄钢板做出样板，在雕刻进行中边加工、边用样板套检，最后以样板为验收标准，选配与原构件同样色泽的石质进行加工制作。

第二种是对于圆雕、半浮雕和纹样复杂的，如赵州桥的栏板、望柱。这些石雕构件的添配，除了必须要在需添配的相同构件中，选择较典型、而纹样又完整的石雕翻模外，还应利用"点线机"作为辅助工具进行加工。把点线机固定在已翻好的石膏模和准备雕刻加工的石料上（相同的位置上），用石膏做点线机的固定点，并在固定点上各装一个金属垫，以承托和固定点线机。利用点线机辅助找好各种纹样的轮廓和不同的起伏高低尺寸进行雕刻，一般分为三遍成活：第一遍，用点线机找好纹样的轮廓后，预备 1cm 厚的荒料，先雕出各种纹样的轮廓线；第二遍，边雕刻边用点线机测检，并预留 0.2~0.3cm 的荒料；第三遍，同样边雕刻边用点线机测检，做细成活。

一般来说，用点线机辅助进行雕刻时，雕刻的各种纹样的轮廓线和起伏高低的尺寸不会发生较大误差，从形象上来说基本上能做到原物再现。其次，利用点线机辅助进行雕刻，一般能掌握基本雕刻工作的人就能胜任，不需要较高级技术熟练的工人。

第三种是踏跺的添配。踏跺往往是有浅浮雕纹样，因为这种构件容易被磨损且更换频繁。进行添配时，应该首先弄清楚哪些是原建时的构建或哪些是较早期的遗物，从中选择相同纹样较完整的构件，按图案拓印下来，之后将拓片的纹样过到选配好的石料上，经过原拓片的纹样核对无误后，在进行加工仿制。一般雕凿三遍成活：第一遍，按照过谱雕出最高纹样的轮廓，并留出大于它成活尺寸 0.2~0.3cm 的荒料；第二遍按照过谱做锦地的纹样，同样预留 0.2~0.3cm 的荒料；第三遍，做底盘，由下向上逐层边参照拓样边进行做细和扁光，这叫作"打高就低"。这样做是为了防止先把底盘做好了，再做突出部分的纹样，导致突出部分的石料有问题，尺寸对应不上，再剥落地盘，造成返工。

三、修补与粘接

对于因长年受风化影响和人为的碰伤破坏而断裂或残掉无存的石雕构件，如望柱、栏板、地栿、垂带、角柱石等等，工匠一般使用以下传统修补方法：

（一）局部硬伤

如须弥座上下枋、上下枭、圭角等。首先按照应补配部分，选好荒料，做成雏形，参照相同部位构件的纹样进行仿制，要预留 0.2～0.3cm 的料，再安装后栽凿去做细成活。新旧茬接缝处要做成糙面并清除尘污，以便于粘结牢固。补配石活的断面大于 10cm 的，在两接隐蔽处萌入拔锔或其他铁件连接牢固，再用粘结剂粘牢，勾抹严实，最后用錾子和扁子，修整接缝，以看不出接缝的痕迹为佳。

至于修补石活，应按石质塞责的要求配料，有时需从大料上破劈。其做法分为两步：

第一步称作放线，即按需求的尺寸量好后（四周各加荒料 2～3cm），于破劈石料的位置上，按钢楔的大小弹上两条平行线。

第二步是定楔眼位置。一般石料厚度 30～40cm 的，楔眼之间的距离应为 8～12cm。随即用粗錾子打凿楔眼，眼深为 4～5cm，把钢楔插入眼内。楔插入眼内，必须"三悬"即楔底及前后悬着，两侧面贴实，然后用 8～10kg 的大锤，由一端向另一端逐渐击打，这样料石就逐渐地从两条平行线中劈开。同时应注意防止钢楔插入眼内两侧贴不实而是楔尖着底，这种情况不但破劈料石费劲，钢楔被锤击后蹦出，容易发生危险。

（二）局部风化酥残

首先将表面风化部分剥掉，直到露出硬茬为止，选配与之相同石质色泽的石料进行加工，并预留大于需要尺寸 0.2～0.3cm 做成雏形，进行粘接。补配的石活如有雕饰纹样，剔凿花纹和牢固铁件的方法同上。

（三）局部断裂和无存

螭兽头、望柱头、扶手（寻杖）等构件，因其一般重量较大，需采用铁件锚固与粘接相结合的方法。

具体做法是：螭兽头、望柱头铸进钢芯，钢芯一般采用 $\phi 2mm \times 200mm$，在两个拼接面的中线上（螭兽头应离开排水孔），各凿孔 11cm 深，孔径大于钢芯 1cm，以利填充粘接材料。如果是栏板扶手应用铁扒锔入锚固，补配石活的制作、纹样的雕刻和粘接方法，与上述几项做法同。

四、一般石构件修补的要求和注意事项

（一）选配石料

新补配石活的石料，应选择与原构件石质和色泽相同的石料进行补配，否则会影响补配的效果。

（二）打剥荒料

补配有雕饰纹样的石活，如望柱头颈、荷叶净瓶颈、高浮雕凹进部位等，在加工过程中，打剥荒料时，要逐层剥离，不要用力过猛，急于求成，以免造成隐残。

（三）石膏稳固

两面高浮雕或圆雕中间断面过薄，如赵州桥隋代栏板、望柱头的颈部，当一面剥凿花活完工后，做另一面时，应在已做好的一面凹进部分临时灌注石膏加线麻予以固牢，增强它的强度，以免在加工过程中发生断裂破残。

五、石构件粘接材料

石构件的粘接材料可以大致分为旧法粘接与新法粘接两种。

（一）旧法粘接

1. 焊药粘接

该方法主要使用白醋、芸香、松香、黑炭等材料，相互之间的重量配比普遍为 2∶1∶1∶33。对于每平方寸（营造尺）的用量，计白醋二分四厘，芸香、松香各一分二厘，黑炭四钱。在具体的调制

方法方面，将上述几种材料，按照重量配比搅拌在一起，徐徐加温后即熔化形成一种粘结剂，用它粘补石活可取得较好的效果，是一种值得深入研究的传统经验。

2. 补石配药

该方法主要使用白蜡、黄蜡、芸香、石粉、黑炭等材料，相互之间的重量配比为 3 : 1 : 1 : 56 : 30。对于每平方寸（营造尺）用量，白蜡一钱五分、黄蜡、芸香各五分，石粉二两八钱八分，黑炭一两五钱，调制方法与焊药粘接相同。

3. 黄蜡粘结剂

该方法的材料主要是黄蜡、松香、白矾，各种材料之间的重量配比为 1.5 : 1 : 1。调制方法也与焊药粘接相同。

（二）新法粘接

1. 水泥砂浆粘接

该类粘接方法一般用于较大块石料的粘接，如石桥的券脸石、角柱石等，对于表面风化酥残者，首先将风化酥残部分，打剥得见到硬茬，新补配的石料，其厚度应减薄 2cm，以利填充粘接材料，用 1 : 1 水泥砂浆进行粘接。

2. 漆片粘接

该类粘接方法先将被粘接的两拼缝内的尘污清除干净，再将粘接面凿成糙面。用喷灯将粘接面加温，温度以能使漆片搁上即熔解为宜，不应太大，以免石构件受伤，然后把补配的石活，对准接缝用力挤严粘实，拼缝表面缝隙再用原来石质的石粉拌和粘接剂，勾抹严实。最后用錾子或扁子将缝剔凿平整，使其看不出粘接的痕迹。

六、石雕作旧

石雕作旧是用汗烟秸略加白矾熬水，再将石雕泡在水中数日后取出，用黄泥涂抹数日后用水冲掉，干燥后呈似土锈色，再用柴草烟将石雕熏上一层烟釉，阳光暴晒，每日晒烫后喷水，间隔月余再薰一次，经数月再将浮烟灰浮土扫掉，所剩烟釉色与土锈色与出土石雕的颜色基本一样。

七、石雕的复制

首先要对石雕原件进行实地测量，确定原件的制作年代，详细记录石料性质、体量大小、尺寸规格、造型特点、佩戴装饰、花纹图案、文风字体、雕刻技法、艺术风格等有关因素。为使记录准确，应同时绘制测绘草图，拍摄从整体到局部的实物照片。测绘时要从上到下，从左到右，从外到内，循序渐进地测绘到位，防止遗落，避免在绘制施工图时数据不全，还得重新测量造成浪费。测绘完成后，要按测绘数据绘制施工图纸，不准增减创新，施工图绘制完成后再到实地按原件规格进行校对，核对无误后方可复制施工。按照原件的雕刻技法进行雕刻，直至磨光作旧。

八、石雕的防冻

放在室外的石雕应该注重采取防冻措施。传统建造者普遍采用的方法是渗腊处理，就是把做好的石雕、石碑用烧红的铁块烤烫，然后用黄蜡涂在上面使之溶化渗到石头里面，处理后雪水就不容易渗进石头里面，起到了防冻保护，保护时间可达到十几年，因此渗腊保养是使石雕作品大幅度延长寿命的有效措施。

第十一章

建造石料的种类及
常用工具

>>

第一节　石料的种类与选择

一、石料的种类

传统石砌民居中，常用的石料种类多种多样，民居建造时，常因地制宜、就地取材，形成了不同风格的民居建筑。具体来说，我国石砌民居常用的石料类型包括有汉白玉、青白石、艾叶青、青砂石、紫石、花斑石和豆渣岩等。

青白石：青白石是一个含义较广的名词。同为青白石，有时石料之间的颜色和花纹等相差很大，因此，它们又有着各自不同的名称，如：青石、白石、青石白碴、砖碴石、豆瓣绿、艾叶青等。普遍来讲，青白石一类的石料质地较硬、质感细腻，并且不易风化，多用于民居聚落的重要公共建筑，还可用于带雕刻的石活之中。

汉白玉：汉白玉石料根据不同的质感，往往又可以细分为"水白"、"旱白"、"雪花白"、"青白"四种，它们各有特点，被建造者通过不同方式加以利用。汉白玉一类的石料可存在于以下形态之中：霰石、方解石、白垩、石灰岩、大理石、石灰华，通常会具有洁白晶莹的质感，质地较软，表面的石纹较为细腻，因此较为适于石雕石刻之用，偶尔用于大型公共建筑中带雕刻的石活部分。与青白石一类石料相比而言，汉白玉石料虽然更加漂亮，但其强度及耐风化、耐腐蚀的能力均不如青白石。

花岗石：花岗石种类很多，因产地和质感的不同，有很多名称。南方出产的花岗石主要有麻石、金山石和焦山石，北方出产的花岗石多称为豆渣石或虎皮石，其中呈褐色者多称为虎皮石，其余可统称为豆渣石。花岗石的质地坚硬，不易风化，适于用做台基、阶条、护岸、地面等，但由于石纹粗糙，不易雕

刻，因此不适用于高级石雕制品。

青砂石：青砂石又可以称为砂石，颜色方面通常呈青绿色，普遍质地较为细软。由于该类石料较容易风化，因此多用于较小体量的石砌民居建筑中。青砂石因产地不同，质量相差较大，其中带有片状层纹理的，质量普遍较差。

花斑石：花斑石在河北省的三河市、涞源县、怀南县和顺义区等地均有出产，又叫五音石或花石板，石料颜色普遍呈紫红色或黄褐色，石材表面带有斑纹。花斑石普遍质地较硬、花纹华丽，故多用于公共建筑中，通常是制成方砖规格，磨光烫蜡，用以铺地的建造。

豆渣岩：豆渣岩系花岗岩的一种，主要生产于白虎涧、鲇鱼口、周口店及南口等地。石料质地坚硬、石纹粗糙，不易于雕刻，有粉红、淡黄和灰白等几种颜色的区分，内有黑点（云母）。因产地的不同，石性的软硬和石纹的粗细有明显差别。由于硬度普遍较高，并且产量较多，传统石砌民居建筑多用该类石材制作阶石、柱顶、砌筑台基、驳岸等部位的建造，或者用来铺装路面、垒砌墙垣，因此，豆渣岩是石砌民居建筑中一种用途很多的石料。

在石砌民居的具体建造过程中，常常需要根据建造部位的不同，而选择不同种类的石料。以石桥建造为例，桥面以下宜使用质地坚硬，并且不怕水浸的花岗石石料，桥面部分可使用质地坚硬、质地细腻的青白石石料。石栏杆部分则多选用洁白晶莹的汉白玉石料。

二、石料挑选方法

对于开采前的石料挑选工作，建造者会根据所需石料的要求和每座山的石料具体分布情况，了解山上的石料性质以及质量好、坏的石料在山上所处的大概

位置特征。一般说来，质地较不理想的石料常处在山根或山皮部位，开采时普遍会尽量开成顺柳石料，避免开成剪柳和横活。在挑选石料时，会先将石料清除干净，仔细观察有无上述缺陷，然后再用铁锤仔细敲打进行甄别，如果敲打之声较为清脆，则为无裂缝隐残之石料，否则就表明石料有部分隐残。冬季挑选石料时，还会将石料表面的薄冰扫净，然后细心观察。石料的纹理如不太清楚时，会用磨头将石料的局部磨光，磨光之后的石料，纹理比较清晰。此外，质地良好的石料种类，石纹的走向会符合构件的受力要求，如阶条、踏跺、压面等，石纹常为水平走向（卧碴），柱子、角柱等，石纹常为垂直走向（立碴），以利于良好的受力传播。

购料时，首先会依照设计规格和使用部位，参考相关购料注意事项，从而确定使用何处石料产品。然后再按下列规定增加荒料尺寸订购，以免造成浪费或不符合使用要求。对于一般石料，加荒尺寸规定如下：

在购料时，还普遍会进行荒料检尺，即检查荒料尺寸是否合乎设计规格的要求。棱角会用弯尺测量，以防翘棱过大，致使操作时装线后不能使用。尺寸较小的石料会用直尺和弯尺测量；尺寸较大的石料，除使用直尺和弯尺测量外，还要装线超平（表 11-1-1）。

三、石料的常见缺陷

石料的常见缺陷是：裂缝、隐残（即石料内部有裂缝）、纹理不顺、污点、红白线、石瑕以及石铁等。

带有裂缝和隐残的石料一般不会被选用。但如果裂缝和隐残不甚明显，建造者们也会考虑用在某些不重要的部位。同木材一样，石料也有纹理，纹理的具体走向可以分为顺柳、剪柳（斜纹理）和横活（横纹理）。纹理的走向以顺柳最好，剪柳较易折，横

石料加荒尺寸　　　　　　　　　　　　　　表 11-1-1

构件名称	尺寸加荒
台阶石	成材不加荒
陡板石、墙面石	长宽各加 2cm，厚度不加
压面石、台帮石	长加 3cm，宽加 2cm，厚度不加
垂带石	长宽各加 3cm，厚加 2cm
柱顶石	长宽各加 3cm，厚加 2cm
须弥座石	除瞎枋子不加补，其余部位长短、高低各加 2cm
栏板石	包括榫子在内，长加 10cm，宽加 6cm，厚加 3cm
望柱石	包括榫子在内，长加 6cm，宽厚各加 3cm
挑檐石	长宽各加 3cm，厚加 2cm
券脸拱圈	一面露明：长宽各加 2cm，厚度不加 二面露明：长宽各加 2cm，厚度加 4cm
贴面雕刻石	长宽各加 2cm，厚度不加

活最易折断。因此，剪柳石料和横活石料不宜用做中间悬空的受压构件和悬挑构件，也不宜制作石雕制品。

石瑕是指石料虽无裂缝和隐残，但仔细观察时，可发现石面上有不大明显的干裂纹。由于带有石瑕的石料容易由石瑕处折断，因此该类石料一般不会用作重要构件部位，尤其不用作悬挑构件。

一般说来，一座建筑的石料表面难免会出现污点和红、白线等外观不佳的缺陷，但通常会安排到不引人注目的位置。

石铁是指在石面上出现局部发黑（或为黑线），或是局部发白（即白石铁），而石性极硬，带有石铁的石料不但外观不佳，而且不易磨光磨齐。选用带石铁的石料时，会将其尽量安排在不需磨光的部位，尤其应避开棱角部位。

第二节　石料的开采

天然石材的开采技术有炮眼法、鞭杆炮法、团炮法等，普遍适用于坚硬和较坚硬岩石的开采。砂岩等硬度较低、解理适宜的岩石，则多用凿眼方法进行实际开采工作。

一、选择与创造临空面

采用爆破技术开采坚硬或较坚硬的岩石，建造者们首先会选择良好的开采临空面。临空面多的采石点，对炮眼的布置具有相对良好的条件，装药量可以相对节省，开采工作也普遍比较顺利，故而常会被优先选择采用。临空面的具体创造手法包括小炮眼法、火烧沟法等。

有的岩石有明显的断层和裂缝，这些断层、裂缝可以利用或创造为临空面，既可节省费用，又为开采提供了便利条件；对于在岩石的上部覆盖较厚或者风化层较多的石料开采，则会先行剥离或掀开风化层，创造临空面，使坚实岩石表露后再进行开采；岩石如果多面受夹，没有临空面，则会先用小炮眼爆破，把一定部分开采为乱毛石，以创造临空面，方便之后的开采工作；对呈岩基、岩盘状的大体量岩石，为了不破坏岩层，则会采取火烧沟的办法，创造适宜的临空面。

对于采用小炮眼法创造临空面，是指如果开采岩石的覆盖层较厚或风化层较多，以及多面受夹的，可用小炮眼法创造临空面。小炮眼法一般采用浅孔，孔径为5cm以下，用以掀开岩石表面的覆盖层、风化层等。如为多面受夹的岩石，则会选在岩石石料"截面"受夹的部分，把炮眼定在距"截面"边沿2～3m处，炮眼方向平行于"截面"，垂直于"劈面"，孔深一般不超过2m，装药量一般不超过孔深的50%～60%。进行爆破之后，岩石从炮眼处向外

崩裂，形成一个近似三角形的缺口。如是沿着"涩面"纵深方向多次爆破，临空面就会逐渐创造出来。爆破所形成的石材多为乱毛石石材。

火烧沟法创造临空面是指对呈岩基、岩盘的大体量岩石，由于多面受夹，如用爆破法，必将使完整的岩体受到破坏，而采取火烧沟法创造临空面，则可保证岩体得以开采出完整的料石。

火烧岩石是使岩石表面在受高温和气流的作用下，石英等造岩矿物骤然膨胀，使得岩石最终脆裂剥离，从而逐步形成临空面的过程。在进行火烧操作之前，建造者们普遍会组织有经验的采石工人来查看开采工作面，从而确定火烧沟的位置和开采的长度、深度和宽度。继而在火烧点前搭设鼓风机架，安放鼓风机，把风管接至火烧点上。在距火烧点顶面约1.2m处，用乱石砌筑一个承放松柴的"燕子窝"平台，把长约25cm、大小约宽3cm、长约4cm的松柴堆放在平台上，进行点火烧石，火烧沟的宽度会控制在60cm左右。烧石时，会随时移动鼓风机和松柴，不间断地连续进行，一直烧到计划开采的位置为止。期间会随时掌握火候，及时添柴，并用撬火棍经常拨动，使火力集中，对于已经脆裂的岩石表皮，则会随时撬下，以便于加快火烧进度。

概括而言，火烧沟法是在一定条件下采用的创造临空面的方法，烧成一条宽0.6m、深6m、长20m的沟，前后约需时50天，可供一个班组分割一年的工作量。平均每立方米的料石约增加成本1.5元，但料石成材率可达85%，经济效果相对比较理想。传统的火烧沟法不仅费时费力，成本较高，此外，松柴燃料消耗也大，工艺需要进一步研究改进。

二、炮眼法

炮眼法是开采岩石常用的方法。为了要开采规格

方整的料石，要求爆破的震力小，岩体在爆破后能沿理想的方向开裂，而不破坏岩体，保证有较高的成材率。炮眼法具有这种特点，是一种比较理想的开采方法。

凿打炮眼有机械凿眼和人工凿眼两种方法。对于机械凿眼，普遍应用于近代工业逐渐发展之后的时期，常用的凿眼机械有手持汽油凿岩机和风动凿岩机两种。手持汽油凿岩机具有轻便灵活的特点，不受地形的限制，而风动凿岩机能够凿打较大较深的炮眼，但需要有输气管道等整套的设备。凿岩机械可以由单人操作，按照炮眼的位置和孔径、孔深，作水平方向或垂直、倾斜方向的凿打。钻头有一字形、十字形、梅花形等。材质方面，多以钨钴合金钢镶焊制成。

人工凿眼则有单人冲钎法、单人打眼法、双人或三人打眼法三种类型。单人冲钎法适用于开采砂岩等质地不太坚硬的松石，钎长约 2~3m，可单手或双手冲钎，冲钎时需向孔眼注水，保持湿润，减少钢钎的摩擦，加快打眼进度。单人打眼法适用于较坚硬的岩石，它不受地形条件的限制。操作时，以一手扶钎，一手打锤，打一、两锤提一下钢钎，下锤普遍较狠，落钎用力，使钎头落底。每提钎一次就转动一下，转动几次钢钎就在孔眼里转动一周，可以保证凿打的炮眼圆顺平直。

双人、三人打眼法适用于凿打坚硬岩石。它以一人扶钎，一至两人举锤的方式轮流进行打钎，每打一锤就随着钢钎的回弹提钎转动一次。连续不断地打钎、提钎、转动，钢钎钎头就在孔眼里一周一周的转动、打进。

人工打眼法的要点是：扶钎要稳、落锤要准、锤击要狠、提钎及时、转动适宜，安全操作、共同注意。此外，人工打眼还需要经常向孔内注水，保持孔底有水分，以降低钎头温度。浅孔时，石渣和水分会随着落钎而自行冲出，深孔时，就要提钎另用其他工具清除渣屑。

第一炮眼的凿打与爆破：第一炮眼是炮眼法开采岩石的第一个步骤，凿打与爆破是否得宜，是开采规格料石的关键。这就要对第一炮眼的位置、方向、孔径、深度、装药量，以及岩石的三向断面、计划爆破岩体的大小、临空情况等，进行恰当的计算和安排。经验指出，第一炮眼的位置选择在"劈面"是临空面，"涩面"的临空情况也较好的"涩面"上为最佳，量出计划开采的厚度、又为计划开采长度的中点。在"涩面"上向"劈面"方向打眼，使孔眼垂直于"涩面"平行于"劈面"。要求炮眼平直，不能偏斜。

炮眼的孔径、深度和装药量，会根据分离岩体的大小而定。一般分离岩体大的，炮眼会较大而深，反之，则会是较小而浅。通常大炮眼的直径为 90~100mm，中小炮眼为 70~80mm 米或者 50~60mm；孔深普遍为 2~8m，最大可达 10m，装药量一般为孔深的 3/4 位置为宜。

装药前，普遍会清除炮眼内的渣屑，擦干水份。装药时，先装上 200~300mm 深的黑色炸药，用木棒压实，放进导火索，解开导火索端头，用少量炸药和纸张把端头包扎好，然后分层装药，每层都要用木棒或竹片小心压实，直至要求的深度。压实炸药时不用铁器工具，以免因铁器与岩石碰撞产生火花，引起意外爆炸。装药至要求深度后，放入纸张，把炸药隔开，再把未装药的部分填上不含砂质的半干硬黏土，压至密实，把炮眼填满。

导火索的引爆时间会事前进行测试，以炮眼每米燃烧 2~3 分钟长为宜，以实测的时间，决定导火索引出孔外的长度。炮眼较浅的，导火索的引出长度要适当加长，以保证在点火后，操作人员能够有充分的时间撤离到安全地点。

当一切工作就绪后，即可点火起爆。爆破后要及时检查爆破效果。如有瞎炮的现象，会及时处理。如因药量不足，岩石未开裂或裂缝甚微，可在原孔进行二次爆破。第二次爆破的装药量比第一次爆破的装药量要多20%左右。一般在二次补爆后，岩体的分离情况都是比较理想的。如因炮眼位置选择不当，孔径过大或过深，装药量超过需要的情况，岩体多会出现多条裂缝，甚至把岩体炸成乱石的现象，从而降低了料石的成材率。

第二炮眼的凿打与爆破：第一炮眼爆破后，岩体"劈面"在炮眼的左右和纵深方向，开裂出一道裂缝。但分离岩体的工作还未完成，需要进行第二炮眼的凿打与爆破。第二炮眼的位置即在计划开采的宽度上，又是开采长度的中点，与第一炮眼相垂直，即在"劈面"上向"涩面"方向打眼，使炮眼垂直于"劈面"，平行于"涩面"。

第二炮眼的孔径会比第一炮眼小些，炮眼位置要距第一炮眼裂缝保持200~300mm的距离，不得打到第一炮眼的裂缝处，更不会超过裂缝。但第一炮眼的裂缝是从外观上看不到的，这需要掌钎工人从锤打钢钎的回响声音来判断，如回响的声音已不是坚实的，而逐渐是空松的音响时，说明钎头已接近裂缝处，就要停止继续打进。第二炮眼的装药深度一般为孔深的1/2，装药方法与第一炮眼相同。岩石的两端"截面"如已是临空的，在第一、二次的凿眼爆破后，已从大体量岩石母体分离出一体量较小的岩石了，接下就可以进行分割石材的作业了。

三、团炮法

团炮法是一种浅孔炮眼开采石料的方法。即利用成组的炮眼布置与一定孔距，爆破坚硬的岩石，使开采与分割作业密切结合，开采出理想的料石、条石和板材。团炮法的工艺简单，耗药量少，效果普遍较为理想。

团炮法的炮眼，其孔口和孔底较为宽大，中间的孔径较细，竖剖面类似是一个敞口细、腰底大的矮瓶，一般上口宽150~200mm，逐渐缩小到中部孔径时为40~60mm，底部又逐渐扩大到孔底达120~15mm，此外，孔深为计划开采的料石厚度，一般在120~200mm之间，孔距为1.5~3m左右。

团炮法的炮眼位置，是顺着计划开采的岩石面上的一个边沿，布置一整排的炮眼。在每个炮眼孔底的周边，装进黑色炸药，药量约2市两左右，放人导火索，然后将孔底和中间的孔径用半干的砂土紧密填实。从第一个炮眼依次点火，顺序起爆，以炸药的爆炸力，把岩石按顺序抬动掀开。

团炮炮眼的爆炸只掀动计划开采岩石的一个边沿。接着再按炮眼的距离，在整个计划开采面上布置同样深浅的孔眼，形成方格一样，叫"接力眼"。"接力眼"不是装药爆破，而是用钢楔楔进孔底，以大锤击楔，使岩石在爆炸掀动后，继续抬动掀开。

"接力眼"也是一个个地顺序打楔，接续掀动的，全部布置的"接力眼"都打完后，整个计划开采的岩石表层，也就分离出来了。因为爆炸眼和"接力眼"都是同一深度的，所以分离出来的岩石表层也是同一的厚度。

团炮法的开采面积，可以根据开采岩石的具体情况而定，一般一次开采的面积有几百平方米到一二千平方米。当岩石表层在每一次分离后，即可按照所需要的料石规格，进行一次分割作业。

四、鞭杆炮法

鞭杆炮是一种小炮眼，它的孔径小、孔眼深，因形似鞭杆而得名，是开采乱毛石较好的一种方法。

鞭杆炮的孔径普遍为 30～50mm，孔深则为 1～5m。按照采石场的不同自然条件，可以大致分为垂直炮眼、水平炮眼和斜炮眼三种类型，互相配合应用。

对于垂直炮眼：在较为平整门采石点上，可在适当距离处凿打一垂直炮眼，作为主炮眼，在与垂直炮眼适当距离处，挖一作业坑，在坑内向垂直炮眼方向打一斜炮眼，在两个炮眼内装药同时起爆。

对于水平炮眼，在有临空面的采石点上，先在临空面的下部，凿打一水平炮眼，再在水平炮眼的垂直方向，凿一斜炮眼，以水平炮眼为主炮眼，装药后同时起爆。

对于斜炮眼，采石点上呈高低不平的齿形地势的，可在与齿形相平行的方向，凿打斜炮眼，装药起爆。

第三节　石料的分割

传统石砌民居建造过程中，对于开采出的石材，在进行具体建造之前往往需要进行分割，以利于建造的不同要求。

开采乱毛石时，一般不组要对石料进行分割，但是对于块体较大的石料，则要稍加分割处理，或在现场操作时，加以粗略修整，以满足开采或操作的需要。

开采料石时，为了保证石材块体适合规格方面的要求，就需要适当地进行石料分割工作。分割石材通常会根据所分离岩石的块体大小，进行大、中、小几道工序的分割。

分割石材一般要将原有石材等地一割为二，才能有效地控制分割的规格和质量。大、中、小分割这几种工序之间并没有显然的区分，可依据分割计划的条件、场地的情况以及实际供料需要，由开采班组或者石工工匠们具体安排。

一、大分割

岩石经爆破分离之后，分离出来的石料有一部分体量仍然很大，从而需要先进行大分割作业进一步的分割。大分割作业有小爆破分割、人工分割、和小爆破与人工相结合分割等几种方式。

小爆破分割：小爆破分割的方式主要适用于分割块体的厚度为 2～3m、宽度为 5～6m，同时长度在 10～12m 之间的大块体石料。该种方式选择炮眼的位置与爆破方法分离岩石的第一炮眼、第二炮眼的做法一致，即大分割的第一炮眼位置定在"涩面"上，量好分割厚度，同时又是长度方向的中点，炮眼垂直于"涩面"、平行于"劈面"；孔径一般为 40～50mm，孔深为宽度的 30%～35%，装药量为孔深的 60%～70%。点火爆破，使其沿着"劈面"逐渐裂开。第二炮眼的位置定在"劈面"上，量出分割宽度又是长度的中点，炮眼垂直于"劈面"、平行于"涩面"，孔径一般为 30～40mm，孔深为厚度的 70%～80%，装药量为孔深的 35%～50%。点火爆破，使其沿着"涩面"逐渐开裂。

人工大分割：人工大分割的基本操作原理是，首先根据岩石的三向断面，弹出与计划分割的各个面相平行的墨线，沿着墨线，凿打钢楔眼，在钢楔眼里装进钢楔，加以锤击，使岩石裂开。而具体操作顺序是：先在"涩面"上凿钢楔眼，向"劈面"打进，俗称"手工打劈"；再在"劈面"上凿钢楔眼，向"涩面"打进，俗称"手工打涩"；最后在"劈面"上凿钢楔眼，向"截面"打进，俗称"手工打截"。

钢楔眼也叫"晶子孔"和"术子孔"。"晶子孔"

上口尺寸为 30~35×40~50mm，孔深在 40mm 左右，从上口斜向孔底，近似倒方锥形。普遍会使孔的长向两边与钢楔相吻合，短向两边略有空隙，孔底深些，使钢楔在锤击下能有效地楔进，使岩石沿着钢楔孔的长向方向裂开。

钢楔眼的孔距与三向断面和分割块体的大小有关。一般大小块体的分割，在进行"手工打劈"时，（晶子孔）孔距为 120~200mm，"手工打涩"时，（晶子孔）孔距为 100~150mm，"手工打截"时，（术子孔、跳楔）孔距为 100~120mm。钢楔眼会沿着墨线等距离成排地分布，而钢楔眼的长向与墨线平行。

钢楔眼凿成后，在每个孔里放进一个与楔孔吻合的钢楔，用手锤稍加楔紧，然后用大锤顺序地从第一个钢楔到最后一个钢楔，均匀地敲打。第一遍敲打时用力较轻，第二遍敲打时用力较重，并顺序地从最后一个钢楔打到最前的第一个钢楔，如此反复敲打 2~4 遍，岩石基本就会裂开。

大锤敲打钢楔分割岩石的基本原理，是由于钢楔的长向两斜边在锤击下向岩石楔进，岩石被楔进的部分受到外力，产生张力，随着钢楔的继续楔进，张力增大，以至于岩石最终的破裂。

小炮眼爆破与人工分割相结合：小炮眼爆破与人工分割相结合的石材分割作业，通常是视分割岩石的块体尺寸而定，如岩石块体的长度不大，而厚度、宽度较大时，则在厚度、宽度方向的分割采用小爆破，而长度方向可以采用人工分割，反之亦然。

二、中分割与小分割

中分割与小分割是指用锤击钢楔的方法进行岩石材料的分割，其操作顺序，对于钢楔、钢楔孔的大小、孔距，以及锤击要求等，均与人工大分割基本一致。中、小分割，尤其以小分割的"手凿打截"（术子孔、跳楔）操作时，多只凿出单个或 2~3 个楔孔进行分割。凿孔后，装进钢楔，用手锤敲打楔紧，拿出钢楔，清挖孔壁孔底，再装进钢楔敲打，再拿出钢楔清挖孔壁孔底，如此反复 2~3 次，使钢楔的长向两斜边与孔壁密切吻合，孔底留有空隙，然后用大锤猛力打击两次，岩石基本就可割开。锤击前要在孔眼注水，既可以冲去石粉，又可以润湿孔壁，从而使得钢楔在楔进时更有力，如锤击后石材仍不裂开，钢楔可以立即跳出，避免胀裂孔口，损坏石材。

分割长薄状的料石时，亦以从"涩面"，凿小眼劈开"劈面"为最好，小凿眼的孔距控制在 100mm 以内，如石材宽度在 600mm 以上，可在"涩面"的另一边和两端的"截面"上凿 1~3 个小凿眼，即"引眼"步骤，同样装楔敲打，可保证岩石石料最终分割完好。

在分割操作中还会因岩石解理和走向变异，而出现偏斜现象，俗称"倒正边"。当分割操作出现"倒正边"时，普遍是先分清具体的"倒边"（偏小的一边）和"正边"（偏大的一边），再在凿打钢楔孔眼时，把孔底方向稍偏向"正边"，而上口稍偏向"倒边"，锤击钢楔时，向"正边"方面用力，就能纠正分割偏斜的不良现象，达到分割石材的完整性。

在进行大、中、小分割作业中，特别是在中、小分割操作前，建造者们通常是本着"先取大材、长材，后取小材、短材"的原则，使开采的石材得到合理的利用。此外，在进行各种分割操作时，还会注意成材的规格和要求，即分别细加工胚料、粗加工毛料、一般砌筑用荒料的实际规格和要求，分别留足加工余量，保证加工后的尺寸。对形状上的特殊要求，如弧形、圆柱形、六角形、八角形等也会留出有足够加工损耗的余量。

第十二章

石材搬运与安装
注意事项

第一节　石材起重的传统方法

　　传统石砌民居建筑的建造过程中，最初都需要将石材进行起重，从而衔接之后的搬运与安装工作，因此，石材的起重是民居建筑中的重要环节。在我国传统石砌民居的建造中，对于石料起重操作步骤的传统方法可以大致分为：杠抬与点撬、斜面摆滚子、抱杆起重以及吊称起重这几种。

一、扛抬与点撬

　　杠抬与点撬可以作为搬运石材的手段，也可以作为石材起重提升的手段，尤其是对于中、小型石材。搬运、提升，以至于之后的安装就位，往往都可以由扛抬一次性的完成。对于中、小型石材原位30cm以内的升高起重，多用点撬的办法完成，在进行具体操作时，应对石材随撬随垫，逐渐升高，以确保操作安全以及石材的完整（图12-1-1～图12-1-3）。

二、斜面摆滚子

　　斜面摆滚子的起重方式是指将厚木板的一端搭在高处，另一端放在地上，使木板与地面形成仰角，然后在斜面上用摆滚子的方法将石材移至高处，滚运时要用撬棍在下方别住，以免滚落。这种起重方式较为巧妙地节省了操作人员的人力，但是需要选取较为厚重的木板，以确保能良好地支撑所起重石材的重量。

三、抱杆起重

　　抱杆起重的起重方式通常比较适用于较大型的石材起重，或者是将石材提至较高位置的操作步骤。该种方法的具体操作流程是：首先在地上竖立一根杉槁，在其顶部栓四根大绳，向四方扯住，这四根大绳也有"晃绳"的叫法，晃绳的作用通常是既能

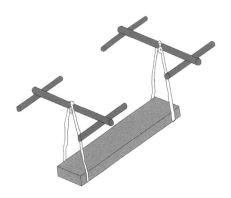

图 12-1-1　杠抬

图 12-1-2　杠抬起重 1

图 12-1-3　杠抬起重 2

扯住抱杆，又能随时做松紧调整，每根晃绳各由一人掌握，服从统一指挥。在抱杆的上部还要拴上一个滑轮，大绳或者钢丝从滑轮上通过，绳子的一端吊在石材上，另一端与绞磨实现稳固地连接，之后，通过不断地转动绞磨，石材就能逐渐地被提升起重起来了（图12-1-4）。

四、吊称起重

吊秤起重也是起重石材过程中的一种常用手法，起重的"称"的制作方法如下：用杉槁和扎绑绳拴一个"两不搭"或者"三不搭"形式的构件，然后用一根长杉槁（必要时可以用几根绑在一起）作为"秤杆"，与"两不搭"或者"三不搭"构件连在一起。秤杆也可以与抱杆连在一起使用。如果一杆"称"不能满足要求时，也可以同时使用几杆"称"，如果吊起的高度不能满足要求时，可以考虑搭脚手架，在脚手架上，分不同高度放置数杆秤，连续不断地进行升吊，实现对石材的起重操作。

除上述几种传统的石材起重方法之外，在近代以来，建造者们也开始逐渐使用"倒链"法提升石材，这种方法安全可靠，操作方便，也是如今石材起重的常用方法（图12-1-5、图12-1-6）。

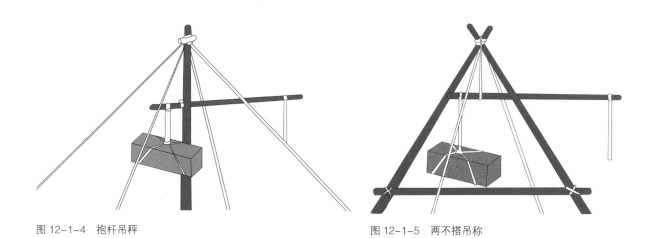

图 12-1-4　抱杆吊秤   图 12-1-5　两不搭吊称

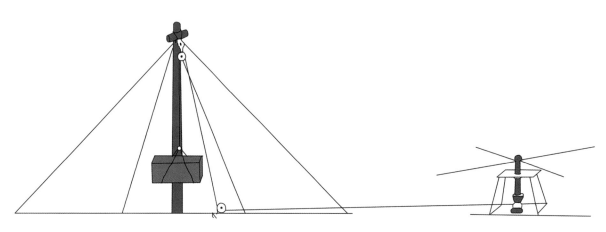

图 12-1-6　抱杆起重

第二节 石材搬运的传统方法

我国传统石砌民居在建造过程中，常会需要对石材石料进行搬运，石料搬运的具体方法多种多样，具体可以分为：抬运（单人背抬、多人杠抬）、摆滚子、点撬以及翻跤等。

一、抬运

杠抬是对于中、小型石材进行搬运时的常见方法，这种方法虽然比较费力，但是较为简单易行，操作较为灵活，并且可以随时做任何方向上的移动（图12-2-1）。对于石材，采用抬运的搬运方式时，普遍会注意以下问题，首先，每个人的抬重能力可以按50kg进行估算，每立方米石材的重量可以按2500～2700kg进行估算；第二，在杠抬时，石材离地面的高度也不会过高，起落时，人们会一致行动，中途中如果有人感觉力不从心时，则会及时招呼，不是贸然的"扔杠"；第三，在落地时不应猛摔，可以先用木杠撬住，缓缓落地。杠抬时通常会有人喊号子，众人听号子统一行动，改变运动方向时，要会用专业术语来表达。常见的抬运号子有"起"、"落"、"来趟"（紧缝）、"出趟"（懈缝）、"进"（贴线）、"出"

图 12-2-1 石材抬运

（离线）等，工人遵循号子的统一指挥，以便搬运工作的顺利进行。

二、摆滚子

由于利用摆滚子的方法搬运石材的特点是比较省力，因此该类方法相对适用于较重的石材的远距离搬运工作。滚子又叫作"滚杠"，多为圆木或者圆铁管。如果为圆木，要选用榆木等较硬的木料，以承受住石材的重量。摆滚子的具体操作方法如下：先用撬棍将石材的一段撬离地面，并且把滚杠放在石材下面，然后用撬棍撬动石材，当石材挪动时，趁势把另一根滚子也放在石材下面，如果石材很重，也可以再放几根滚子，如地面较软，还可以预先铺上大板，让滚子顺大板滚动。滚子摆好后，就可以推运石材了。在推运过程中，要不断地在线面摆滚子，如此循环，石材就可以运走。沉重的石材可用若干根撬棍进行撬推，也可以用粗绳套住石材，由众人拉动前进，而无论哪种方法，众人的力气都需要一起使，而且要一下一下地使劲，所以应该按照一个人的喊号进行。这种方法就叫作"摆滚子叫号"。为了提高效率，摆滚子的搬运方法中常常借助下述两种方法进行：第一种，是用绞磨对石料进行牵引。另一种则是长途搬运，可以预先做一个榆木的木排，叫作"榆木旱船"，将石材放在旱船上，再摆滚子运输，以增加搬运的便利性。

三、点撬

所谓点撬的搬运方法是指：全凭撬棍的点撬将石材挪走，这种搬运方法既适用于较厚重坚实的道路路面搬运石材，也适用于在较软的路面上搬运石材。点撬搬运听起来十分简单，但是技术并不很简易。

为了防止石材在搬运过程中出现掉渣的现象，在进行搬运之前都会将撬棍的端部用布包裹好。撬棍的数量视石材的重量而定，一般至少会达到十几把的数量，多者可以达到几十把的数量。撬棍分布在石材的四周，整个组织为一队。根据撬棍在石材的不同位置和责任的不同，可以将撬棍分为"头撬"、"二撬"、"三撬"和"捎伙儿"几种不同类型，其中，头撬位于队首，其主要责任是负责将石材的头部撬离地面；二撬和三撬在石材的对侧（石材的两侧），其主要责任是顺着头撬的势头，做往上又即刻转向往前的点撬（点撬吃住劲后做形似摇船桨的动作）。所谓的"捎伙"通常是在队尾位置，其主要责任是趁势将石材向前猛撬。在点撬的操作流程方面，头撬是要最先用劲的撬棍，然后二撬、三撬随即跟上，捎伙最后用劲，虽然不同撬棍的操作有前后顺序的分别，但是它们之间相隔的时间极短，这几组撬棍的发力是一气呵成的，既有先后，又几乎是在同时发出的，只有这样的点撬方式才能产生最大的力量。上述这一连串的动作可以概括成"头撬拿起来，二撬跟上，三撬贴上，死伙捎上"这样的口诀，所有人员要统一行动，默契配合，人人都要服从叫号子，并用号子呼应。叫号人以号子招呼所有人员用力，所有人员则一边用力一边呼出"哼来"这样的号子作为呼应，这样一唱一和，一紧一弛，反复点撬，就可以将厚重的石材逐渐搬运走了。

四、翻跤

翻跤这种石材搬运方法的特点是，让石材反复翻身打滚，从而达到逐渐地向前移动。它通常比较适用于体型较长但不太厚的石料，如阶条石、台阶等构件中的石材石料。在进行翻跤搬运时，众人会听一个人的统一指挥、同时用力，不得在中途贸然松手。如果石材较重，也可以借助撬棍进行，撬棍分为两组：第一组把石材的一侧撬离地面以后，第二组撬棍要向更深处插入，再将石材撬至更高。两组撬棍这样反复几

次，就可以使石材逐渐直立起来。放倒时，也同样要用两组撬棍配合进行，第一组撬棍要紧贴住石材，然后使之微微倾斜，另一组撬棍的下面稍微倾斜，并且该组撬棍的下面稍稍离开石材一段距离，但是上面要贴住石材，等第一组拿开之后，让石材随着撬棍的移动更加倾斜。随后，第一组撬棍的下端放在比第二组离石材更远的位置，上面贴住石材，当第二组撬棍拿开之后，让石材随着撬棍的放倒继续倾斜，这样反复几次后就可以把石材逐渐放倒。

第三节　石材连接与安装的传统方法

一、石材连接方式

对于石材连接的方式可以大体分为两种类型，即自身连接与铁活连接。

首先，对于自身连接方式，是指不借用其他外部材质或者工具，单纯通过所需连接的石材自身的处理，实现不同石材的连接过程，通常会包括做榫、榫窝、做"磕绊"以及做"仔口"等内容，其中，仔口亦作"梓口"，凿做仔口又叫"落槽"（图 12-3-1～图 12-3-3）。

图 12-3-1　榫卯连接

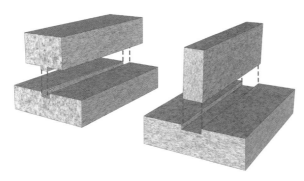

图 12-3-2 用仔口相连

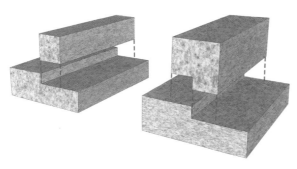

图 12-3-3 "磕绊"相连

第二，对于铁活连接方式，是指用"拉扯"、"银锭"（又叫"头钩"）或者"扒锔"的方式，通过外部铁活对不同石材的搭接联系，最终实现石材的连接安装。在此种连接方式中，石材的表面应该按铁活的形状凿出窝来，将铁活放好以后，空余部分要用灰浆或者白矾水灌严，以保证连接的稳定性，在为讲究的做法中，可以灌注盐卤浆或者铁水。

二、石材的稳固措施

石材通过搬运、安装连接之后，还需要进一步的稳固措施以使石材便于之后的建造流程，对于石材的稳固措施，常常采用以下几种方式：

（一）铺灰坐浆

铺灰坐浆是指利用灰浆对石材之间的缝隙进行填充，从而使石材更加稳固的措施，但是由于石材不便

任意拆卸，并且一旦灰浆厚度不合适时，不易进行及时调整，因此铺灰坐浆的稳固方式相对而言只适用于标高要求不严的石材。有条件者，也可以先将石材垫好，再从侧面将灰塞入（图 12-3-4～图 12-3-6）。

图 12-3-4 铺灰坐浆砌筑 1

图 12-3-5 铺灰坐浆砌筑 2

图 12-3-6 抹灰坐浆砌筑 3

（二）使用铁活

如果将石材的缝隙用铁擂塞实，如出挑的石材，在下端放置"托铁"，则是通过铁活进行石材稳固的措施。其中，托铁要尽量地稳入石材内，外面用灰抹平。石材的上端后口，还可以放置长"压铁"，压铁再被墙内的砌体压住。这一托一压，就能保证出挑构件的稳固性了。再如，纵向石材之间，可以使用铁销子，高级做法甚至有将从上到下的石活在中间凿成透孔的做法，然后用铁销子穿透，再用浆类物质灌严。极讲究者，甚至要用铁水注入透孔内，以保证铁活与石材孔隙的充分接触。

（三）灌浆

对于灌浆的方式，是指用灰浆填充石材之间的缝隙，利用灰浆实现石材之间的相互稳固。该种方式的具体操作流程是先将石活找平、垫稳，然后将石缝用灰勾严，最后灌浆，完成操作。

稳垫石活又可以叫作"背山"或者"打山"，其中，以铁片背山叫"打铁山"，而以石片或者石碴背山叫"打石山"。大式建筑的建造过程中，多以铁片背山稳垫石活，但是对于汉白玉材质则需要用铅铁背山的方式，以避免铁锈弄脏石面，破坏石材质量。小式石活多为打造石山，石铺地面等石活，由于其基层平整度通常较差，用铁片背山往往满足不了高度要求。因此，也需要用石碴甚至小石块"打石山"。但是若采用石料背山的方式，其硬度通常不能低于石材的硬度，比如，花岗石不得用青砂石背山，否则会被石材压碎，俗称"嚼了"。

此外，为了防止灰浆的溢出，需要预先在石缝处用灰将缝隙勾严，这一步骤也叫作"锁口"。锁口时一般采用大麻刀灰，在近代时期也有用石膏进行锁口处理的做法。

灌浆时，浆通常多为桃花浆、生石灰浆或者江米浆类，其中，桃花浆做法多用于小式建筑或者地方建筑，生石灰浆多用于普通大式石活。

在现代施工过程中，常用水泥砂浆用作灌浆，这种做法存在较多问题。首先，砂浆内部颗粒较粗，流动性差，因此不容易灌严；其次，砂浆凝固过程中，由于收缩会造成空虚，从而降低了水泥砂浆的强度，不像传统做法中使用的生石灰，这种材料调成的浆，水分蒸发之后体积不会减少；另外，水泥砂浆比传统灰浆的价格贵 10 倍左右。因此看来，尽管现代施工技术比传统时期更为先进与多样，但是对于灌浆操作来说，用传统灰浆进行灌浆仍有自身优越性存在。

三、石活安装的一般程序（以普通台基石活为例）

安装普通台基石活时，普遍是先栓通线，所有石活均按线确定自身各构件所在的具体位置，如土衬石外皮线比台基外皮线往外再多加金边尺寸，埋头和好头石外皮线与台基外皮线重合，陡板应以埋头位准，阶条石以好头石为准，柱顶石上的十字线应与柱中线重合等。总之，所有石活的安装均按规矩拉通线，按线安装。

随后安装的一块石料，如阶条中的"落心石"，在制作加工时，有一个头先不截断，待其他石活均安装完毕之后，经过度量，确定了准确的尺寸再进行"割头"，最后安装成活。在实际操作中，常用"卡制杆"的方法确定最后一块石活的准确尺寸。方法如下：用两个"卡杆"（用木杆等即可）并放在一起，使得两端顶住两边的石材，卡杆的长度，就是要割头的石材的长度，为了保证"并缝"宽度一致，不出现"喇叭缝"，通常不是使用方尺画线，而应该在两边各"卡"一次制杆，按制杆卡出的两点连线"割头"，这样更能符合实际情况。

石活就位前，可适当铺坐灰浆，在石活的下面会预先垫好砖块等垫物，以便于撤去绳索，之后再用撬棍撬起石料，拿掉垫在下面的砖头，石活如不跟线，或者出现"头缝"不合适的情况，都会利用撬棍点撬到位，保证石活安装的精准。

石活放好之后，要按线找平、找正"垫稳"。如有不平、不正或者不稳的现象，均应通过"背山"进行解决，普通情况下，"打石山"或者"打铁山"均可。如果石料很重，则必须用生铁片"背山"，在打好石山或者铁山之后，要用书铁撬在后口缝隙处（主要为立缝）背实。陡板石下面的榫应对准土衬上的榫窝，安装后可在榫窝处背好铁楔，然后在外面做出标记。灌浆时，此处应该适当多灌一些。大式建筑的陡板上常凿出银锭榫窝，安装时，在此处放生铁"拉扯"（"拉扯"长2尺66.667cm左右，厚1~2寸3.333cm~6.667cm）。"拉扯"后面压在金刚墙里。榫窝内注入盐卤铁。

灌浆前会先进行勾缝处理。如果石材之间的缝隙较大，则会在接缝处勾抹麻刀灰。如缝子很细，会勾抹油灰或者石膏。为防止灌浆时灰浆将石活撑开，陡板石要用斜撑顶好。灌浆之前宜先灌注适量的清水，这样可以冲去石面上的浮土，利于灰浆与石料的附着粘接。同时，湿润的内部有利于灰浆的流动，确保灌浆的饱满程度。灌浆至少应该分为三次灌，第一次应该较稀，以后逐渐加稠。每次相隔时间不宜太短，一般应在4小时以后。灌完浆之后会将弄脏了的石面冲刷干净。

灌浆通常是在"浆口"处进行。"浆口"指的是在石活某个合适位置的侧面预留的一个缺口，灌浆完成之后再把这个位置上的砖或者石活安装好。为了防止内部闭住气体而造成空虚，大面积的灌浆时，可以适当再留出几个出气口。浆口处还可以装一个漏斗，这样既能增加灌注的压力，又能避免浆汁四溢。

安装完成之后，局部如果有凸起不平，可以进行凿打或者剁斧，从而将石面"洗"平。

四、石活安装的技术要点

第一，石活的安装必须背山牢固、平稳。背山的数量、位置也要尽量合理。背山的材料较宜采用石块或者生铁。

第二，石活灌浆宜使用传统材料。其中石灰浆应使用生石灰进行调制，如果使用水泥砂浆，则也是宜为干硬性砂浆。

第三，石活灌浆之前宜先灌注适量的清水，并且用灰沿石活缝隙进行"锁口"处理。长度在1.5m以上的石活，陡板等立置的石活以及柱顶等重要的受力构件，灌浆至少分三次进行，第一次较为稀薄，之后则逐渐变稠，每次间隔应该在4小时以上。

第四，对于较易收到振动的石活（如石桥），立置的石活（如陡板、角柱），不宜用灰浆稳固的石活（如地栿、石牌楼），灰浆易收到水浸的石活（如驳岸），以及其他需要增加稳定性的石活（如石券），则使用连接铁件，例如"银锭"、"扒锔"以及"拉扯"等。

第五，石活的安装过程中以及安装完成之后，采取措施使石活的棱角以及表面不受损伤，并且使得表面保持洁净。

第六，石活的勾缝宜用月白麻刀灰或者油灰，灰缝与石活勾平，不得构成凹缝。灰缝要直顺、严实、光洁，无裂缝和野灰，接槎无明显搭痕。

第七，安装阶条石、压面石、角柱石、挑檐石等时，其外皮线应以墙外皮为准。安装中如发现石活棱线未能与砖墙表面完全重合时，不能以墙面不平的凸出部分为准，同时石活不能有凹进墙面的部分。待其牢固之后，用"扁子"沿石活边棱将凸出的部分打平，继而用"磨头子"沿角柱石、阶条石、挑檐石和边棱将交接处高出的砖表面磨平。

第十三章

石材在当代的
应用与发展

>>

第一节　石材在当代的应用范围

石材作为大量存在的天然材料，因其便于获取，且便于加工而成为各地的传统民居选用的建造材料，长期的建造历史使得石材的使用上带有浓厚的地域性特征；在石材的加工技术上将当地的生活习俗、精神诉求和匠作文化等等凝结在其中，使得各地的石材建造技术成为材料、器物和技艺等文化的重要组成部分之一。随着当前时代的进步、社会经济的发展、材料科学的不断创新、建造技术的突飞猛进，石质材料在建筑建造上的使用及其加工技术已经突破传统的加工方式。鉴于石材具有地域的特征、独特的质感和坚固的材料特性等，使其在当代建筑和装饰上的应用越来越广泛，其应用潜力则被更深入地发掘。

由于当代建筑结构体系的发展、建筑材料的更新发展，在建筑工程中天然的石材（石子）除了可以作为混凝土的主要骨料，相对大块的石材多用以制成石柱、石梁等石质构件在建筑中予以使用；在建筑的内外墙装饰工程中，石材因其坚固耐久性能而作为贴面材料大量使用；在环境景观工程中，石材因其具有浓厚的地域性特征而常常被作为景观墙体、铺地、驳岸等小品建造。开采加工石材作为建筑的外幕墙和内墙面层材料，是当代最普遍和典型的建造做法；将石材作为装饰雕刻材料，精细加工成为建筑构件或景观装置等也是当代较多见的材料运用方式；将石材作为地面的铺装材料用于人行广场、景观场地、步道和建筑室内的地坪，也是普遍的方式。

第二节　石材在建筑中的应用

天然石材因其具有强度高、耐久性好、蕴藏量丰富、易于开采加工等特性而成为空间建造中较普遍选择的建造材料。然而天然石材有其自身的弱项，如材料自重较大、抗剪能力差，而导致材料过于厚重、不便于安装运输。由于当代建筑功能对高空间和大跨度的需求，混凝土和钢结构等结构体系的广泛应用，石材已不再作为建筑空间建造的结构支撑材料。在当代建筑空间的建造上，发挥石材坚固耐久、独特的材质肌理等特性，将其作为建筑的非承重结构材料而得到广泛的应用，通常被用作建筑的墙体材料以及装饰构件的材料来使用。

墙体作为建筑物中实体规模最大的部分，是具有空间功能和造型形式美感的重要组成部分，而材料作为建构墙体的物质基础，其质感和肌理选择和纹理的艺术表达性很大程度上决定了墙体的表现力。石材在质感和肌理等方面的丰富变化适合应用于墙体的不同部位，既可以通过材料本身的对比塑造墙体造型的形式逻辑，也可使建筑立面的形态秩序得以强化。装饰石材有着丰富的质感、肌理、纹理和色彩等视觉与触觉层次，适合在近人尺度上塑造建筑室内空间的气氛和性格，因而在现代建筑的建造过程中得到了广泛的运用。

出于对材料利用方式的更新，在当代建筑的建造中，极少用天然石材直接砌筑墙体，更为常见的利用方式是将天然石材加工成板材，通过贴或挂的方式用于建筑物的外墙表面。天然石材加工成建筑墙体装饰层的方式，主要有石材贴面和石材叠砌两种。

一、石材贴面

石材贴面即将天然石料加工的板材，覆于建筑物墙体的表面。由于加工的石板具有自重相对较轻、易于运输和安装的特点，而在建筑墙体内外装饰上得到广泛的运用。石材贴面可通过贴挂厚度较薄的石板，发挥天然石材在材质和色彩等方面的特点，塑造整体建筑室内外环境的整体效果；在细部建构上，通过石板的拼贴方式，可以利用石材的天然纹理营造出丰富的墙面肌理（图13-2-1、图13-2-2）。

（一）分类方法

天然石料通过机械加工成贴面板材，根据加工出的截面等形状可分为普形板材和异形板材。普形板材为正方形或长方形面状且断面形态规则的板材；异形板材为石材表面为弧形、柱形等非平直形态的板材。

按石材表面加工的程度可分为细面板材、镜面板材、粗面板材。细面板材是指表面平整、光滑的

板材；镜面板材是指表面平整，具有镜面反射光泽的板材；粗面板材是指表面平整、粗糙，具有较规则加工条纹的机刨板、剁斧板、锤击板、烧毛板等（图13-2-3～图13-2-5）。

按石材面层加工方式的不同，可分为抛光面、亚光面、火烧面、荔枝面、龙眼面、菠萝面、仿古面、蘑菇面、自然面、机切面、拉丝面、喷砂面、水冲面、刷洗面、翻滚面、开裂面和酸洗面等等。

按加工石材的厚度可以分为厚板、常规板、薄板、超薄板。随着石材加工设备和工艺技术的发展，石板厚度越来越薄，薄板约0.6～1.5cm，超薄板可

图13-2-1 石材贴面的建筑墙体

图13-2-2 天然纹理的墙面细部

图13-2-3 细面板材

图13-2-4 镜面板材

图13-2-5 粗面板材

达到 0.4～0.6cm。

（二）石材加工

随着现代加工设备的应用、加工方式的多样化以及加工技术的提升发展，将天然石料加工出的板材样式越来越多，加工精度也越来越高。

抛光面加工——将石材表面加工平整后，用树脂磨料等对表面进行抛光，通过打磨使得板材具有镜面般的光泽。根据石质材料的不同，有些石材的加工光度可以打磨得很高，光度高的石材能充分地呈现出石料的天然纹理、色彩和质感。通过抛光加工的石材多运用于对光度要求高的室内场所，挂贴形成石板幕墙及室内墙面、地板等。

亚光面加工——将石材表面加工平整后，用树脂磨料等在表面进行较少的磨光处理，加工出对光线反射力较弱但具有一定光度的板材。有些石质材料不适宜作为抛光面加工处理的，通常会通过少量的打磨而加工成亚光面的板材。

火烧面加工——利用乙炔、丙烷或石油液化气燃料所产生的高温火焰，通过火烧的方式去除石材表面的杂质和熔点低的颗粒，对石材表面加工而成的粗糙面层。火烧面的加工方式对石材的材质和厚度有一定的要求，以防止加工过程中石材的破裂，通常要求厚度在 2cm 以上。火烧面石材的特点是表面粗糙、色彩自然，但也有些石质材料会在火烧过程中，发生色彩上的变化。

荔枝面加工——利用形如荔枝皮的铁锤进行敲击，从而在石材表面形成形如荔枝皮的粗糙表面，这种加工方式多见于石雕的表面或广场石。石材荔枝面的加工，分为机械设备加工的机荔面和传统人工锤击加工的手荔面两种，而手荔面相较机荔面在面层的粗糙程度上要更细密一些。

龙眼面加工——将一字形的扁铁锤在石材表面交错敲击，加工出形如龙眼皮外表的粗糙表面，龙眼皮较荔枝皮表面要精细一些，同样是石雕表面处理的常见方式，同样也分为机器和手工两种加工方式。

菠萝面加工——用凿子和锤子敲击石材，形成外观状如植物菠萝外皮的板材表面。菠萝面相较荔枝面和龙眼面而言，在表面材质上要更加粗犷，并可细分为粗菠萝面和细菠萝面两种。

仿古面加工——在石材火烧加工的基础上，用钢丝刷石材表面 3～6 遍，消除石材表面的尖锐凸起，这样加工出来的面层有着火烧面的凹凸感，又有相对光滑的触感。

蘑菇面加工——在石材表面用凿子和锤子敲击加工出有凸出的块状起伏，由于这种加工方式需要剔除较多石料，以形成表面的凸起，所以对石材的厚度有要求，板材基层厚度在 3cm 以上，表面凸起部分在 2cm 以上。蘑菇面加工分为有边和无边两种，有边的通常边宽 1cm。

自然面加工——用锤与凿将天然石料从中间凿裂开，所形成的板材表面粗糙且凹凸不平，犹如从山体上自然剥落的石头开裂面，故亦称为"开裂面"。

机切面加工——由圆盘锯、砂锯或桥切机等机械设备切割，所形成的石材表面粗糙且带有明显的机切纹路。机切面也有在石材表面开沟槽的加工方式，由此使得石材表面呈现拉丝状的肌理。

翻滚面加工——将石材放入机械设备内，通过翻滚处理使得石材的表面光滑或稍微粗糙，由于翻滚磨损而使得石材的边角光滑且呈破碎状。

石材表面的再加工——在加工出的石板表面通过水洗、砂洗或酸洗的方式，以形成特殊的装饰面效果。水洗面加工：用高压水直接冲击石材表面，剥离质地较软的部分，形成毛面效果的石材装饰面层。喷砂面加工：用河砂或金刚砂来代替高压水来冲刷石材的表面，形成磨砂效果的石材装饰面层。酸洗面加工：用酸腐蚀石材表面，形成状如自然侵蚀后的腐蚀痕迹，表面效果古旧质朴。

（三）石材湿铺

装饰石板与主体建筑的墙体基层粘结到一起，主要用于建筑内墙以及建筑高度在三层以下的外墙面装饰。

根据石材粘合剂材质的不同，湿铺法可分为水泥砂浆湿铺施工和胶粘剂粘贴施工两种：一是水泥砂浆湿铺施工法，即在竖向墙体基层上预挂钢筋网，在镀锌角铁焊制的龙骨上锚固石板并灌水泥砂浆粘牢；二是胶粘剂粘贴施工法，即用胶粘剂代替水泥砂浆，将饰面石材直接粘贴到已达到平整度要求的墙面上。

水泥砂浆湿铺施工法在施工上较为简便，板材的安装也较为牢固，但这种施工方法在灌注砂浆上容易污染石材板面，在使用过程中容易出现白华泛碱等石材病症。水泥砂浆湿铺为减少和避免墙面缝隙淌白、返浆的问题，在铺贴石板时的灌浆工序十分重要，需做到灌浆饱满、密实，不能有空鼓现象。胶粘剂粘贴施工法主要适用于小规格的薄板石材饰面，施

工方式较为简便，且能够有效防止水泥白华等石材病症的出现。这种施工方法成本较高，对石材的加工精度、对基础墙面的平整度和垂直度有较高的要求（图13-2-6）。

（四）石材干挂

石材干挂是在饰面石板的侧壁上直接打孔或开槽，用各种形式的连接件（干挂构件）与结构墙体上的膨胀螺栓或钢架龙骨相连接，石板与墙体之间不灌注水泥砂浆，使饰面石板与墙体间形成8～15cm宽的空气层。这种施工方法的基本原理是用金属构件将石板挂在建筑主体结构的受力点上，其优点在于克服了粘贴施工方式易受到温度变化而造成石材起鼓脱落的缺陷，同时也提高了建筑石板外表皮的平整度（图13-2-7）。

石材干挂与石材湿铺在施工方法上的不同点，在于为保证干挂的石板具有足够的强度和使用安全性，须增加石板的厚度。因此悬挂墙体须具有较高的强度才能承受石板饰面传递的外力，所用锚固石板的金属连接件和墙体上的膨胀螺栓等必须具有高强度、耐腐蚀的特性。在现代的石材干挂施工中有三种工艺：

图13-2-6　石材湿铺

图13-2-7　石材干挂

第一种常规的干挂工艺，是使用2~5cm厚的花岗石、大理石、板岩和石灰石，选择一种与石材相适合的附属结构层，其上的石板安装可以采用拴接加固或者水泥填塞加固，而每一块石板都是由在它底部边缘、可调整的合缝钉或者铲形的末端铁箍来加以承接支撑。

第二种干挂工艺是使用石板与基体锚固的石面预制板。石面预制板因同时具有自然石材的外观和可预制且便于安装的优点。预制板表面天然石材的厚度约3~5cm，根据所留出的空隙来设置与安装墙体之间的连接厚度。石材采用合缝钢条系统的方法来实施固定，称为刺猬固接。

第三种石质薄板的加强式干挂工艺，即将工厂加工的薄石片合成板安装在预制的衬背上，用粘合剂将蜂窝状的铝片贴到厚大约0.6cm的石板上，在两者之间增加一层纤维加强的环氧树脂，并且在其后设有一个防水层。

二、石材叠砌

叠砌是天然石材最基本的砌筑手段，在传统的建造过程中主要用于砌筑承重墙体，但随着当代建造中钢结构和混凝土技术的发展，石材叠砌更多地作为建筑空间的围护结构墙体于非承重墙体。当代建筑中天然石材作为墙体，主要有表层叠砌和填充叠砌两种方式。表层叠砌是指石材作为一种自承重的材料相互叠加形成建筑墙体的一部分，而填充叠砌则是指石材作为一种建筑框架的填充材料通过垒叠而形成建筑的墙面。

（一）表层叠砌

表层叠砌即内外两层的墙体，外层墙体的石材由下至上砌筑，形成墙体外层的石质表面。建造时先建造内层墙体结构，后叠砌外层墙体，叠砌的石质墙体将自身荷载传递到地面或结构上。石材表层叠砌所形成的墙体需要有足够的厚度，以满足结构承载、保温、隔声、防护等的要求，由于外表层的石材叠砌，使得墙体相较石材贴挂的方式更具有石料本身的建造意韵。

随着建造技术的发展，由于内外两层墙体之间直接连接和石材导热快的问题，当代的建造对表层叠砌石材墙体的保温性能提出了更高的要求。鉴于为了提高墙体保温效果，通常的做法是增加墙体厚度而这势必会造成材料上的浪费，同时也会减少空间的有效使用面积，如在墙体上采用增加保温砌块或保温层的做法，又无法实现石材特有的建构表现力。据此，发展出表层叠砌石材、后部结构，中间夹保温、防水等功能的复合墙体。由于这种复合墙体具有多个功能严格区分的层，使得各种材质的性能得到了发挥，墙体性能得到了优化。

由石材叠砌而成的表层复合墙体，根据其构造的类型又可以分为带空气保温层与不带空气保温层两种。带有空气层保温层的墙体，由于石材表层与内层墙体之间留有空气层，可以快速带走保温层内的水分，保证岩棉之类的保温层干燥。这种类型的墙体为保证其内部空气的有效流通，在外层顶部和底部，设置有多个通风口。不带空气保温层的墙体，其外层叠砌石材直接贴在保温层上，或通过砂浆等粘结层贴在保温层上。这种类型的墙体对保温材料的防水功能有要求，且外层在建造时需尽量密封以避免雨水的侵入，以免影响到砂浆的强度（图13-2-8）。

（二）填充叠砌

填充叠砌则是先建造框架结构，再在框架内填充叠砌石材的墙体建造手法。填充叠砌的墙体将石材自身的荷载传递到结构框架上，石材与结构的构造关系如同框架结构之间的填充砌块。由于石材作为框架结构的填充墙，除满足自承重和高厚比之外，还具有承受侧向推力、侧向冲击荷载及主体结构的连接约束作用的能力。因此，填充叠砌的石材不仅需要具有足够的材料强度和稳定性，还需与框架结构具有良好的锚固连接。具体的锚固方式根据材料的情况采用柔性、半柔性、半刚性或刚性连接，对可能有震动或抗震设防要求地区的建筑结构填充叠砌石墙时，宜采用柔性或半柔性的锚固连接方式，以消解地震力的破坏作用（图13-2-9）。

图 13-2-8　表面叠砌的墙体

图 13-2-9　填充叠砌的墙体

第三节　石材在室内装饰中的应用

建筑的室内装饰是建筑空间建构的组成部分，室内的墙体界面装修在空间环境建造中占有很大的比重，并对整个室内空间环境的风格和氛围起到重要的影响。建筑的室内空间尤其是各类公共建筑的室内空间，其界面是石材装饰应用的主体，通常运用于室内地坪的铺装以及墙面装饰。石材由于自重较大，通常在室内装饰中作为顶棚顶面的装饰材料。以下将在室内的地面装饰、墙面装饰、台面和柱面装饰几个方面，探讨石材在室内各建筑界面上的装饰应用（图13-3-1）。

一、石材地面装饰

建筑室内地面装饰材料常选用的石材有：花岗石、大理石以及青石板等，其在装饰形式有单种石材装饰和多种石材拼花装饰两种。单种石材装饰地面为将同一品种石材按照不同的设计形式进行铺设的地面，并可以将这一石材的色彩、纹理等予以突出，这种装饰方式与石材的独特质感相结合可以形成整体感强烈的环境氛围。多种石材拼花装饰是以不同规格、

图 13-3-1　室内石材装饰

品种的石材铺设的室内地面，多运用于建筑中某些特定功能的空间和场所，由此构建起与功能空间相对应的特殊环境气氛，这种石材装饰方法利于建构起活泼多样的室内环境氛围。

（一）单种石材装饰

建筑的室内地面采用单种石材的装饰，通过相同材质和色彩的石材铺设易于获得整体的感受和空间氛围，装饰中侧重利用石材在颜色和纹理上的微差，以形成室内空间的可识别特征。大面积的地面铺装通常采用方形或矩形的规整石材，以求达到使整个室内空间大方和稳重的特征。石材根据其色彩、质感、纹理以及表面加工的不同，因而有着众多的品种，在装饰时通常会根据建筑的功能和室内环境的空间氛围营造目标加以选择。在公共建筑的室内空间装饰上，通常采用色彩或柔和明快或富丽堂皇的石材、纹理或古朴自然或变化丰富的石材，如在宾馆酒店建筑中，其室内装饰在石材的使用上多追求富丽堂皇，通常采用暖色调的花岗石或大理石铺设地面，石板用材的规格尺寸较大。在展览馆、写字楼等希望创造宁静空间氛围的场所，多采用简洁明快的石材铺设地面；在公寓等私家建筑希望创造出温馨空间氛围的场所，多采用暖色调、小规格的石材铺设地面。石材铺设地面装饰多

根据空间规模的大小，对应地进行石材规格、色彩和纹理图案的选择，以使得建筑的室内环境在整体空间氛围中形成精致的变化样貌（图13-3-2）。

（二）多种石材的拼花装饰

室内地面采用多种石材拼花装饰的方式，多根据不同的场所属性、不同的面积规模和不同的空间环境形态而特别设计。这种装饰方式侧重通过不同石材之间的拼贴形成地面装饰图案，地面石材拼花装饰设计需要考虑石材的品种、色彩、质感和规格等，特别是利用不同石材之间在这些方面的对比协调关系，通过拼花组合构建起独特的图案肌理。

通常情况下，基于施工便捷和建造成本控制的考虑，石材拼花装饰设计多利用建设地已有的石材来构成简单的图案单元，再通过组合的方式来建构丰富的样式。有时为了突出建筑所在地区的特征，烘托室内空间的环境氛围，在石材拼花图案上强调高雅艺术风格或民族特色，通过采取各种曲线和折线构成较复杂且有地区或民族特征的图形。多种石材的地面拼花装饰可以发挥各种材料在色彩、质感和纹理等方面的特点，将石材的天然质感和色感通过组合关系表现出来，通过材质与色泽的或对比或协调的巧妙搭配，生动地表现石材高贵、典雅的风格（图13-3-3）。

图 13-3-2　单种石材的室内地面

图 13-3-3　多种石材拼花的室内地面

二、石材墙面装饰

用石材来装饰建筑室内空间的墙面，尤其对于公共建筑而言是比较普遍的材料选择，石材装饰既可以保护墙体，又可以利用天然石材的表面、色泽和纹理等自然特性来美化室内环境，使室内环境显得端庄重或华丽，并营造出自然的环境气氛。用于墙面装饰的石材通常由石板、踢脚线、腰线和天花线几部分组成，这些成品石材的各个部分根据所在部位的几何形状进行加工。室内空间的石材墙面有用于整体的装饰，也有用于局部的装饰，常见的构造做法是用粘结材料或干挂的方式将石材与墙体进行连接，根据整体装饰或是局部装饰而选种相应的构造做法。

石材用于室内墙面装饰有多种的构造砌筑方法，常见的有碎石间砌法、方石乱砌法、方石平砌法等几种主要方式。不同的砌筑方法的采用侧重彰显出所选石材的特性，如乱砌法将天然石材的粗糙表面与其他细腻、光洁的装饰材料进行组合，产生的对比形成了独特的形式美感。石材在与其他装饰材料的对比组合中，产生的线与块的对比、厚重与轻薄的对比、粗犷与精细的对比以及色彩的对比等，极大地丰富了室内装饰的手法，有利于营造出多样化的空间环境氛围（图 13-3-4）。

三、石材台面装饰

石材除了用于室内地面和墙面的装饰外，还多见于室内空间中的水平台面装饰，如飘窗部分以及室内空间凸起部分的台面等。石材台面的装饰与石材地面的装饰做法基本相同，根据不同台面的大小尺寸而采取相对应的石材构造措施，以形成与室内空间整体环境氛围相协调的装饰效果。在石材台面装饰的做法选择上，通常因其与空间使用人群的贴近，而更加重视细部的处理，如石材拼接处的线脚以及石材的切角、倒角和抹角等，石材台面装饰在关注视觉形式美和室内空间氛围的同时，也更加关注石材对于人们触觉的感受（图 13-3-5）。

四、石材柱面装饰

柱子作为建筑室内空间构成界面的一个部分，其面层的装饰对于整体氛围的营造有着重要的作用，根据空间环境氛围塑造目标的不同，有时柱子成为室内

图 13-3-4　石材装饰室内墙面

图 13-3-5　石材装饰室内台面

空间装饰的重点部位。在混凝土作为支撑结构的房屋
建筑中，其立柱的柱面装饰通常选用的石材有光面石
和毛面石两种类型；根据立柱的不同可分为方形截面
柱子的表面装饰、圆形截面柱子的表面装饰和异形柱
面的表面装饰。

方形截面柱的表面石材装饰通常为规整的方形或
矩形石板，通过直接粘贴或干挂在钢架龙骨上与柱身
进行连接，其做法与建筑墙体上石材的装饰措施相
同。异形柱面的表面石材装饰与方形截面柱相同，其
差别仅仅体现在装饰石板的规格与形态上。圆形截面
柱子的表面石材装饰是通过多块弧形石板相拼接而
成，石板的加工根据所装饰柱径的变化而有所调整，
在与混凝土柱身的连接方式上则同样是或粘贴或干挂
（图 13-3-6）。

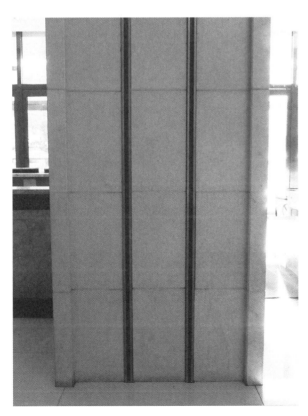

图 13-3-6　石材装饰室内柱面

第四节　石材在景观中的应用

伴随着现代建筑营造技术的普及和发展，传统的
石砌建构模式逐渐式微，建筑上对于天然石材的运用
方式，也由传统的将其作为结构材料→围护材料→装
饰材料的转化，使得与石质材料加工的技术与传统砌
筑技术也逐渐改变消失。

然而天然石材以及其相应的设置和砌筑工艺承载
着中华建筑文化悠久的历史，具有极强的文化价值、
审美价值与情感价值。明代文震亨在《长物志·水
石》中写道："水令人远，石令人古，园林水石，最
不可无"。正应为石头材料有着其独特的价值，在当
今的城市和乡土人工景观环境中有着大量的应用，如
石头砌筑的挡土墙、护坡、景观墙、驳岸以及置石
等，构成了各种人工景观体系建造中的重要元素。

一、石材挡土墙、护坡

石材用于挡土墙和护坡的砌筑是普遍的做法，构
筑挡土墙为了防止陡坎的土壤坍塌，护坡则是为了防
止山体滑坡而顺着土坡砌筑的石砌构筑物。挡土墙与
护坡是对地形环境的人工改造，承受来自土壤、水体
的压力、冲刷力和侵蚀力，也可构成地形高差的曲折
变化，因此，挡土墙和护坡既是景观建设中工程措施
的构筑物，也是景观环境的建构要素。

由于石砌挡土墙和护坡与周边环境有着明显的坡
度及构建方式上的差别，而具有了空间围合作用，并
构成了人们活动场地的边界。石砌挡土墙与护坡根据
地形的不同也呈现出尺度、造型上的多样性，园林中
的石砌种植池、花坛等等也可被视为石砌挡土墙的一
种。在园林景观的建造中，石砌挡土墙与护坡除具有加
固原有地形的工程作用外，还宜通过石砌建造的工艺形
成良好的景观效果，使其本身成为地域景观的一各组成

部分。石质护坡有着多种砌筑方式，既有传统的、地方的也有现代的方式，如编柳抛石护坡、铺石护坡和混凝土格网填石护坡等（图13-4-1、图13-4-2）。

二、石砌景观墙

景观墙作为风景园林建造中的重要界面要素，在限定景观空间的同时也展示出墙体的形态美。石砌景观墙在建造时首先是选择石质材料，其次是确定墙体的高度、宽度、形态和砌筑方式等等，然后根据墙体的体量和高度确定其基础形式与埋深。石质景观墙在砌筑时，通常以较大的石料砌筑墙体的两侧和角部，墙体的中间用小块石料加以填充，即将两个侧面向中间倾斜，形成具有上下收分的梯形截面，以保持墙体的稳固。石砌景观墙的砌筑没有固定的高度，常见的墙体从30~300cm不等，其高厚比受石质砌体的结构性能制约，通常厚度较大而形成比例敦厚的稳重形态，也呈现出简洁粗犷的形态之美。

砌筑的石料根据景观墙的结构通常分为基石、墙面石、填充石、系石和压顶石等几个部分。在砌筑上基石作为将两侧的墙面石牢固联系在一起的结构，它将墙体从截面上分为若干个单元。此外，石砌景观墙亦可利用金属网进行塑形，即将大小不同的碎石放置在一个由金属焊接编织成的筐内，使得无序的碎石变成一个整体，通常称之为"石笼"。运用石笼来作为景墙，能使其与景观相互融合，形成自然一体的效果，由于免除了水泥砂浆或细石混凝土灌注石缝，石笼景观墙随着时间的变化，草籽可从石头间的泥土中发芽，开满野花，甚至会产生其他更具有特色的景观效果（图13-4-3）。

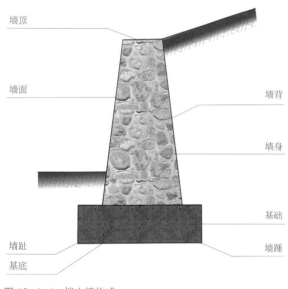

图 13-4-1　挡土墙构成

图 13-4-2　石材护坡

图 13-4-3　石砌景观墙

三、石材景观铺装

石材铺装用于景观建构中的做法多种多样，多用于对游人活动频繁场地的地面做硬化处理，这种铺装方式广泛应用于城市公园的场地、园路以及庭院等处，侧重将各种石料在地面上拼接组合营造出具有形式美感的装饰效果。

对场地的地形和土壤类型进行分析的基础上，掌握土壤的松散度和透水性，以此选择石砌铺装的石料尺度规格和基础下垫层的做法。石砌铺装的做法普遍是对场地的土壤压平夯实，并夯上10cm的碎石、沙土作为石料铺砌的垫层，其上码砌石料。石料多选用片状毛石、板状毛石、碎石或卵石等，常见的铺砌样式有错缝平砌、人字形、错乱式等砌法，通过石料的规格大小、间距之间的疏密关系来控制形态的变化，在某些特殊部位则利用碎石或卵石拼接组成，以形成极富装饰效果的精美图案。

（一）块石铺地

块石铺地主要是采用加工规整的小块石料作为铺地材料，通过密铺的方式覆盖活动场地，并且小块的石料易于适应不规则场地的铺装。常用的块石铺地材料有花岗岩块石，使用最为普遍的花岗岩块石铺地多为长方体块石，规格尺寸有100cm×100cm×60cm等，多用于道路和广场的地面铺装。

花岗岩块石有时与其他石材或其他材料配合时，常用花岗岩块石作为面状铺装的边界予以强调。由于花岗岩表面纹理均一，因此所形成的块石地面纹理色彩比较统一、整体形式感较好，但花岗岩块石的材料价格较为昂贵且铺砌的人工价格也较高（图13-4-4）。

（二）石板铺地

石板铺地是比较传统的一种铺装，也是现在在园林景观中常见的铺装方式，并且在任何生产板岩的地方都可以用劈开的石板来做景观中的铺地材料。青石板铺地是街巷道路和风景园林中最为常见的方式，青石板为石灰石，是水成岩中分布最广的一种岩石，在全国各个地区都有产出，主要成分为碳酸钙及黏土、氧化硅、氧化镁等，当岩石中氧化硅的含量高时，青石板的硬度则会提高。青石板材质普遍为层状节理，易于劈开制成面积不大的薄石板，并且石材表面有其劈离的天然效果，铺砌时则表面一般不经打磨，保留其石板自然裂面的纹理，由此所形成的石板铺地具有朴实、自然的整体感（图13-4-5）。

图 13-4-4　块石铺地

图 13-4-5　石板铺地

（三）卵石铺地

卵石铺地是以河流长期冲刷的鹅卵石为面层的一种铺装方式，这种铺装方式在传统村落街巷的建设中、在私家庭院场地的铺面上、在现代城市公园的景观园路建造中都有所运用。由于鹅卵石粒径不同、颜色不同和材质不同，可通过不同的铺装组合方式，形成不同的图案和纹理。鹅卵石由于分布面广且易于获取，很早就成为各地人们使用的地坪铺装面层材料，以鹅卵石代替夯实的泥土成为路面层材料，有利于压实泥土防止雨天的道路泥泞。鹅卵石是景观设计和造园中最爱使用的铺地材料，因为其规格小巧、色彩丰富、材质温润且易于组合，能拼出各种图案，从而使得鹅卵石铺装能赋予园林景观以特殊意义，而非单纯的石质材料的运用（图13-4-6）。

四、石砌景观驳岸

石砌驳岸既是起着防护作用的工程构筑物，也是景观建设中的常见要素，既要同周围地形环境和景色相协调，也具有空间划分和视觉引导的作用。石砌驳岸以石料对水体与陆地的边界进行塑造，通常与水体的池底、池壁的围护结构相互对应建设，其本身的形态呈现出造型与材质的形式美，以及有异于其他要素的景观形态。石砌驳岸从形态上可以分为自然式和规则式：自然式的石砌驳岸追求对天然的江、河、湖、瀑布等水景驳岸的模仿，所砌筑蜿蜒曲折、变化丰富且不规则形态的驳岸；规则式的石砌驳岸追求对景观图形美和材质美的呈现，所砌筑的驳岸通常具有硬朗和规则的几何形态。

自然式驳岸采用大小各异的石块进行砌筑，对石块的自然形态加以利用，以干砌的方式或内部灌浆的方式施工。规则式驳岸多采用方正毛石、板状毛石、条状毛石等加工石料砌筑，用砂浆勾石缝，露出石材的表面肌理与色彩。景观水体的载体在施工中常分为基础池底、池壁部分，而其中露出水面的部分即是石砌驳岸所呈现的形态。通常在北方地区的施工中，常采用料石、混凝土或钢筋混凝土作基础，用钢筋混凝土或浆砌料石作池壁（图13-4-7、图13-4-8）。

五、石砌假山

在中国传统园林建造中，假山被列为造景的第一要素，由于在其上对中国文化有着淋漓尽致的体现，在现代风景园林以及景观建设中有着广泛的应用、继

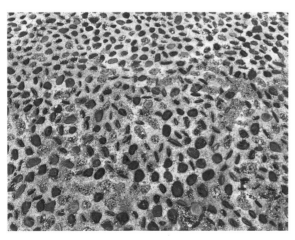

图13-4-6 卵石铺地

图13-4-7 自然式驳岸

图 13-4-8　规则式驳岸

图 13-4-9　石砌假山

承和发展。在传统园林中根据假山的种类，采用的构筑方式主要有版筑土山、凿石叠山、石灰浆粘接以塑成假山和掇山四种；当代园林中的假山除继承延续传统的构筑方式外，也有用水泥、钢丝网等材料堆塑而成的构筑方式。中国传统造园中的石砌假山技艺最为独特，也最为成熟，其构筑方式经历了对山的模仿到抽象审美的转变，形成了远观"势"、中观"形"、近观"质"的完备审美标准以及与之相对应的营造技艺。

　　当代石砌假山的营造与传统园林中的叠石造山相同，其首先是根据建造构思进行相应的选石。石料通常选择传统的太湖石、灵璧石、昆山石、黄石、英石等沉积岩等进行砌筑，除了孤置的独立石块外，群置假山多根据设计的规模，将选择好的石料根据其各自外形的特征进行接形、合纹，以堆砌出假山（图 13-4-9）。

六、石砌台阶

　　石砌台阶作为衔接不同地面高度的通道建设，是适应斜坡地形、解决人行或场地高差的常见构造。由于在各种园林景观建设中涉及的基地环境变化多样，

人们通行的台阶不仅需要造型上的丰富变化、环境效果上的协调贴合，也要求结构稳固、结构简单和经久耐用，因此多采用石条或石料材料加以建造。石砌台阶根据石质材料和施工的细致程度可分为规则式和自然式，根据台阶的结构可分为独立式和嵌入式。

　　独立式即石砌台阶建筑在平地之上，台阶整体以加工过的规整石料予以砌筑，以构建起构造准确、结构稳定的规则式人行踏步；嵌入式即石砌台阶的每一层下面都是夯土或碎石基础，石条踏步犹如嵌入泥土之中，这种方式常见于施工简便、对稳固性要求不高的自然式台阶中。石砌台阶在砌筑时通常先确定选用的石料类型与尺寸，然后根据所衔接的高差和坡度确定台阶踏步的级数，再根据踏步数量确定是否要做台阶基础，通常超过 5 级踏步的规则式台阶需要用碎石或混凝土做出台阶的基础（图 13-4-10）。

七、置石造景

　　天然山石由于具有独特的观赏价值，无论是在传统的造园中还是在现代景观建构中，都具有重要的构景作用。常见的置石形式有孤置和散置石组两种方式，普遍用于路旁、水边、林下、山麓、台阶边缘、

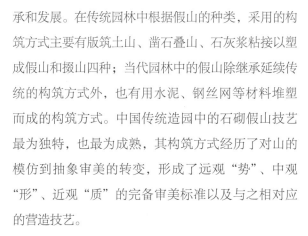

建筑物角隅等场所。

孤置石通常因其独具的特征而被用作空间的主景，并占据着景观空间的主要位置，因此而对山石的形态、纹理、色彩等有较高的要求，常用的天然山石有太湖石、泰山石、黄石、龟纹石、灵璧石、雪浪石和石笋石等等。孤置石设置的方式有多种，既有四边临空的方式，也有与花木结合而构成富有生气景观的方式，孤置石根据规模大小以及形态的不同，在观赏角度以及观赏距离的设置上有较大的差异。置于水中的孤置石亦是常见的方式，这样的置石方式可在平静的水面上呈现出石头的倒影，表现出宁静和富有情趣的景观环境氛围。现代景观建构中的置石也常常与动态水景（如喷泉等）相结合，以达到彰显活泼灵动氛围的目的（图13-4-11）。

散置石组则通常是仿照山体岩石的自然分布和形状进行设置，通常情况下散置石组对山石的要求不像孤置石那样高，但更侧重于多块山石进行组合所产生的"山势"效果。现代园林的散置石组常采取或传统构成或现代构成的方式安排，根据设置地点环境的不同，采取相应的点、线、面构成方式，追求石组的形式感和韵律感；或采取完全自由的散置方式，以达到强调石头固有的自然属性或整体石组的隐喻含义（图13-4-12）。

八、石刻题记

石刻题记常见于传统园林中，现代园林中也有较多的运用，用以表现山石、花木、情景等的点题写意。现代景观相较于传统园林景观而言，通常建设的规模面积较大，景观内容与游人较多，因此在建造中需多考虑景观区和景观点的标示性，以引导游人的游览和点明景区主题。

通常在景点、景区或建筑物的入口处，将景点或

图 13-4-10　石砌台阶

图 13-4-11　孤置石

图 13-4-12　散置石

建筑环境的名称或与之相关的诗词刻在景石之上，以通过文字或诗词的语句点明环境景观塑造的主题。除了将指示性语言刻在景石之上，景区建设中也将标示牌的功能与置石结合起来，既可避免人工材料标示牌在材质和形式上与自然环境之间的冲突，又能增加环境的人文气息（图 13-4-13）。

图 13-4-13　石刻题记

参考文献
REFERENCE

[1] 中华人民共和国住房和城乡建设部. 中国传统民居类型全集 [M]. 北京：中国建筑工业出版社，2014，10.

[2] 沈逸菲. 黔中安顺屯堡民居研究 [D]. 重庆：重庆大学，2010.

[3] 黄丹，戴颂华. 黔中岩石民居地域性与建造技艺研究 [J]. 建筑学报，2013（05）：105-110.

[4] 王崇恩，李媛昕，朱向东，荆科. 店头村石碹窑洞建筑结构分析 [J]. 太原理工大学学报，2014（05）：638-642.

[5] 李媛昕. 太原店头古村石碹窑洞建筑营造技术分析 [D]. 太原：太原理工大学，2013.

[6] 唐枫. 太原晋源区店头石碹窑洞古村落研究 [D]. 西安：西安建筑科技大学，2011.

[7] 夏勇. 贵州布依族传统聚落与建筑研究 [D]. 重庆：重庆大学，2012.

[8] 宋海波. 豫北山地传统石砌民居营造技术研究 [D]. 郑州：郑州大学，2012.

[9] 戴志坚，曾茜. 闽中土堡的建筑特色探源 [J]. 中国名城，2009（11）：47-52.

[10] 夏勇. 贵州布依族传统聚落与建筑研究 [D]. 重庆：重庆大学，2012.

[11] 陈志华，贺从容. 西华片民居与安贞堡 [M]. 北京：清华大学出版社，2007.

[12] 潘凯华. 福建土堡探析 [D]. 北京：清华大学，2010.

[13] 冯剑，黎志涛. 体验建筑——浅析安贞堡民居的场所与空间特质 [J]. 建筑与文化，2008（03）：74-76.

[14] 廖铭清. 龙南县客家围屋建筑空间形态及民居构造研究 [D]. 昆明：西南林业大学，2013.

[15] 黄浩. 赣闽粤客家围屋的比较研究 [D]. 长沙：湖南大学，2013.

[16] 万幼楠. 古柏故居——司马第 [J]. 南方文物，2003（03）：102-106.

[17] 福建省基本建设委员会. 石工 [M]. 北京：中国建筑工业出版社，1978.

[18] 刘大可. 中国古建筑瓦石营法 [M]. 北京：中国建筑工业出版社，1993.

[19] 郑颖娜. 平潭传统聚落保护与更新研究 [D]. 厦门：华侨大学，2013.

[20] 陈剑，陈志宏. 平潭传统民居类型调查 [J]. 福建建筑，2011，（06）：16-20.

[21] 高蔚. 中国传统建造术的现代应用——砖石篇 [D]. 杭州：浙江大学，2008.

[22] 郑秋丽. 泉州红砖建筑装饰研究 [D]. 厦门：华侨大学，2007.

[23] 陈林. 闽南红砖厝传统建筑材料艺术表现力研究 [D]. 武汉：华中科技大学，2005.

[24] 宁小卓. 闽南蔡氏古民居建筑装饰意义的研究 [D]. 西安：西安建筑科技大学，2005.

[25] 李翔 . 石材在当代建筑表皮中的建构特点研究 [D]. 厦门：华侨大学，
    2015.

[26] 石锦彪，石兴亚，石兴韬 . 传统石雕技术讲座——第一讲：传统石
    雕发展简介 [J]. 古建园林技术，2013（01）：17–20.

[27] 石锦彪，石兴亚，石兴韬 . 传统石雕技术讲座——第二讲：传统采
    石、雕刻工具的用途及制作 [J]. 古建园林技术，2013（02）：35–37.

[28] 石锦彪，石兴亚，石兴韬 . 传统石雕技术讲座——第三讲：石料的
    开采、移动及选择 [J]. 古建园林技术，2013（03）：20–22.

[29] 石锦彪，石兴亚，石兴韬 . 传统石雕技术讲座——第四讲：石雕的
    分类与制作 [J]. 古建园林技术，2013（04）：10–12.

[30] 石锦彪，石兴亚，石兴韬 . 传统石雕技术讲座——第五讲：佛像与
    石狮的雕刻 [J]. 古建园林技术，2014（01）：24–25.

[31] 石锦彪，石兴亚，石兴韬 . 传统石雕技术讲座——第六讲：刻字技
    法与石雕的修补复制 [J]. 古建园林技术，2014（02）：20–21.

[32] 苑金生 . 曲阳石雕的传承与发展 [J]. 石材，2012（10）：36–40.

[33] 闫峰 . 近代河北曲阳石雕业研究 [D]. 保定：河北大学，2009.

[34] 郑慧铭 . 从福兴堂石雕装饰看闽南传统民居的装饰审美文化内涵 [J].
    南方建筑，2017（01）：21–25.

[35] 林徽 . 闽南地区传统建筑装饰研究 [D]. 南京：南京工业大学，2012.

[36] 童焱 . 中国传统审美文化视野下的闽南惠安石雕艺术 [D]. 福州：福
    建师范大学，2011.

[37] 陈清 . 论泉州传统建筑装饰的多元化特征 [D]. 苏州：苏州大学，2006.

[38] 张光俊，刘文海 . 湘南古民居中的石雕艺术研究 [J]. 家具与室内装
    饰，2007（12）：44–45.

[39] 何次贤 . 浅析湘南民间石雕艺术与安宅兴家的民俗意蕴 [J]. 艺术教
    育，2007（02）：24–25.

[40] 戴志中 . 砖石与建筑 [M]. 济南：山东科学技术出版社，2004.

[41] 诸智勇 . 建筑设计的材料语言 [M]. 北京：中国电力出版社，2006.

[42] Christoph mackler. 石材：当代建筑的结构与技术 [M]. 尚建丽，译 .
    北京：中国电力出版社，2009.

[43] David Dernie. 新石材建筑 [M]. 王宝民，译 . 大连：大连理工出版社，2004.

[44] 刘宏志 . 石材运用手册 [M]. 南京：江苏科学技术出版社，2013.

[45] 陈楠 . 谈建筑石材 [J]. 南方建筑，2005（03）：80–82.

[46] 魏晓萍.石材·建构·地域性 [D].昆明：昆明理工大学，2008.

[47] 刘杰民.石材的建造诗学 [D].济南：山东建筑大学，2011.

[48] 李罗.石材建筑的设计及其空间表达 [D].长沙：湖南大学，2011.

[49] 陈楠.建筑石材技术及运用初探 [D].南京：东南大学，2005.

[50] 吴昊，于文波.设计与材料——石材篇（连载①）[J].新材料新装饰，
     2004（01）：40-45.

[51] 吴昊，于文波.设计与材料——石材篇连载② [J].新材料新装饰，
     2004（02）：36-42.

[52] 邓百舒，柯余祥.浅析建筑领域中石材的发展及运用 [J].重庆建筑，
     2011（12）：71-72.

[53] 黄慎钘.石材的特性及在建筑装饰中的使用 [J].广东建材，2010
     （07）：191-193.

[54] 姚侃.传统建筑材料在现代建筑创作中的运用 [D].合肥：合肥工业
     大学，2007.

[55] 李翔.石材在当代建筑表皮中的建构特点研究 [D].厦门：华侨大学，
     2015.

[56] 范曙光.试论建筑外立面设计中石材幕墙的应用 [J].门窗，2013，
     （02）：103-105.

[57] 计双燕.室内空间中的墙体设计研究 [D].哈尔滨：哈尔滨工业大学，
     2012.

[58] 尹莎，戴向东，张岩红，李程蓉.石材在室内空间界面装饰设计中
     的应用研究 [J].家具与室内装饰，2012（04）：94-95.

[59] 刘少帅.室内空间中墙体设计语言研究 [D].北京：中央美术学院，
     2009.

[60] 李广有.石材在园林景观工程中的应用方法研究 [D].广州：华南理工
     大学，2014.

[61] 刘毅.景观石在现代园林中的应用 [J].北京园林，2013（01）：15-20.

[62] 杨帆.石砌景观的研究 [D].西安：西安建筑科技大学，2012.

[63] 张小兵，安然.关于置石景观在现代园林中的应用 [J].现代园艺，
     2012（04）：64.

[64] 付蓉.石材与景观形式的表达初探 [D].北京：北京林业大学，2007.

[65] 肖宏.城市广场中石材的运用研究 [D].南京：南京林业大学，2004.

后　记
POSTSCRIPT

中国的传统民居建筑成就于农耕社会，在各地有着广泛的分布，因而就与当地的自然环境、资源禀赋有着极为紧密的关联，也与所在地区可获取的天然建筑材料有着紧密的关联，并通过空间的营造而与建造技术有着紧密的关联。正是基于材料的使用和相应的建造技术，使得传统民居建筑在建造方式和形态等方面呈现出建造材料和建造技术的特性，这一点在各地的传统民居建筑上都有着清晰的呈现，也由此构成了各地传统民居建筑类型特征的组成部分。

　　各地的传统民居建筑类型多样、形态丰富、特色鲜明，对应于民居的建造技术也是丰富多彩、体系完善、工艺精湛，长期以来施工建造、传统工艺、匠派传承、非遗保护、民居建筑等等诸多方面的专家学者都做了大量的研究，研究领域与视角宽阔、研究内容精深，同时也积累了大量的成果。有地区性传统民居建筑技术的研究成果，如杨芥华等先生所著的《闽南民居传统营造技艺》、刘托等先生所著的《徽派民居传统营造技艺》、赵玉春先生所著的《北京四合院传统营造技艺》；有就建造材料营造技术的研究成果，如马炳坚先生所著的《中国古建筑木作营造技术》等；有传统民居建造中匠派技术的研究成果，如刘托先生所著的《香山帮传统建筑营造技艺》。各领域各方面对于营造技术的研究积淀丰厚，所凝结出的研究成果类型多样、内容丰富。

　　虽然本书的编著者以及整个课题研究团队长期专注于各地传统民居的田野调查及研究，调研的区域涉及全国各个省市和自治区，实践的地区也涉及多个省、市、区，但对各地传统民居石砌建造技术在实操层面的了解则存在较大的短板，经验也远不及实际建造的匠师。出于这方面的认识，整个课题研究团队在编写过程中，在先期积累的资料基础上开展了大量的调查工作，有石砌民居类型的调查、石砌建造技术的调查、石砌建造现场的深入、石砌工匠的访谈和石雕工艺的调查等等，与此同时也开展了相关研究成果和资料文献的收集工作，正是借助这些方面的工作，才使得本书得以编写完成。尤其是刘大可先生所著的《中国古建筑瓦石营法》以及各地区营造技艺中石作技术的文献，加之泉州传统建筑营造技艺第六代传承人、石雕技艺世家蒋钦全先生的赠书及现场示范，这些都对于本书章节的架构和内容的梳理起到了重要的作用。虽然本书的编写内容相对简略，但成稿及其过程离不开各方面专家学者的具体指导，在此一并表示感谢。

在书稿的两年多编写过程中，整个课题研究团队包含了20多位参与者并涉及前后多级的研究生，不仅一同上山岭赴边疆、钻山沟进石寨，更有攀下石峁洞穴的悬崖历险，经历了种种田野调查工作的艰辛。团队各成员不仅仅在文字资料的收集、照片的拍摄和图纸的绘制等方面投入了大量的精力与时间，而且各级研究生之间还相互支持、相互协作，形成了良好的团队合作氛围。住房和城乡建设部相关人员，中国建筑工业出版社编辑以及多位专家同仁，一直关注书稿的进展并提供了具体且详细的帮助，借此书稿提交之际，借得短短的一行文字对各位专家学者和课题团队成员表示衷心的感谢！

图书在版编目（CIP）数据

中国传统民居建筑建造技术．石砌／范霄鹏，董硕，薛碧怡编著．—北京：中国建筑工业出版社，2021.5
ISBN 978-7-112-26138-3

Ⅰ.①中… Ⅱ.①范… ②董… ③薛… Ⅲ.①民居—砖石结构－建筑艺术－研究－中国 Ⅳ.①TU241.5

中国版本图书馆CIP数据核字（2021）第083345号

责任编辑：唐　旭　吴　绫　张　华
文字编辑：李东禧
书籍设计：张悟静
责任校对：王宇枢　关　健

中国传统民居建筑建造技术　石砌
范霄鹏　董硕　薛碧怡　编著
*
中国建筑工业出版社出版、发行（北京海淀三里河路9号）
各地新华书店、建筑书店经销
北京锋尚制版有限公司制版
天津图文方嘉印刷有限公司印刷
*
开本：889毫米×1194毫米　1/16　印张：21　字数：490千字
2021年6月第一版　　2021年6月第一次印刷
定价：99.00元
ISBN 978-7-112-26138-3
　　（30859）